高职高专规划教材

建筑装饰设备

张文丽　编

中国建筑工业出版社

图书在版编目（CIP）数据

建筑装饰设备/张文丽编. —北京：中国建筑工业出
版社，2016.11（2020.12 重印）
高职高专规划教材
ISBN 978-7-112-20080-1

Ⅰ. ①建… Ⅱ. ①张… Ⅲ. ①建筑装饰-房屋建
筑设备-高等职业教育-教材 Ⅳ. ①TU8

中国版本图书馆 CIP 数据核字（2016）第 273494 号

本书系建筑装饰技术专业系列教材。全书共 14 章，阐述了建筑给排水、热水、消防、
通风、采暖、空气调节、燃气供应、电气照明、防雷与接地、建筑弱电工程等设备专业的
基本知识，同时还介绍了近年来建筑设备工程中正在推广使用的新材料、新技术、新产品。

本书按照国家颁布的最新规范要求编写，结合建筑装饰专业学生室内装修需求，本教
材加强了家用中央空调、地板辐射采暖、毛细管网超薄地暖、新型风管—玻镁复合风管、
建筑装饰照明等内容，同时各个专业有简单的施工图识图。

本书可作为职业院校建筑工程、造价、安全、监理等专业相关课程教学用书，也可供
建筑装饰企业和建筑施工企业作为岗位培训教材以及供从事建筑工程设计、施工和管理的
工程技术人员、管理人员阅读。

责任编辑：朱首明　周　觅
责任校对：李欣慰　刘梦然

高职高专规划教材
建筑装饰设备
张文丽　编

＊

中国建筑工业出版社出版、发行（北京海淀三里河路 9 号）
各地新华书店、建筑书店经销
霸州市顺浩图文科技发展有限公司制版
北京建筑工业印刷厂印刷

＊

开本：787×1092 毫米　1/16　印张：16½　字数：407 千字
2016 年 12 月第一版　2020 年 12 月第二次印刷
定价：**38.00** 元
ISBN 978-7-112-20080-1
（29574）

前　言

建筑装饰设备是高等职业技术学院装饰专业的一门专业基础课。从学科角度看，建筑装饰设备既是一门综合性学科，又是一门应用型学科，具有极强的实践性，与建筑工程施工、建筑装饰、建筑给水、排水、采暖、通风等专业密切相关。

随着社会经济的不断发展和人民生活水平的不断提高，人们对居住环境的要求也从满足生活需求到追求安全、适用、经济、时尚。目前，我国建筑装饰设备技术的发展正向着新材料、新设备、新能源及工业化施工的方向发展。作为一名专业人员，应具有扎实的基础理论和实践能力，以适应现代化进程的需要。

全书共分为14章。以近年来国家颁布的有关建筑设备方面的最新规范：《建筑给水排水设计规范》GB 50015 — 2003（2009年版）；《建筑设计防火规范》GB 50016—2014；《暖通空调制图标准》GB/T 50114—2010；《建筑电气工程施工质量验收规范》GB 50303—2015；《建筑电气制图标准》GB/T 50786—2012；《建筑物防雷设计规范》GB 50057—2010；《民用建筑供暖通风与空气调节设计规范》GB 50736—2012；《建筑给水排水制图标准》GB/T 50106—2010为依据编写，即按照先进性、针对性和规范性的原则，注重技能方面培养，具有应用性突出、通俗易懂等特点。

本书的主要目的在于使装饰装修专业的学生掌握各类常用建筑设备的基本原理并了解其与装饰工程的密切关系，以便在工程实践中更好地对各工种之间可能出现的问题进行协调和处理。本书较详细地介绍了与装饰工程密切相关的各类建筑设备的系统工作原理、特性、安装布置要求及其与建筑物主体之间的关系，使从事建筑装饰装修行业的设计、施工、管理等技术人员掌握各类常用建筑设备的基本原理，并了解其与装饰工程的基本关系，以便在工程实践中更好地对各专业之间可能出现的问题进行协调与处理。为了提高学生解决实际问题的能力，本书在重点章节加配了施工图识图的内容。

本书针对各类建筑设备工程的设计，介绍了一些简便实用的计算方法，以使建筑装饰专业人员在设计与施工过程中能更好地与各类建筑设备工程的设计、施工相配合、相协调，融成一个有机的整体。

本书力求简明扼要、通俗易懂、内容实践性强，为不同专业的学生和工程技术人员的学习提供方便，可供高等院校建筑学、土木工程、工程管理专业及其他建筑类专业的师生使用，也可供从事建筑设计、结构设计、工程管理、工程造价与施工、工程预算的工程技术人员以及相关人员使用。

本书在编写过程中还参考了有关专家学者的著述，在此表示由衷的谢意。限于编者的水平，再加上成书时间仓促，书中难免存在不少缺点，请使用本书的单位和个人批评指正，有关意见可寄陕西省建筑职工大学专业教学科（邮编：710068，西安市太白北路254号），以便改进。

目　　录

第1章 绪 论

建筑物是为居住、办公、生产、集会和娱乐等目的而建造的。为了维护这些功能，确保卫生和安全，就必须相应地安装建筑设备。

建筑设备是为建筑物的使用者提供生活和工作服务的各种设施和设备的总称，包括电气、通信、燃气、给水、排水、通风、采暖、制冷、排烟、消防灭火、升降机电梯和信息处理技术等。它主要分为建筑给水排水系统、采暖通风与空调系统和建筑电气系统三大系统，即我们常说的水、暖、电系统。每个系统下又包括许多子系统，我们将与建筑装饰相关的建筑设备系统定义为建筑装饰设备，如图1-1所示。

一般来说，在建筑装饰装修设计、施工和监理等各个环节中，都必须考虑并处理好与建筑装饰设备相关的各专业之间的协调与配合。装饰装修工程师的职责是根据建筑物内、外空间的建筑结构、功能和布局，在保障建筑物的主体安全、设备运转、符合消防与环保的条件下，运用科学技术和艺术手段创造出满足人类居住、生活和活动空间的环境。因此，不仅要善于应用建筑学原理设计建筑物或应用室内设计原理进行室内设计，还应掌握建筑设备原理、系统布局及其规范、规定，与设备工程师密切协作，合理安排建筑装饰设备及空间，最大限度地提升建筑的使用功能。

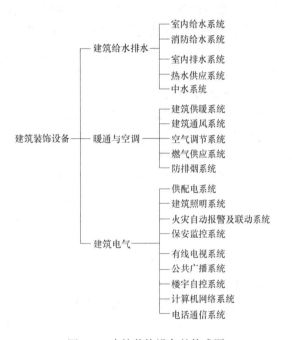

图1-1 建筑装饰设备的构成图

一、建筑装饰设备是建筑物的重要组成部分

现代建筑是个多学科的综合体，而集中了建筑给水排水、热水供应、消防给水、建筑供暖、建筑通风、空气调节、建筑防火排烟、燃气供应、建筑供配电、建筑照明、建筑弱电及智能化过程控制等多学科的建筑设备在现代建筑中具有举足轻重的地位。各类建筑设备的合理选择和安装布置，始终是装饰装修工程设计和施工过程中备受关注的问题。因此，学习和掌握建筑装饰设备的基本知识和技术，了解建筑装饰设备的功能和用途，了解建筑装饰设备的系统布局，掌握在满足各种设备自身使用和施工安装的前提下，处理好与装饰装修工程之间的关系，是每个从事装饰装修工程设计和施工的人员所必须掌握的基本知识。

二、本课程与建筑装饰装修的关系

与装饰装修设计关系极为密切的五个专业分别是建筑、结构、给水排水、暖通和建筑电气专业。这五个专业在设计过程中相互配合与否，直接关系到设计作品的质量。只有五个专业共同协作，才能完成一件好的设计作品。而建筑专业是龙头专业，特别是在民用建筑工程的设计中，建筑专业更要走到前面，与其他专业相互依存，紧密配合，起到承上启下的重要作用。

现代的建筑物是多种工程的组合体，除含建筑、结构、装饰等专业外，还必须对设备专业予以高度的重视。如在建筑设计、装饰设计时，就要考虑厨房、卫生间的适当面积及合理的布置；随着人民生活水平的提高，人们对厨房、卫生间的装饰要求也越来越高，就需要对各种厨卫设备及其附件的功能原理有所了解；在装饰施工时，也需要考虑各种设备管道的布置安装、预留孔洞、预埋管卡等。装饰施工也需与设备安装密切配合，如抹灰、粉刷和装修要在设备安装之前进行；卫生间的地面施工则需在设备安装之后进行，特别是穿越管道处要密封；安装灯具、烟感喷淋和空调风管等需与吊顶施工密切配合。通过建筑、结构、装饰、设备的相互协调、综合设计和施工，使建筑物达到适用、经济、卫生、舒适的要求，高效地为生活和生产服务。

三、建筑装饰设备的发展

近年来，由于我国高层建筑和高标准住宅的迅猛发展，建筑装饰设备在采用新技术、新工艺和开发新材料、新产品方面成果不断，取得了长足的进步。如采用铝塑管、PPR管等新管材取代镀锌钢管作为给水管，其优点是重量轻，耐腐蚀，易施工，好布置。真空抽吸式大便器节约大量冲洗用水。高层建筑广泛使用水锤消除器，减少管道噪声。高层建筑采用柔性接口机制铸铁排水管和管件取代传统的排水用UPVC管材。变频空调特色技术（主要是节省电能）的开发应用。中央空调系统开始进入家庭，小型家用中央空调系统成为建筑装饰设备中的重要部分。三表（电表、水表、燃气表）出户技术渐趋成熟并广泛应用。"三表出户"目的是便于计量、减少打扰，甚至实现智能化计量。在节约能源方面，太阳能热水器已得到越来越多的应用。随着智能建筑的兴起，计算机管理系统、综合布线系统等的采用，已将建筑装饰设备推向一个更高的层次。各类功能优良、造型美观的卫生洁具、散热器、空调器、照明灯具，已经成为室内装饰的重要组成部分。

思　考　题

1. 建筑装饰设备包括哪三大系统？各系统的主要任务是什么？
2. 为什么说建筑装饰设备是建筑物的重要组成部分？
3. 试举例分析建筑装饰设备与其他相关专业在工程中的协作。

第2章　建筑管道工程基础知识

一、管道的组成

管道亦称为管路，冷热水、蒸汽、天然气等各种流体能源都是通过管道输送，供给用户使用。管道通常由管子、管路附件和接头配件组成。管路附件是附属于管路的部分，如漏斗、阀门、调压板等。接头配件则包括两部分：一部分为管件，如弯头、异径管（大小头）、三通、四通等；另一部分属连接件，如螺栓、螺帽、法兰等。

二、管子和管路附件的技术标准

管子和管路附件的技术标准分为国家标准、部、委（局）标准等。

国家标准代号由汉语拼音大写字母构成。国家标准的编号由国家标准代号、标准发布顺序号和标准发布年代号组成，表示如下：

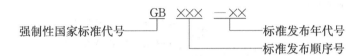

例如 GB 50242—2002，GB 是强制性国标代号；50242 为发布顺序号，指第 50242 号国家标准；2002 是颁布年代号，即为 2002 年发布。

建筑装饰设备专业现行的常用施工规范如下：

1.《建筑给水排水及采暖工程施工质量验收规范》GB 50242—2002；
2.《通风与空调工程施工质量验收规范》GB 50243—2002；
3.《工业金属管道工程施工质量验收规范》GB 50184—2011；
4.《建筑电气工程施工质量验收规范》GB 50303—2015。

三、公称直径（名义直径）

1. 管子、管件（附件）的公称直径

公称直径是指管道制品的通用口径，所以又被称为公称通径。它既不是实际的内径，亦不是实际的外径，其直径近似于内径。比如白铁管的公称直径为 25mm，其实测内径为 25.4mm 左右，所以又被称为名义直径。

2. 公称直径表示

用"DN"符号表示，直径数值写在后面，单位：mm（可不写），例如 $DN50$、$DN100$ 表示公称直径分别为 50、100mm。公称直径是焊接钢管、镀锌钢管、有缝钢管的标称，见表 2-1。

铜管、铸铁管、钢筋混凝土管、陶土管等一般采用公称直径"DN"表示管道口径。铝塑、钢塑复合管道，UPVC 和 PPR 等塑料管道由于没有统一的国家标准口径，也会借用公称直径"DN"表示管道口径。因为公称直径是管道制品的通用口径，所以阀门、水表、管件等制品也采用公称直径"DN"表示其口径。

			表 2-1
公称直径 *DN*(mm)	in	公称直径 *DN*(mm)	in
10	3/8	50	2
15	1/2	65	5/2
20	3/4	80	3
25	1	100	4
32	5/4	125	5
40	3/2	150	6

管子及管子附件的公称直径

四、公称压力

1. 公称压力定义：管子、管件等制品在基准温度下的允许耐压强度称为公称压力。如果制品的材质不同，其基准温度也不同。比如一般碳素钢的基准温度为 200℃。

2. 符号：用"*PN*"表示，压力数值写在后面，单位：MPa（可不写）。*P* 代表压力，*N* 则代表公称。例如，*PN*10 表示公称压力为 10MPa。

五、管材管件及其连接方式

管材因制造工艺和材质的不同，品种繁多，但就制造方法可分为：无缝钢管、有缝钢管以及铸铁管等。按材质可划分为钢管、铸铁管、有色金属管和非金属管等。

根据管道材料分类：

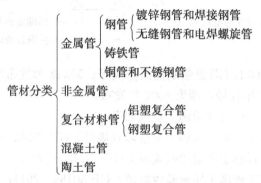

1. 金属管

（1）钢管

在管道系统中，常用钢管有低压流体输送用焊接钢管、镀锌钢管、无缝钢管、螺旋缝电焊钢管、直缝卷制电焊钢管。钢管具有强度高、易腐蚀等特点，钢管埋地敷设时应按要求做防腐处理。普通钢管耐压不超过 1MPa，用于非生活饮用水管道或一般工业给水管道；镀锌钢管适用于消防水管或某些对水质要求较高的工业用水水管；无缝钢管耐压可达 1.5MPa 或更高，可用于高压管线。

钢管分为焊接钢管和无缝钢管两种。焊接钢管又称为有缝钢管，可分为镀锌钢管（白铁管）和非镀锌钢管（黑铁管），热镀锌钢管较非镀锌钢管耐腐蚀。

焊接钢管和镀锌钢管的口径表示，依据国家规范《管道元件 DN（公称尺寸）的定义和选用》GB/T 1047—2005 规定，采用公称直径"*DN*"表示，例如：*DN*50、*DN*100 等。无缝钢管和电焊螺旋缝管道适用于高压管线，壁厚较大，规格表示采用"Φ外径×壁厚"表示，单位是 mm。例如：Φ159×4.5、Φ108×4、Φ133×7 等。

（2）铸铁管

铸铁管具有耐腐蚀、接装方便、寿命长、价格低等优点，但性脆、重量大、长度小。因此，给水铸铁管一般用于埋地管道。生活给水管管径大于 150mm 时，可采用给水铸铁管。生产和消防给水管道可采用铸铁管。1999 年 12 月，根据《关于在住宅建设中淘汰落后产品的通知》，自 2000 年 6 月 1 日起，在新建住宅中：禁止使用镀锌钢管做给水管；推广应用 PAP 管、PE-X 管、PP-R 管等塑料管道；淘汰砂模铸造铸铁排水管用于室内排水管道，推广应用硬聚氯乙烯（CPVC）塑料管和符合现行规范《排水用柔性接口铸铁管、管件及附件》GB/T 12772—2008 规定的柔性接口机制铸铁排水管。

（3）铜管与不锈钢管

铜管与不锈钢管具有很强的耐腐蚀性、机械强度高、抗挠度好、不易结垢、美观、使用寿命长的优质特性，可以应用在生活冷、热水管，饮用水管上，可埋在户内垫层内等地方。但造价成本较高，只在对水质要求高的工程中使用。在给水工程中常用于室内埋地管或嵌入墙内敷设的管道。铜管与薄壁不锈钢管的管径宜以公称外径 D_w 表示。

2. 非金属管

非金属管主要是指塑料管。其优点是：耐腐蚀，防锈，内壁光滑不结垢，热传导率低，保温节能，重量轻，水力条件好，运输安装方便灵活等，使用寿命一般 50 年以上。其缺点是：不能抵抗强氯化剂（如硝酸以及芳香族）的作用，强度低，耐热性差；其热膨胀系数比金属管大得多，需设伸缩节或弯位等；综合机械性能低，但某些塑料管材低温抗冲击性能优异；耐温性差，受连续和瞬时使用温度及热源距离等的限制；刚性低，小管径及热水管平直性差，弯曲易变形，管卡、支架密度高；不能经受长期曝晒，否则会加速老化，缩短使用寿命。

建筑给水排水塑料管材，管径宜以公称外径 d_n 表示，经常采用的塑料管有以下几种：

（1）UPVC，硬聚氯乙烯管。其优点是：耐腐蚀，不结垢，连接方便，水力条件好等。其缺点是：强度不高，低温下会变脆，高温时会变软。分为给水用 UPVC 和排水用 UPVC。

（2）PPR，三型无规共聚聚丙烯管。是目前大量使用的室内给水管道。

（3）PE，聚乙烯管，主要用作室内给水管材。其优点是：耐腐蚀，有韧性。近年来出现的 PEX（交联聚乙烯）管更具有较高的强度和耐热性能，甚至可用作热水管。随着住宅建设标准的不断提高，这类管材作为室内给水管道的市场也将会越来越大。

（4）PB，聚丁烯管。

（5）ABS，工程塑料管。工程塑料是热塑性丙烯腈—丁二烯—苯乙烯三元共聚体，是由三种材料构成的新型聚合管材，其综合性能优于 UPVC 管，主要用于室内给水管道。

（6）PE-RT，耐热聚乙烯管。是一种可以用于热水的非交联的聚乙烯管，具有良好的柔韧性，使其铺设时方便经济，生产的管材在施工时可以通过盘卷和弯曲等方法减少管件的使用量，降低施工成本。脆裂温度低，管材具有优越的耐低温性能，因此在冬季低温的情况下也可以施工，并且在弯曲时管道无需预热。可以热熔连接和机械连接，可靠、不渗漏，而以往的采暖 PE-X 只能机械连接。绿色环保产品，可回收再利用。渗氧 PE-RT 管俗称"地暖专用阻氧管"，目前大量应用于地板辐射采暖系统地热盘管。

3. 复合材料管：常用的复合管有铝塑复合管（PAP）和钢塑复合管（SP）两种。

（1）铝塑复合管（PAP）是中间为一层焊接铝合金，内、外各一层聚乙烯，经胶合层黏结而成的五层管，柔软可弯曲，具有聚乙烯塑料管耐腐蚀性强和金属管耐压弯的优点。

（2）钢塑复合管（SP）可分为两大类：一类是采用喷涂法（涂塑）、内衬法（衬塑）等工艺生产的钢塑复合管；另一类是挤出成型的钢骨架钢塑复合管。管内壁的材质决定其使用温度和耐腐蚀性。钢塑复合管具有钢管的机械强度高和塑料管耐腐蚀的优点，但价格较高。

4. 给水管道的连接

管路系统由给水管道、管件及附件组合而成。管件是管道之间、管道与附件及设备之间的连接件。其中管件的作用是：连接管路、改变管径、改变管路方向、接出支线管路及封闭管路等。管件根据制作材料的不同，可分为铸铁管件、钢制管件、铜制管件和塑料管件。根据接口形式的不同，可分为螺纹连接管件、法兰连接管件、承插口连接管件。管件按用途分类有接头、弯头、三通、四通、堵头等。

不同种类的管材都应有适合它自身特点的连接方式。以下介绍的是常用的管道连接方式。

（1）螺纹连接

钢管、厚型铜管和塑料管均可采用螺纹连接。螺纹连接也称为丝扣连接，多采用圆柱形内螺纹的管件与圆锥形外螺纹的管子紧密连接。当钢管采用螺纹连接时，管材与管件应选用得一致。采用螺纹连接施工方便，且易变化，能满足各种设备的安装需要。常用钢管螺纹配件及连接方法如图 2-1 所示。

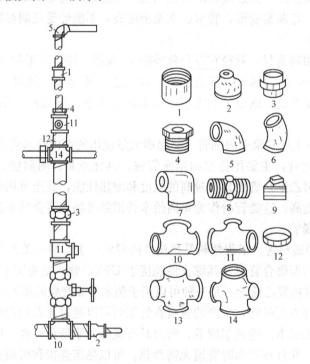

图 2-1　钢管螺纹连接配件及连接方法

1—管箍；2—异径管箍；3—活接头；4—补心；5—90°弯头；6—45°弯头；7—异径弯头；

8—内管箍；9—管塞；10—等径三通；11—异径三通；12—螺母；13—等径四通；14—异径四通

（2）焊接

焊接只能用于非镀锌钢管、铜管和塑料管。当钢管的壁厚小于 5mm 时可采用氧—乙炔气焊，壁厚大于 5mm 的钢管采用电焊连接。而塑料管则可采用热空气焊。焊接连接具有接头紧密、不漏水、施工速度快、不需用配件的特点。但它不能拆卸。

（3）法兰连接

法兰连接是管径较大（50mm 以上）的管道中应用很广泛的一种连接。它通常是将法兰盘焊接或螺纹连接在管端，再用螺栓连接起来。法兰连接的连接强度高，拆卸方便。但技术要求高。常用在连接阀门、止回阀、水表、水泵等处，以及需经常拆卸、检修的管段上。

（4）承插连接

承插铸铁管可采用承插口连接。承插铸铁管的一端为承口，另一端为插口。承插口连接就是将填料填塞在承口与插口间的缝隙内而将其连接起来。铸铁管的承插连接的填料分为石棉水泥、膨胀水泥、青铅及柔性橡胶圈等。

（5）承插粘接

即采用粘合剂将承口和插口粘合在一起的连接方式。适用于 UPVC 管和 CPVC 管。

（6）热熔和电熔连接

热熔连接是由相同热塑性塑料制作的管材与管件互相连接时，采用专用热熔机具将连接部位表面加热，连接接触面处的本体材料互相熔合，冷却后连接成为一体。热熔连接有对接式热熔连接、承插式热熔连接和电熔连接。电熔连接是由相同的热塑性塑料管道连接时，插入特制的电熔管件，由电熔连接机具对电熔管件通电，依靠电熔管件内部预先埋设的电阻丝产生所需要的热量进行熔接，冷却后管道与电熔管件连接成为一体。

热熔和电熔连接都是用于聚烯烃 PO 类管道产品的常用连接方式，如 PPR 管等管材连接。以 PE 材料为例，20～63 口径推荐采用热熔承插式连接，管材插入配件里，配件内径略小于管材外径，这样熔接没缝隙。63 口径以上管材可以采用热熔对接方式，就是管材和管材之间，或者管材和管件之间是同口径同端面面积对接连接，热熔后管道外壁会有个翻边。电熔连接的成本较高，电熔管件有嵌入式、漆包线式、裸露式等布线。管材外面用刮刀刮除氧化层后，插入管件内，用电熔焊机完成焊接，使铜丝发热，实现熔接。

使用热熔连接方法时，设备仅需热熔对接焊机，将待连接管材置于焊接夹具上并夹紧，接着清洁管材待连接端，并铣削连接面，校直两对接件，使其错位量不大于壁厚的10％。然后放入加热板加热。加热完毕后，取出加热板。最后迅速接合两加热面，升压至熔接压力并保压冷却。

使用电熔连接方法时，其操作要点如下：首先清洁管材连接面上的污物，标出插入深度，刮除其表皮；管材固定在机架上，将电熔管件套在管材上；校直待连接件，保证在同一轴线上；通电，熔接；冷却。在连接时，通电加热时的电压和加热时间选择应符合电熔连接机具生产厂家及管件生产厂家的规定。电熔连接冷却期间，不得移动连接件或在连接件上施加任何外力。

（7）沟槽连接（卡箍式连接）

沟槽管件连接技术也称卡箍连接技术，已成为当前液体、气体管道连接的首推技术。沟槽连接管件包括两个大类产品：①起连接密封作用的管件有刚性接头、挠性接头、机械三通和沟槽式法兰；②起连接过渡作用的管件有弯头、三通、四通、异径管、盲板等。起连接密封作用的沟槽连接管件主要有三部分组成：密封橡胶圈、卡箍和锁紧螺栓。位于内层的橡胶密封圈置于被连接管道的外侧，并与预先滚制的沟槽相吻合，再在橡胶圈的外部扣上卡箍，然后用两颗螺栓紧固即可。由于其橡胶密封圈和卡箍采用特有的、可密封的结构设计，使得沟槽连接件具有良好的密封性，并且随管内流体压力的增高，其密封性相应增强。

沟槽管件连接，仅在被连接管道外表面用滚槽机挤压出一个沟槽，而不破坏管道内壁结构，这是沟槽管件连接特有的技术优点。采用沟槽管件连接技术，现场仅需要切割机、滚槽机和钮紧螺栓用的扳手，施工组织方便。而采用焊接和法兰连接，则需要配备复杂的电源电缆、切割机具、焊接机及氧气和乙炔气瓶等，这就给施工组织带来了复杂性，且也存在着漏电和火灾的危险隐患。同时焊接和气割所产生的焊渣，不可避免地落入管道内部，使用中容易产生管路阀件甚至设备堵塞，也污染管内水质。沟槽管件连接方式具有独特的柔性特点，使管路具有抗震动、抗收缩和膨胀的能力，与焊接和法兰连接相比，管路系统的稳定性增加，更适合温度的变化，从而保护了管路阀件，也减少了管道应力对结构件的破坏。由于沟槽管件连接操作简单，所需要的操作空间变小，这为日后的维修带来了便利。当管道需要维修和更换时，只需松开两片卡箍即可任意更换、转动、修改，不需破坏周围墙体，减少了维修时间和维修费用。

沟槽管件连接作为一种先进的管道连接方式，既可以明设，也可以埋设；既有钢性接头，也有柔性接头，因此具有广泛的适用范围。按系统分：可用于消防水系统、空调冷热水系统、给水系统、石油化工管道系统、热电及军工管道系统、处理管道系统等。按管道材质分：可用于连接钢管、铜管、不锈钢管、衬塑钢管、球墨铸铁管、厚壁塑料管及带有钢管接头和法兰接头的软管和阀件。

沟槽连接的成品、连接件及安装过程如图2-2所示。

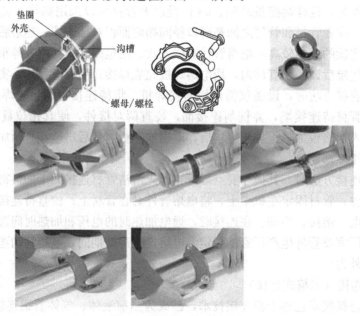

图2-2 管道沟槽连接示意

（8）卡套和卡压式连接

卡套式管接头是适用于油、水、气等非腐蚀性或腐蚀性介质的密封管接头，配用铝塑管的规格要求，与管道连接后，具有连接牢靠、密封性能好等特点，因而在炼油、化工、轻工、纺织、国防、冶金、航空、船舶等系统中被广泛采用；也适用于各种机械工程、机床设备等液压传动管路。一般是不锈钢或者黄铜材质，耐腐蚀性强，不易老化。卡套式管接头属于硬密封接头的一种，一般使用在气体或液体传送管的中间连接，卡套式直通接头两端有卡箍，将之戴在管子需要连接的端部，再用螺帽卡紧后连接，使用方便快捷。

铝塑复合管宜采用卡套式连接。当使用塑料密封套时，水温不超过 60℃；当使用铝制密封套时，水温不超过 100℃。

卡套式管接头如图 2-3 所示。

图 2-3　卡套式管接头实物图

当不同种类的管材之间需要连接时，则采用过渡性的接头管件连接。如塑料管与金属管采用过渡性的接头进行螺纹或法兰连接。

思　考　题

1. 管道组成部分有哪些？
2. 何谓公称直径及其表示符号？
3. 常用钢管有几种？如何表示其规格？各种钢管的材质、特征、适用场合？
4. 管道常用的管材有哪些？采用什么方式连接？

第3章 建筑给水系统

建筑给水系统的任务是根据生活、生产、消防等用水对水质、水量、水温、水压等的要求，将室外给水引入建筑内部并送至各个配水点（如配水龙头、生产设备、消防设备等）。

3.1 建筑给水系统的分类与组成

给水系统包括室内给水和室外给水两部分。室内给水系统又称为建筑给水系统，涉及建筑物内各种用水的输送管网设计、安装及各种设备的选取等内容。

一、建筑给水系统分类

建筑给水系统按用途可分为生活给水系统、消防给水系统和生产给水系统。

（一）生活给水系统

生活给水系统是指供给人们日常生活用水的给水系统，按供水水质又可分为生活饮用水系统、直饮水系统和杂用水系统。生活饮用水系统包括饮用、烹调、盥洗、洗涤和沐浴等生活用水；直饮水系统是供给人们直接饮用的纯净水和矿泉水等；杂用水系统包括冲厕、浇灌花草、冲洗汽车或路面等用水。建筑内部的给水系统是将城镇给水管网或自备水源给水管网的水引入室内，经配水管送至生活、生产和消防用水设备，并满足各用水点对水量、水压和水质要求的冷水供应系统。

（二）消防给水系统

消防给水系统是指供民用建筑、公共建筑和生产厂房库房的消防设备的给水系统，包括消火栓给水系统、自动喷水灭火系统、水幕系统和水喷雾灭火系统等。该系统的作用是用于扑灭火灾和控制火灾蔓延。根据国家现行标准《建筑设计防火规范》的规定，对某些多层或高层民用建筑、大型公共建筑、某些生产车间和库房等，必须设置消防给水系统。消防用水对水质要求不高，但必须按照国家现行标准《建筑设计防火规范》保证供给足够的水量和水压。

（三）生产给水系统

生产给水系统是指供生产使用的给水系统。生产用水对水质、水量、水压及可靠性等方面的要求应按生产工艺设计要求确定。生产给水系统又可分为直流水系统、循环给水系统、复用水给水系统。生产给水系统应优先设置循环或重复利用给水系统，并应利用其余压。

上述三种基本给水系统，根据建筑情况、对供水的要求以及室外给水管网条件等，经过技术经济比较，可以分别设置独立的给水系统，也可以设置两种或三种合并的共用系统。共用系统有生活—生产—消防共用系统、生活—消防共用系统、生产—消防共用系统等。

二、建筑给水系统的组成

建筑给水系统通常由以下几个部分组成，如图 3-1 所示。

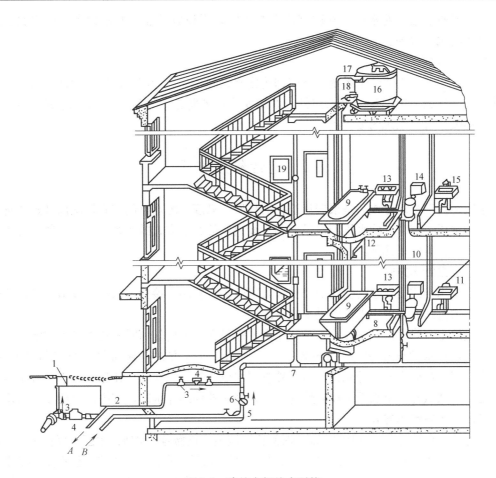

图 3-1　建筑内部给水系统

1—阀门井；2—引入管；3—闸阀；4—水表；5—水泵；6—逆止阀；7—干管；8—支管；
9—浴盆；10—立管；11—水龙头；12—淋浴器；13—洗脸盆；14—大便器；15—洗涤盆；
16—水箱；17—进水管；18—出水管；19—消火栓；A—入贮水池；B—来自贮水池

（一）引入管

引入管是指室外给水管网与建筑给水管道间的联络管段。

（二）水表节点

若建筑物的水量为独立计量时，在引入管上应设水表、必要的阀门及泄水装置。

（三）给水管网

给水管网是指将水送往建筑各用水点的管道，由立管、水平干管、支管组成。

（四）给水附件

给水附件用以控制调节给水系统内水的流向、流量、压力，保证系统的安全运行，包括给水管路上的阀门（闸阀、蝶阀、止回阀、泄压阀、排气阀等）、水锤消除器、过滤器、减压孔板等附件，用以控制、调节水流。消防给水管路附件主要有水泵接合器、报警阀组、水流指示器、信号阀、末端试水装置等。

（五）给水设备

给水设备在给水系统中用于升压、稳压、贮水和调节用水。当室外给水管网压力或水

11

量不足，或建筑给水对水压、水质有特殊要求时，需设置升压、贮水设备，如水箱、水泵、气压给水装置等。

（六）配水设施

生活、生产和消防给水系统的终端即为配水设施，又称为用水设施。生活给水系统的配水设施主要指卫生器具的给水配件，如水龙头；消防给水系统的配水设施有室内消火栓、自动喷水灭火系统的喷头等。

3.2 生活给水方式

建筑物内部给水方式，是根据建筑物的性质、高度、配水点的布置情况以及建筑物内部所需的水压、室外管网水压和水量等因素而决定的给水方式的布置形式。一般工程中常用的给水方式有以下几种。

一、直接给水方式

直接给水方式是在建筑物内部只设置与室外供水管网直接相连的给水管道，利用室外管网的压力直接向室内用水设备供水的系统。

直接给水方式适用于室外给水管网压力和流量在一天内任何时间均能满足建筑物内最高、最远点用水设备需要时，如图 3-2（a）所示。这种方式是最简单、经济和安全的，投资少，安装维修方便，可充分利用室外管网水压节省运行能耗。在建筑给水工程中应优先考虑。其缺点是：给水系统没有贮备水量，当室外管网停水时，室内系统会立即断水。

二、设水箱给水方式

当室外给水管网水压一天内大部分时间都能满足建筑物内供水所需水压，仅在用水高峰时不能满足，则采用设水箱给水方式，如图 3-2（b）所示。水箱给水方式一般在室外给水管网水压升高时（一般在夜间）向水箱充水；室外管网压力不足时（一般在白天）由水箱供水。采用这种方式要确定水箱容积，必须掌握室外管网一天内流量、压力的逐时变化资料，需要时要做调查或进行实测。其缺点是：高位水箱重量大，位于屋顶，需要加大建筑梁、柱的断面尺寸，并影响建筑物的立面视觉效果。同时，水箱有二次污染的可能。

三、设水泵和水箱的给水方式

当城市给水管网中的压力不能满足建筑物内供水所需的压力，室内用水不均匀时，在取得城市管网管理部门同意的情况下，可采用设水泵和水箱的给水方式。水泵向建筑物内供水，同时加满水箱，水满后水泵停止运行，由水箱供水。

水箱能够贮备一定的水量，提高了供水安全性。同时，在水箱的调节下，水泵能稳定在高效率点工作，节省运行耗电。在高位水箱上采用水位继电器控制水泵启动，易于实现管理自动化。

四、设贮水池、水泵和水箱的给水方式

当城市给水管网中的压力不能满足建筑物内供水所需的压力，但室外管网又不允许直接抽水时，常在室内设一贮水池，先将室外给水放入贮水池，再由水泵从贮水池吸水，经水泵加压后送给系统用户使用。当水泵供水量大于系统用水量时，多余的水充入水箱贮存；当水泵供水量小于系统用水量时，则由水箱出水，向系统补充供水，以满足室内用水需求。此外，贮水池和水箱又都起到了贮存一定水量的作用，使供水的安全可靠性更高。

这种给水方式自成一体，既可保证供水压力，又可利用贮水池、水箱的容积进行水量调节。设贮水池、水泵和水箱的给水方式，如图3-2（c）所示。

五、气压给水方式

气压给水方式是利用密闭压力水罐取代水泵、水箱联合给水方式中的高位水箱进行供水，气压给水系统包括水泵、贮水的气压钢罐。一般设在建筑底层，气压钢罐内充有一定体积的压缩空气。利用水泵向建筑供水的同时，也向气压罐内送水，此时的罐起贮水的作用，当罐内的水充到一定值时，水泵停止工作，气压罐内的水在压缩空气的作用下向建筑供水。设有气压给水设备的给水方式，如图3-2（d）所示。

这种给水方式的优点是：设备可设在建筑物的任何高度上，便于隐蔽，安装方便，水质不易受污染，投资省，建设周期短，便于实现自动化等。其缺点是：给水压力波动较大，运行能耗大。

六、分区给水方式

对于多层建筑或高层建筑，室外给水管网水压往往只能满足建筑下部楼层的需求，为充分有效地利用室外管网的水压，常将建筑物分成高、低两个供水区，如图3-2（e）所示。与外网直连且利用外网水压供水，上层设水箱调节水量和水压。供水较可靠，系统较简单，投资较省，安装和维护简单，可充分利用外网水压，节省能源；但是需设高位水箱，水箱仅供上层用水，容积较小，增加结构荷载，顶层和底层都要设横干管。适用于外网水压周期性不足，允许设置高位水箱的多层建筑，高位水箱进水管上应尽量装置水位控制阀代替旧式浮球阀。

上层也可设水池、水泵和水箱部分加压，水池、水箱储备一定水量，停水停电时上层可延时供水，供水较可靠。可利用部分外网水压，能源消耗较少；但安装、维护量较大，投资较大，有水泵振动、噪声干扰。适用于外网水压经常不足且不允许直接抽水，允许设置高位水箱的多层或高层建筑。

七、变频调速给水方式

变频调速给水是一种匹配式给水形式。其特点是：可以使水泵的供水量随着系统内用水量的变化而变化，没有多余的水量，无需高位水箱。当给水系统中流量发生变化时，扬程也随之发生变化，压力传感器不断地向微机控制器输入水泵出水管压力的信号，当测得的压力值大于设计给水量对应的压力值时，微机控制器向变频调速器发出降低电流频率的信号，使水泵转速降低，水泵出水量减少，水泵出水管压力下降；反之亦然。

八、高层建筑分区供水

为了避免下层的给水压力过大造成的许多不利情况，高层建筑给水系统必须进行竖向分区给水。目前主要有三种基本类型，即高位水箱给水方式、气压罐给水方式和无水箱（变频泵）给水方式。（1）建筑高度不超过100m的建筑，宜采用竖向分区并联供水或分区减压的供水方式；（2）建筑高度超过100m的建筑，宜采用竖向分区串联供水方式。如图3-3和图3-4所示。

竖向分区压力应符合下列要求：（1）各分区最低卫生器具配水点处的静水压不宜大于0.45MPa；（2）静水压大于0.35MPa的入户管（或配水横管），宜设减压或调压设施；（3）各分区最不利配水点的水压，应满足使用要求；（4）卫生器具给水配件承受的最大工作压力不得大于0.6MPa。

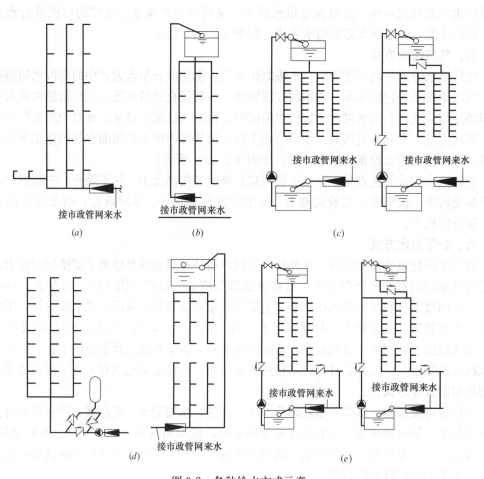

图 3-2　各种给水方式示意

(a) 直接给水方式；(b) 设水箱给水方式；(c) 设贮水池、水泵和水箱的给水方式

(d) 气压给水方式；(e) 下层直接供水，上层设水池、水泵、水箱供水方式

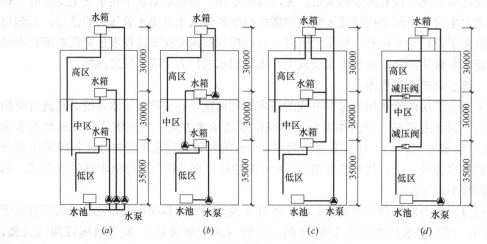

图 3-3　高层建筑高位水箱供水方式

(a) 并联给水方式；(b) 串联给水方式；(c) 减压水箱给水方式；(d) 减压阀给水方式

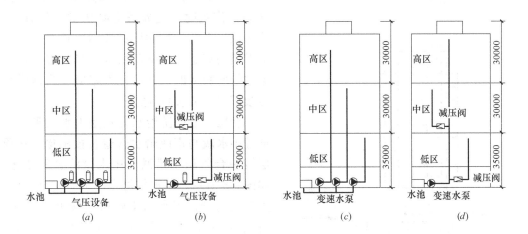

图 3-4 高层建筑气压和变频供水方式

(a) 气压并联给水方式；(b) 气压减压阀给水方式；(c) 变频并联给水方式；(d) 变频减压阀给水方式

九、变压变量叠压给水方式

叠压供水设备是利用室外给水管网余压直接抽水增压的二次供水设备。设备主要由稳流调节罐、真空抑制器（吸排气阀）、压力传感器、变频水泵和控制柜组成，如图 3-5 所示。稳流调节罐与自来水管道相连接，起贮水和稳压作用；真空抑制器通过吸气可保证稳流调节罐内不产生负压，通过排气可将稳流调节罐内的空气排出罐外以保证在正压时罐内充满水。该设备具有可充分利用外网水压降低能耗、设备占地少、节省机房面积等优点。适用于室外给水管网满足用户流量要求，但不能满足水压要求且叠压供水设备运行后对管网的其他用户不会产生不利影响的地区。

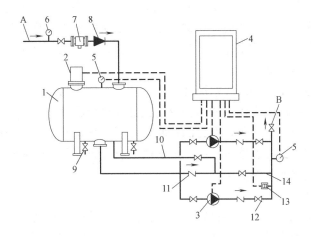

图 3-5 管网叠压供水设备示意

1—稳流补偿罐；2—真空抑制器；3—变频水泵；4—控制柜；5—压力传感器；6—负压表；
7—过滤器；8—倒流防止器（可选）；9—清洗排污阀；10—小流量保压管；11—止回阀；
12—阀门；13—超压保护装置；14—旁通管；A—接外网管道；B—接用户管网

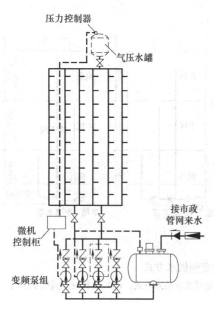

图 3-6　变压变量叠压给水方式示意

为减少二次污染及充分利用外网的压力，在条件许可时应优先考虑叠压供水的方案。叠压供水系统设计和设备选用应符合当地有关部门的规定，当叠压供水设备直接从城镇给水管网吸水时，其设计方案应经当地供水行政部门及供水部门批准。

变压变量叠压给水方式是由水泵吸水管通过小水罐与市政给水管道直接串接，在顶层设一台气压水罐调节用水量的瞬间变化，如图 3-6 所示。供水较可靠，水质安全卫生，无二次污染，可利用市政供水管网的水压，占地小，运行费用低，自动化程度高，安装、维护方便；一台变频器通过微机控制多台水泵变频运行；几乎无贮备水量。适用于允许直接串联市政供水管网的新建、扩建或改建的生活加压给水系统。

3.3　给水附件

给水附件是指具有控制、调节水量和水压作用的设备，包括配水附件、控制附件和水表。

一、配水附件

配水附件是指安装在卫生器具及用水点上的各式水龙头，如水龙头、淋浴头等均属于配水附件，用以调节和分配水量。常用的有球形阀式水龙头、旋塞式配水龙头以及混合水龙头等。我国近年来已经禁用普通旋启式水龙头，以陶瓷芯片水龙头替代，并大力推荐使用感应式水龙头、延时自闭式水龙头等节水型水龙头，常用配水附件如图 3-7 所示。

1. 感应式水龙头工作原理

感应水龙头是运用了红外线反射原理。当人体的手放在水龙头的红外线区域内，红外线发射管发出的红外线由于人体手的遮挡反射到红外线接收管，通过集成线路内的微电脑处理后的信号发送给脉冲电磁阀，电磁阀接收信号后按指定的指令打开阀芯来控制水龙头出水。当人体的手离开红外线感应范围，电磁阀没有接收信号，电磁阀阀芯则通过内部的弹簧进行复位来控制水龙头的关水。

2. 感应水龙头的应用

由于感应水龙头无需人体直接接触，可有效防止细菌交叉感染；具有伸手就来水、离开就关闭的功能，从而有效地节约用水 30％以上，特别适合我国严重缺水的地区。目前感应水龙头普遍应用在人流量密集的火车站、汽车站、飞机场、医院等公共场所。

3. 感应水龙头常见故障及排除方法

（1）有感应（指示灯亮）不出水：拆开电磁阀内部进行清洗，然后原样装回，用手感应后，如果电磁阀阀芯没有工作（开启和开闭）的声音，就更换电磁阀线圈；

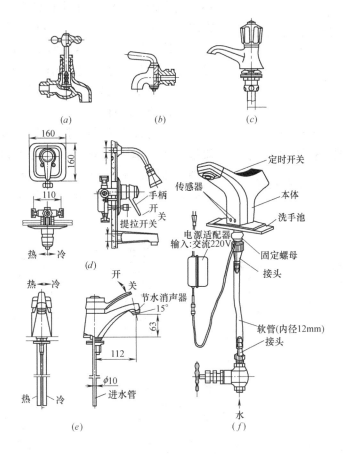

图 3-7　各类配水龙头示意

(a) 球形阀式配水龙头；(b) 旋塞式配水龙头；(c) 普通洗脸盆水龙头；(d) 单手柄浴盆水龙头；
(e) 装有节水消声装置的单手柄洗脸盆水龙头；(f) 利用光电控制启闭的自动水龙头

（2）没有感应（指示灯没亮）常流水：检查电源是否正常，如果电源正常，用手感应后，指示灯不亮，则更换感应探头；

（3）有感应（指示灯亮）常流水：首先检查进水处是否有杂质堵塞，如果没有，就用手感应后，仔细听电磁阀阀芯是否工作，如果有开启和关闭的声音在工作的话，就拆开电磁阀内部进行清洗，然后原样装回。

4. 感应水龙头的安装

感应水龙头按结构及功能一般分为水嘴型感应龙头、手术室感应龙头、面盆感应龙头，墙出水感应龙头等，由于使用场所不一样，选择感应龙头的款式也决定了如何正确安装。

水嘴型感应龙头，感应窗口位于出水端上方，安装时需要注意感应距离的调节，防止由于离台面过近，台盆面反射使机器误动作，建议感应距离在 16cm 以内，比盆深度略高为佳。使用交流供电时，应留好插头的位置、进出水的位置等，控制盒离完成地面约45cm，建议每个感应龙头配独立角阀，以便后续维护。

手术室感应龙头感应距离调节在 50cm 以内，避免装在过道，以防止误动作。安装于

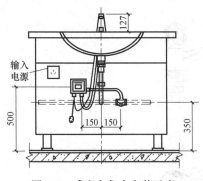

图 3-8　感应水龙头安装示意

不锈钢水槽时，注意开孔直径 20～35mm，具体根据水龙头出水管径大小，开孔小后容易使感应线被挤压，造成线路接触不良而不能正常工作，开孔大将固定不紧龙头体，左右摇摆，影响机器寿命。

感应水龙头安装如图 3-8 所示。

二、控制附件

控制附件是截断、接通流体通路或改变流向、流量及压力值的装置。常用的控制附件有截止阀、闸阀、球阀、止回阀等，用于控制管道中水流量和流向，常用控制附件如图 3-9 所示。

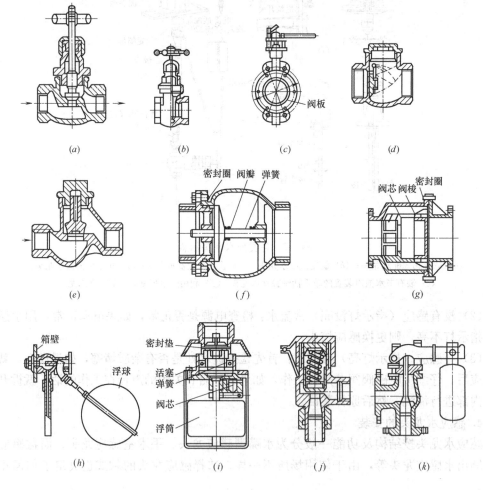

图 3-9　常用阀门示意

(a) 截止阀；(b) 闸阀；(c) 蝶阀；(d) 旋起式止回阀；(e) 升降式止加阀；(f) 消声止回阀；

(g) 梭式止回阀；(h) 浮球阀；(i) 液压控制阀；(j) 弹簧式安全阀；(k) 杠杆式阀

1. 截止阀

截止阀阀门关闭严密，但水流阻力较大，适用管径不大于 50mm 的管道或需要经常启闭的管道上。

2. 闸阀

闸阀全开时，水流呈直线通过，压力损失小；但水中有杂质落入阀座后，使阀门不能关闭到底，因而产生磨损和漏水。一般管道大于50mm或需要双向流动的管段上采用闸阀。

3. 蝶阀

蝶阀阀板在90°旋转范围内可起调节流量和关断水流的作用，它具有体积小、质量小、启闭灵活、关闭严密、水头损失小、适合制造较大直径的阀门等优点。蝶阀适用于室外管径较大的给水管上和室外消火栓给水系统的主干管上。

4. 旋塞阀

旋塞阀又称为考克或转心门，是依靠中央带孔的锥形栓塞来控制水流启闭的。装在需要迅速开启和关闭的管段上，为防止因迅速关断水流而产生水击，常用于压力较低和管径较小的管段上。

5. 球阀

球阀是利用一个中间开孔的球体阀芯，靠旋转球体来控制阀门开、关的。球阀只能全开或全关，不允许作节流用，常用于管径较小的给水管道中。

6. 止回阀

止回阀用来阻止水流的反向流动，关闭后密闭性有要求时宜选用有关闭弹簧的止回阀。安装在给水管道或设有高位水箱给水系统中的止回阀，在管网最小压力或水箱最低水位时也应能自动开启。

7. 管道倒流防止器

管道倒流防止器是一种严格限定管道中的压力、水只能单向流动的水力控制组合装置。倒流防止器由止回部件组成，可防止给水管道水倒流，管道回流水可通过阀体上单独的排水口排到管外，排水口应采用间接排水。适用于清水或物理、化学性质类似清水且不允许介质倒流的管道系统中。倒流防止器应安装在水平位置，两端宜安装维修闸阀，进口前宜安装过滤器，而且至少应有一端装有可挠性接头。然而，对于只在紧急情况下才使用的管路上（例如消防系统管道），应考虑过滤器的网眼被杂质堵塞而引起紧急情况下供水中断的可能性。倒流防止器由两个隔开的止回阀和一个泄水阀组成，如图3-10所示。

8. 浮球阀

浮球阀是一种利用液位变化可以自动开启关闭的阀门，大多安装在水箱或水池内。浮球阀口径为 $DN15\sim100mm$，与各种管径的规格相同。采用浮球阀时不宜少于两个，且与进水管标高一致。

9. 液位控制阀

液位控制阀是一种依靠水位升降而自动控制的阀门，可代替浮球阀而用于水箱、水池或水塔的进水管上，通常是立式安装。

图3-10 管道倒流防止器实物图

10. 安全阀

安全阀是一种保安器材，主要用于安全保护，防止锅炉、压力容器或管道因超压而破坏。一般有弹簧式、杠杆式两种。

11. 减压阀

减压阀是利用流体通过阀瓣产生阻力而降压，有波纹管式、活塞式和膜片式等类型。减压阀用于给水管网的压力高于配水点允许最高使用压力的减压。给水分区的减压阀应既减动压又减静压，且宜设 2 个减压阀并联安装，交替使用，互为备用。阀后压力允许波动时，宜用比例式减压阀；阀后压力要求稳定时，宜采用可调式减压阀。减压阀前应设阀门和过滤器。

12. 过滤器

用于保护仪表和设备。在减压阀、总水表、自动水位控制阀、温度调节阀等阀件前应设过滤器；水泵吸水管上、水加热器进水管上、换热装置的循环冷却水进水管上、分户水表前宜设过滤器。

13. 真空破坏器

可导入大气、消除给水管道因虹吸使水流倒流的装置。有压力型和大气型两种型式，用于防止回流污染。其设置位置应满足：直接安装于配水支管的最高点。其位置高出最高用水点或最高溢流水位的垂直高度为：压力型不得小于 300mm；大气型不得小于150mm。不应装在有腐蚀性和污染的环境中，真空破坏器的进气口应向下。

14. 水位控制器

水位控制器是指通过机械式或电子式的方法来进行高低水位的控制，可以控制电磁阀、水泵等，成为水位自动控制器或水位报警器，从而实现半自动化或者全自动化。或者通过浮球开关来控制水位。

超声波液位控制器的探头产生高频超声波脉冲耦合到容器外壁，这个脉冲会在容器壁和液体中传播，还会被容器内表面反射回来。通过对这种反射特性的检测和计算，就可以判断出液位是否达到了液位控制器安装的位置。液位控制器输出继电器信号，来完成对液位的监控。主要用于监测储罐液面，实现上下限报警或监测管道中是否有液体存在，储罐材质可以是各类金属或不发泡塑料。超声波液位控制器不受介质密度、介电常数、导电性、反射系数、压力、温度、沉淀等因素的影响，所以适用于医药、石油、化工、电力、食品等行业的各类液体液位工程控制，对于有毒的、强腐蚀危险品液体的检测，更是理想的选择，但在有泡沫的情况下也易出现误动作。

各种控制附件实物，如图 3-11 所示。

三、水表

水表是计量用水量的仪器，是给水系统中的计量附件。建筑给水系统广泛采用流速式水表。其作用原理是：管径一定时，利用通过水表的水流流速与流量成正比的原理制成，即 $Q = A \times V$。

按照叶轮结构的不同，流速式水表可分为旋翼式和螺翼式。在建筑给水系统中，水表直径小于 50mm 时，采用旋翼式水表；大于 50mm 时，可选用旋翼式和螺翼式水表；当通过的水量变化很大时，应采用复式水表。复式水表由大小两个水表并联组成，总流量为两个水表流量之和。测量大流量的水表有孔板流量计、涡轮流量计、电磁水表、超声波流

闸阀	球阀	蝶阀	截止阀	止回阀
安全阀	疏水阀	减压阀	柱塞阀	旋塞阀

图 3-11 各类控制附件实物图

量计等。现在又出现了为了便于抄表及收费的远传式水表、IC 卡水表。另外，建筑给水系统中使用的仪表还有测压力的压力表和真空表，温度计及水位计等。

智能水表是指可以自动实现各种功能的所有水表的统称。插卡水表、刷卡水表、射频卡水表是为了实现预付费功能的水表；阶梯水价水表是可以实现每个月自动实行阶梯水价计费的水表；远传水表是为了实现远程数据传输功能的水表。

1. 家用预付费刷卡智能水表

所谓的刷卡水表就是居民手中持有一张卡，在感应区内贴一下卡，即可获取相关表内的剩余水量以及水表内总量，是集预付费、自动计量、状态报警及防止不正当使用等功能于一体的高智能产品，具有计量准确、性能可靠、结构紧凑合理等特点，如图 3-12 所示。

这种水表具有自动收水费功能，用户将水费交给管理部门，管理部门将购水量写入 IC 卡中，用户将 IC 卡中信息输入水表，水表即自动开阀供水，在用户用水过程中，水表中微电脑自动核减用水量，所购水量用到报警量时，水表自动关阀断水。此时将用户卡贴近感应区打开阀门继续用水，当剩余水量用尽，水表自动关阀断水，用户需重新购水方能再次开阀供水。这种水表还能记录表的运行情况，在管理机或管理软件下将表的总用水量、总购水量、开关阀状态等信息进行管理；可以提高管理效率，有效防止欠费，避免上门抄表，实现节约用水。

2. 多流束插卡智能水表

家用插卡水表是智能水表的一种，用户购买用水量以后将 IC 卡插入水表的卡槽实现充值，水表的液晶显示屏会提示操作成功，显示多少立方米用水量。这种水表是目前市场上使用数量最多的智能水表，国家安饮工程、小区改造、新小区入住、自来水公司一户一表改造所使用的水表大部分都是这种水表。

3. 阶梯水价水表

随着我国对于水资源的大力管控，家庭用水也受到了阶梯

图 3-12 家用预付费刷卡智能水表

21

水价的束缚，即在保证每个家庭年用水量的情况下，一旦超出基础使用量每吨水将提升至更高的价格，这样以经济杠杆控制人们的水资源浪费问题。想要实施阶梯水价收费，首先就要安装可以分级计量的阶梯水价水表。

阶梯水价智能水表顾名思义，就是在原本的智能水表基础上添加不同阶梯用水量的模块，以实现用户水量阶梯收费。这种水表从外观上看，与普通智能水表类似，但是"内芯"不同。阶梯水价水表是将水表内部的管理控制模块增加了一项新的以月为单位的计时模块，按预定用水量输入后，水表开始运行，如果预定用水量已经用完而计时模块还没有满一个月，控制模块则向管理模块发出命令，水价自动升入二级水价，以此类推。安装时设置好阶梯价位，当水表流量到达设定值时，自动智能扣费。及时性强、准确率高。

4．远传预付费智能水表

远传预付费智能水表自动计算管道中的水流量，水表中的微电脑自动存储使用水量，当到定时发送数据时间或检测到有抄表信号时，通过无线频段将数据发送出去。如图 3-13 所示。

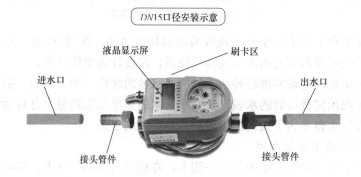

图 3-13　DN15 远传预付费智能水表

5．超声波水表

超声波水表通过 GSM 网络直接抄取和监测水表数据，代替工作人员现场抄表，如图 3-14 所示。抄表系统由 GSM 大口径超声波水表、短信猫、无线 GSM 抄表监测系统软件组成。其功能及特点如下：

（1）超声波计量，分段校准，计量精度高，具有低电压报警功能；

（2）无磁计量，不存在强磁场攻击问题；

（3）GSM 方式无线抄表，现场施工方便，传输距离远；

（4）定时冻结消费记录，并上传历史数据，每天可上传数十条记录；

（5）环氧树脂灌封，可泡在水中工作，安装方便，可水平或垂直安装。

6．远传水表

图 3-14　超声波水表

远传水表分为脉冲式远传水表和直读

式远传水表两种。

脉冲式远传水表是在普通水表的基础上加装一个脉冲传感器，当水表每走一个字时就发射一个脉冲信号。脉冲式远传水表应用于水流通能力大，水质较差，杂质过多，可以拆卸清洗的地点，例如污水处理厂。

直读式远传水表的抄表方式分为三种，如图3-15所示。

（1）电脑直抄：通过RS485和MBUS总线进行布线抄表，方便简捷；

（2）GPS抄表：采集器将信号传到GPRS传输器上，然后再传递给电脑；

（3）数据线抄表：采集器将信号传到手抄器上（无线路由、数据线）再传递给电脑。

直读式远传水表操作简单、布线简捷，适用于大型工厂工业用水表或者是住宅小区里使用。

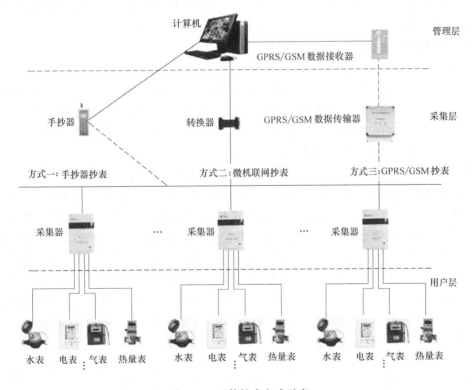

图3-15 远传抄表方式示意

3.4 给水管道的布置与敷设

一、给水管道的布置形式

给水管道的布置按供水可靠程度要求可分为枝状和环状两种形式。枝状管网单向供水，供水安全可靠性差，但节省管材，造价低；环状管网管道相互连通，双向供水，安全可靠，但管线长、造价高。一般建筑内给水管网宜采用枝状布置。

给水管道的布置形式按水平干管的敷设位置又可分为上行下给、下行上给和中分式三种形式。干管设在顶层天花板下、吊顶内或技术夹层中，由上向下供水的为上行下给式，设高位水箱的给水系统与公共建筑和地下管线较多的工业厂房一般采用此布置形式；干管埋地、设在底层或地下室中，由下向上供水的为下行上给式，直接给水系统、气压给水系统和变频水泵给水系统一般采用此布置形式；水平干管设在中间技术层内或中间某层吊顶内，由中间向上、下两个方向供水的为中分式，适用于屋顶用作露天茶座、舞厅或设有中间技术层的高层建筑。

二、给水管道的敷设形式

根据建筑物的性质及要求，给水管道的敷设有明设和暗设两种。

（1）明设是将管道在室内沿墙、梁柱、顶棚下和地板旁等处暴露敷设。

（2）暗设是将管道在吊顶、管井、管槽和管沟中隐蔽敷设。

生活给水管道宜明设，如建筑物要求较高时可暗设，但应便于安装和检修。给水横管宜敷设在地下室、技术层、吊顶或管沟内，立管可敷设在管道井内。生产给水管道应沿墙、柱、梁明设，工艺有特殊要求时可暗设，暗设时应预留管槽。

三、给水管道的安装

1. 孔洞的预留与套管的安装

在现浇整体混凝土构件、楼板上预留孔洞应在设备基础、墙、柱、梁、板上的钢筋已经绑扎完毕时进行。预留孔洞不能适应工程需要时，要进行机械或人工打洞，尺寸一般比对应管径大 2 号左右。注意：（1）给水引入管，管顶上部净空一般不小于 100mm；（2）排水排出管，管顶上部净空一般不小于 150mm。

凡穿越楼板、墙体基础等处的热水管，必须设置套管。套管分为普通套管和防水套管两种，普通套管又分为钢套管、塑料套管和铁皮套管。室内装饰装修管道穿楼板和内墙常用的有钢套管和塑料套管。依据《建筑给水排水及采暖工程施工质量验收规范》GB 50242—2002 规定，管道穿过墙壁和楼板应设置金属或塑料套管。安装在楼板内的套管其顶部应高出装饰地面 20mm，安装在卫生间及厨房内的套管其顶部应高出装饰地面 50mm，底部应与楼板底面相平。穿过楼板的套管与管道之间的缝隙，应用阻燃密实材料和防水油膏填实，端面光滑。安装在墙壁内的套管其两端与饰面相平。穿墙套管与管道之间缝隙，宜用阻燃密实材料填实，且端面应光滑。管道的接口不得设在套管内。

2. 室内地下给水管道安装

在管道穿基础或墙的孔洞、穿地下室（或构筑物）外墙的套管已预留好，校验符合设计要求，确定室内装饰的种类后，才可进行室内地下管道的安装。

3. 立管的安装

立管的安装应在土建主体已基本完成，孔洞按设计位置和尺寸留好，室内装饰的种类、厚度已确定后进行。首先在顶层楼板的立管中心线位置用线坠向下层吊线，与底层立管接口对正，检验孔洞，然后进行立管安装，栽立管卡，最后封堵楼板眼。

4. 给水横支管安装

在立管安装完毕、卫生器具安装就位后可进行横支管安装。

5. 卫生器具的安装（具体内容见第 3 章 3.5 介绍）

四、管道防护

1. 防腐

金属给水管材埋地敷设均应按规范规定作防腐处理，明装和暗装的非镀锌管及铸铁管道也要采取防腐措施，以延长管道的使用寿命。通常的防腐做法是管道除锈后，在外壁刷涂防腐涂料。明装的焊接钢管和铸铁管外刷防锈漆 1 道，银粉面漆 2 道；镀锌钢管外刷银粉面漆 2 道；暗装和埋地管道均刷沥青漆 2 道。对防腐要求高的管道，应采用有足够的耐压强度、并与金属有良好的粘结性，以及防水性、绝缘性和化学稳定性能好的材料做管道防腐层。如沥青防腐层，即在管道外壁刷底漆后，再刷沥青面漆，然后外包玻璃布。管外壁所做的防腐层数，可根据防腐要求确定。

2. 防冻、防露

设在温度低于零度以下位置的管道和设备，为保证冬季安全使用，均应采取保温措施。在湿热的气候条件下，或在空气湿度较高的房间内，敷设的给水管道应采取防露措施。否则管道出现结露现象，不但会加速管道的腐蚀，还会影响建筑的使用，如使墙面受潮、粉刷层脱落，影响墙体质量和建筑美观。防露措施与保温方法相同。

3. 防漏

由于管道布置安装不当，或管材质量和施工质量低劣，均能导致管道漏水，不仅浪费水量，影响给水系统正常供水，还会损坏建筑。防漏的主要措施是避免将管道布置在易受外力损坏的位置，或采取必要的保护措施，避免其直接承受外力。并要健全管理制度，加强管材质量和施工质量的检查监督。例如塑料管、复合管及输送热水的金属管会因为温度变化而热胀冷缩，若管道安装不当，产生的热应力会损坏管道或管件，造成管道漏水。

4. 防振

水泵工作时出现振动，并沿着管道传递振动和噪声；当管道中水流速度过大时，启闭水龙头、阀门，易出现水锤现象，引起管道、附件的振动，不但会损坏管道附件造成漏水，还会产生噪声。为防止管道的损坏和噪声污染，在设计给水系统时应控制管道的水流速度，在系统中尽量减少使用电磁阀或速闭型水栓。水泵的出水管应用柔性接头与给水管道连接。住宅建筑进户管的阀门后（沿水流方向），宜装设家用可曲挠橡胶接头进行隔振。并可在管支架、吊架内衬垫减振材料，以缩小噪声的扩散。

3.5　常用的卫生器具和施工安装

一、常用卫生器具的分类

卫生器具是供水或接受、排出污水或污物的容器或装置，是收集和排除生活及生产中产生的污、废水的设备。按其作用分为以下几类：

（1）便溺用卫生器具：如大便器、小便器等；

（2）盥洗、淋浴用卫生器具：如洗脸盆、淋浴器等；

（3）洗涤用卫生器具：如洗涤盆、污水盆等；

（4）专用卫生器具：如医疗、科学研究实验室等特殊需要的卫生器具。

目前，我国生产的卫生器具种类很多，其材质有陶瓷、搪瓷、塑料、不锈钢、复合材料等。在使用中要求各类卫生器具都应具备表面光滑、易于清洗、不漏水、耐腐蚀、耐冷热、卫生条件好、坚固耐用等特点。卫生洁具产品的概念，已经远远突破过去的传统观念。作为现代化豪华生活的标志性用品，它进入人们生活的方方面面。即不仅具有卫生与清洁功能，还应包括保健功能、欣赏功能以及娱乐功能。在使用功能方面，仅卫生洁具产品的冲洗方式就出现了旋冲式、静音式、斜冲式、直落式、虹吸式、喷射式等。

二、卫生器具的安装

各类卫生器具的安装，应按《全国通用给水排水标准图集》S3 中的 S342 执行。除大便器外，一切卫生器具均应在排水口设置十字格栅，以防止粗大污物进入排水管造成阻塞。下面介绍几种常用的卫生器具的安装要求。

1. 坐式大便器的安装

坐式大便器按款式不同分为：水箱与便体分为两部分组成的分体坐便器，水箱与便体一体成型的连体坐便器。连体坐便生产工艺的要求较高，价格稍高，这两种坐便器在使用效果上没有区别。

坐式大便器按结构为下排污式，即排污口在便体下方，连接在地面预留排污口上的坐便器。下排污式坐便器按墙距分有 350、450mm 两种尺寸。

坐式大便器按排污方式不同分为：冲落式坐便器、虹吸式坐便器和喷射虹吸式坐便器。冲落式坐便器在便体内沿有冲水口，主要靠冲水时的水压将污物排净，排污速度快但排污时噪声稍大。虹吸式坐便器在便体内沿均匀分布有一圈冲水口，冲水时主要靠水流形成漩涡式下落，利用水的负压力将污物排净。喷射虹吸式坐便器是在虹吸的基础上，在便体内另设有单独的冲水口，增强了排污效果，静音效果好。

2. 洗脸盆

洗脸盆的种类较多，一般有以下几个常用品种：

（1）角型洗脸盆

占地面积小，一般适用于较小的卫生间，安装后使卫生间有更多的回旋余地。

（2）普通型洗脸盆

适用于一般装饰的卫生间，经济实用，但不美观。

（3）立式洗脸盆（柱盆）

不需安装台面，面盆下方靠柱体支撑的面盆。适用于面积不大的卫生间，它能与室内高档装饰及其他豪华型卫生洁具相匹配。

（4）有沿台式洗脸盆（台上盆）和无沿台式洗脸盆（台下盆）

台上盆安装在台面上，盆体上沿在台面上方的面盆；台下盆安装在台面上，整个盆体在台面下方的面盆。适用于空间较大的、装饰较高档的卫生间使用，台面可采用大理石或花岗石材料。

洗脸盆一般开有三种孔，即进水孔、防溢孔和排水孔。为了能将水放满洗脸盆，必须将排水孔堵起来，排水孔一般都附有专用的塞子，有的塞子可直接拿开或关上，有的则用水龙头上附带的拉压杆控制。

根据洗脸盆上所开进水孔的多少，洗脸盆又有无孔、单孔和三孔之分。无孔的洗脸盆其水龙头应安装在台面上，或安装在洗脸盆后的墙面上；单孔洗脸盆的冷、热水管通过一只孔接在单柄水龙头上，水龙头底部带有丝口，用螺母固定在这只孔上；三孔洗脸盆可配单柄冷热水龙头或双柄冷热水龙头，冷、热水管分别通过两边所留的孔眼接在水龙头的两端，水龙头也用螺母旋紧与洗脸盆固定。

感应水龙头洗脸盆的安装如图 3-16 所示。

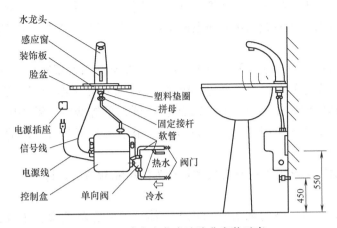

图 3-16 感应水龙头洗脸盆安装示意

3. 浴缸

浴缸按功能分为：普通型浴缸和冲浪型浴缸。普通型浴缸是仅能满足一般洗浴功能的浴缸；冲浪型浴缸的缸体内部装有电机，可利用水流冲浪按摩。浴缸按材质有铸铁浴缸、钢板浴缸、雅克力浴缸、木质浴缸等。还有雅克力合成浴缸，即在原有雅克力材料中加入新型化学材料合成的浴缸，它降低了使用噪声，提高了保温性，延长了使用寿命。由杉木构成表面镀有铜油的木质浴缸，因为特点造型别致，节省空间也深受喜爱。

浴缸按照放置形式不同，分为独立式与嵌入式两种。独立式就是搁置式，即把浴缸直接搁置在浴室地面上，这种方式施工方便，容易检修，适合于在地面已装修完的情况下选用。嵌入浴缸方式的兴起，让家居空间得到了最大限度的释放，尤其对于小户型卫生间非常实用。嵌入式是将浴缸全部嵌入或部分嵌入到台面中，嵌入式浴缸相较而言，进出轻松方便，适合于体弱者使用。

（1）独立式浴缸安装要点

独立式浴缸安装较简单，其中进出水口的安装是重点问题。在安装之前就要先储备或修改好浴缸出水口和其他通道，然后把浴缸放置在两块木条上，连接上下水，尝试在浴缸里注水，检查下水是否渗漏。若无渗漏，则可把木条取出。浴缸基本安装完成。

（2）嵌入式浴缸安装要点

嵌入式浴缸安装重点在于做好防水。主要步骤有：首先做好浴缸的管道后，为了达到防水的功效要将开槽部位重点补好，最好在一两天之内检测是否会漏水。然后铺好地面，使用泡沫砖垫在嵌入式浴缸底部，高度一般在 60cm 以内，注意在下水管的位置应预留250mm×300mm 正常大小的检修孔。

浴缸理想的安装高度为 380～430mm，选用浴缸长度一般在 1500mm 左右为宜。浴缸安装时，要确保浴缸安装的水平、前后、左右位置都合适，浴缸下水迅速，没有渗漏情况且安装稳固。浴缸表面没有磕碰痕迹，若是损坏了釉面，则会大大减弱浴缸的使用寿命。带支架的浴缸在安装前要检查安放的地面是否平整，避免因为地面不平造成浴缸稳定性下降。将浴缸放到预留位置后，应借助水平尺调整支撑脚螺母，直至浴缸水平。

按摩浴缸能够按摩肌肉、舒缓疼痛及活络关节。按摩浴缸有三种：令浸浴的水转动的旋涡式；把空气泵入水中的气泡式；结合以上两种特色的结合式。按摩浴缸安装时需要连接电路，为了避免触电事故一定要仔细检查电路连接。按摩浴缸安装必须设置接地线和漏电保护开关，连接水管前要做马达的通电试验，试听其声音是否符合要求。

4. 淋浴房

由于现代家居对卫浴设施的要求越来越高，许多家庭都希望有一个独立的洗浴空间，淋浴房是现代许多家庭的选择。淋浴房占用面积小，能有效干湿分离，冬季有较好的保温作用。淋浴房按其外形可分为曲线形、钻石形、圆弧形等造型。淋浴房底部一般安装有亚克力淋浴盆，起到防水作用。如图 3-17 所示。淋浴房具有节省空间的特点，适合卫生间较小的户型使用。

普通型淋浴房用钢化玻璃或有机玻璃板作为浴房隔断浴屏，边框主材为铝合金或锌合金构成表面喷塑。

电脑淋浴房集普通淋浴房和浴缸功能于一体，主要有蒸桑拿、按摩、淋浴、泡浴功能，其框架主材为亚克力构成。桑拿房用松木构成其用来蒸桑拿的小房间。电脑淋浴房造价昂贵占用空间较大，主要用于洗浴中心，家庭用之甚少。淋浴房配有用来存放洗漱用品的浴室柜，浴室柜顶部装有台面，柜体一般为复合贴皮板材制成。

图 3-17　整体式电脑淋浴房实物图

5. 小便器

多用于公共建筑的卫生间，现在有些家庭的卫浴间也装有小便器。

（1）小便器分类

按结构分为：冲落式、虹吸式；按用水量分为：普通型、节水型；按安装方式分为：斗式、落地式、壁挂式。落地式陶瓷小便器笨重、费料、易溅尿，已趋于被壁挂式陶瓷小便器取代。壁挂式小便器分为地排水和墙排水，地排水的安装只要注意排水口的高度即可；墙排水的小便器不仅要注意排水口的高度，还需要做墙砖前按小便器的尺寸预留进出水口。

（2）采用节水型产品

在大中城市新建住宅中，禁止使用一次冲洗水量在 9L 以上（不含 9L）的便器。普通型小便器冲洗用水量不大于 5L，节水型不大于 3L，均具有合格的洗净功能和污水置换功能。小便器常与红外感应装置连用以实现节水。必须配备与该便器配套且满足便器功能要求规定的定量冲水装置，并应保证其整体的密封性，所配套的冲水装置应具有防虹吸功能。

（3）小便器感应冲水阀

小便斗感应器是根据红外线感应原理，通过感应人体后发出信号，发送到脉冲电磁阀来自动控制冲水。只有在感应范围内，小便斗感应器才进行自动冲洗，否则不进行冲洗。冲洗程序、冲洗时间和感应距离可调整，是目前国内比较先进的智能化节水产品。同时小便斗感应器由于是非接触节水产品，无需人体手动控制，可有效防止细菌交叉感染，特别适合人多的公共场所，如学校、火车站、飞机场、汽车站等。供电方式有交流电、直流电、干电池三种，一般是干电池或交流电。

图 3-18 为壁挂式墙排感应小便器实物图。

6. 冲洗设备

便溺用卫生器具要求具有足够压力的水冲洗污物，以保持器具清洁。常用冲洗设备有冲洗水箱和冲洗阀。常用冲洗洗水箱有虹吸冲洗水箱、水力冲洗水箱等，如图 3-19 所示。前者多安装在高水箱蹲式大便器上，后者多安装在低水箱坐式大便器上。冲洗阀有手拉冲洗阀和延时自闭式冲洗阀等，如图 3-19 所示。手拉冲洗阀构造简单、容易加工，不易损坏、使用方便，冲劲大、用水量省，几个大便器可设一个水箱，适于多蹲位公共建筑的厕所使用。延时自闭式冲洗阀安装于大、小便器的冲洗管上，体积小，不需要设水箱，使用便利，用时按下手柄即可冲，经过一段时间后自动关闭，这种阀门配有真空破坏器，以防给水管道内产生负压而将污废水吸入给水管。

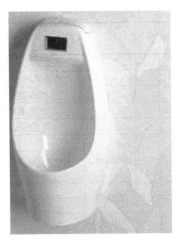

图 3-18　壁挂式墙排感
应小便器实物图

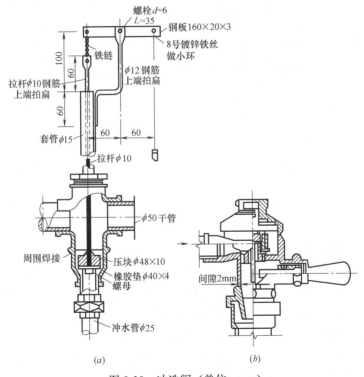

(a)　　　　　　　　　　(b)

图 3-19　冲洗阀（单位：mm）

(a) 手拉冲洗阀；(b) 延时自闭式冲洗阀

三、卫生器具安装与土建施工的关系

卫生器具的安装应与土建施工密切配合。一般在土建装修工程基本完工，室内排水管道安装完毕后进行卫生设备的安装，以免因交叉施工碰坏卫生器具。各种卫生器具的安装

高度一般是从卫生器具所处地面向上计算。卫生器具所在地面一般比其他房间的地面低20mm。各类卫生器具的安装高度见表 3-1。

各类卫生器具的安装高度 表 3-1

序号	卫生器具名称		配件中心距地面高度 （mm）	冷热水龙头距离 （mm）
1	架空式污水盆(池)水龙头		1000	—
2	落地式污水盆(池)水龙头		800	—
3	洗涤盆(池)水龙头		1000	150
4	住宅集中给水龙头		1000	—
5	洗手盆水龙头		1000	—
6	洗脸盆	水龙头(上配水)	1000	150
		水龙头(下配水)	800	150
		角阀(下配水)	450	—
7	盥洗槽	水龙头	1000	150
		上下并行冷热水管热水龙头	1100	150
8	浴盆	水龙头(上配水)	670	150
9	淋浴器	截止阀	1150	—
		混合阀	1150	—
		淋浴喷头下沿	2100	—
10	蹲式大便器(从台阶地面算起)	高水箱角阀及截止阀	2040	—
		低水箱角阀	250	—
		手动式自闭冲洗阀	1000	—
		脚踏式自闭冲洗阀	85	—
		拉管式冲洗阀(从地面算起)	1600	—
		带防污助冲器阀门(从地面算起)	900	—
11	坐式大便器	高水箱角阀及截止阀	2040	—
		低水箱角阀	150	—
12	大便槽冲洗水箱截止阀(从台阶面至算起)		≮2400	—
13	立式小便器角阀		1130	—
14	挂式小便器角阀及截止阀		1050	—
15	小便槽多孔冲洗管		1100	—
16	实验室化验水龙头		1000	—
17	妇女卫生盆混合阀		360	—

注：装设在幼儿园内的洗手盆、洗脸盆和盥洗槽水嘴中心离地面安装高度应为 700mm，其他卫生器具给水配件的安装高度，应按卫生器具实际尺寸相应减少。

四、卫生器具的施工

室内设卫生器具，是收集生活污水及排除粪便污物的用具。一般具备坚固、不透水、耐侵蚀和表面光滑的特点。目前所安装的卫生器具大多数是陶瓷制品，安装中一定要注意与管路连接的严密性。各种卫生器具安装的程序是：

（1）按照设计图纸和卫生器具的安装尺寸画线定位；

（2）将刷好煤焦油的梯形木块，用水泥砂浆嵌入墙内，使得木块表面略低于墙面抹灰层。也可以用预埋螺栓或膨胀螺栓的方法；

（3）把与卫生器具连接的铜活或铁活全部装好；

（4）把卫生器具按照画线位，用螺栓固定在墙上或稳装在地面上；

（5）连接给水、排水接口。

为了防止在紧固木螺钉或螺栓过程中受力不均而损坏卫生器具，一定要加橡胶垫或铅垫。连接存水弯的排水口时，缠麻要牢固，并应抹上油灰。对于大便器排水、接口里面一定要用油灰将里口抹平挤实，接口外围应用白灰麻刀和 砂子的混合料填充。高水箱冲洗管与大便器的连接处，扎紧皮碗时一定用铜丝，并且要留出小坑，填充砂子，上面装上铁盖，以便更换与检修。对带有溢水装置的卫生用具，卫生用具溢水口一定要和排水溢水口对准，便于排水。为了连接紧密，不致产生渗漏，脸盆、家具盆的排水口安装时，一定要垫胶皮和油灰。对于小便槽冲洗管，应采用镀锌钢管或硬质塑料管，冲洗孔应斜向下安装，同墙面成 45°角。地漏安装在地面的最低处，其箅子顶面应低于设置处地面 5mm。

为了防止卫生器具的损坏，在运输及安装过程中要特别小心，同时安装顺序应在室内装修工程完工后再安装。

有些卫生用具的给水分为热水和冷水两个系统。热水管道采用镀锌钢管，连接方法和冷水相同。横管安装要求有 0.003～0.005 的坡度。配水龙头应采用耐温橡胶垫圈，热水龙头和冷水龙头在同一水平面内平行安装时，应把热水龙头安在左边，冷水龙头安在右边，避免发生烫伤现象。热水龙头和冷水龙头在同一铅垂面内，热水龙头安在上、冷水龙头安在下，避免在冷水管上发生结露现象。同时热水管穿墙时应放套管。

家庭卫生器具检验步骤如下：

（1）试水。进行不少于 2h 盛水试验无渗漏，盛水量分别如下：便器高低落水箱应盛至扳手孔以下 10mm 处；各种洗涤盆、面盆应盛至溢水口；浴缸应盛至不少于缸深的 1/3；水盘应盛至不少于盘深的 2/3；

（2）卫生器具的给水连接管不得有凹凸、弯扁等缺陷；

（3）卫生器具与进水管、排污管的连接必须严密，不得有渗漏现象。坐便器应用膨胀螺栓固定安装，并用油灰或硅酮胶连接密封，底座不得用水泥砂浆固定。浴缸排水必须采用硬管连接；

（4）给水、排水管应采用热镀管或硬质聚氯乙烯管材，管件、型号、规格应符合设计要求；

（5）管道之间、管道附件之间、附件之间安装连接牢固、无渗漏；

（6）支（托、吊）架埋设平整牢固。管道及附件、支（托、吊）架防腐良好；

（7）暗设给水管道必须在封闭前加压试渗漏（1.5 倍工作压力下 24h 无渗漏），热水管应有保温措施；

（8）卫生器具及各种给水管在穿过楼层时周边应作防渗漏处理。

3.6 建筑给水管道的水力计算

一、建筑给水系统所需水压

室内给水系统必须具备足够的压力，才能把建筑物需要的水量输送到各配水点，并保证系统最高最远点（即最不利配水点）具有一定的压力，这种压力称为流出水头。

建筑内给水系统所需水压与城市配水管网的供水水压的比较结果，是初步确定给水方式的重要因素，是决定是否需要设置升压和贮水设备的必要条件。在现行国家标准《城市给水工程规划规范》GB 50282 中指出城市配水管网的供水水压宜满足用户接管点处服务水头 28m 的要求。为了节省投资和运行费用，所以我国的城市配水管网一般采用低压制。建筑内给水系统所需水压是指建筑内给水系统的水压必须能将需要的流量输送到建筑物内最不利配水点（通常为最高最远点）的配水龙头或用水设备处，并保证有足够的流出水头（自由水头）。在初定给水方式时对于层高不超过 3.5m 的民用建筑，建筑内给水系统所需水压（自室外地面算起）可估算确定：一层为 10mH₂O，二层为 12mH₂O，二层以上每增高一层增加 4mH₂O。但这种估算方法不适用于高层建筑分区供水系统。

室内给水系统所需水压其大小还可按下式计算：

$$H=H_1+H_2+H_3+H_4+H_5 \tag{3-1}$$

式中　H——室内给水系统引入管所需水压，kPa；

H_1——引入管至最不利配水点的高差所需水压，kPa；

H_2——水流通过建筑内部给水管道的压力损失，kPa；

H_3——水流通过水表的压力损失，kPa；

H_4——最不利配水点所需流出水压（也称流出水头），kPa；

H_5——最不利配水点所需富裕水压（也称富裕水头），一般可取 20～50kPa

注意：换算单位为 "1mH₂O＝0.01MPa＝10kPa"。

二、用水定额与小时变化系数

1. 用水定额

生产单位产品的需水定量，或每人每日生活的需水定量，称为用水定额。用水定额是用水量的规定额度，是单位时间、单位人口的用水量标准。国家现行标准《建筑给水排水设计规范》中给出了住宅、公共建筑的最高日生活用水量范围。各类建筑小时用水量是不均匀的，规范中给定了小时变化系数。用水定额与建筑的类型、建筑标准、建筑物内卫生设备的完善程度和区域等因素有关。住宅生活用水定额见表 3-2，集体宿舍、旅馆和其他公共建筑的生活用水定额见表 3-3。

住宅最高日生活用水定额及时变化系数　　表 3-2

住宅类别		卫生器具设置标准	生活用水标准 [L/（人·d）]	小时变化系数
普通住宅	Ⅰ	有大便器、洗涤盆	85～150	3.0～2.5
	Ⅱ	有大便器、洗脸盆、洗涤盆、洗衣机、热水器和沐浴设备	130～300	2.8～2.3
	Ⅲ	有大便器、洗脸盆、洗涤盆、洗衣机、集中热水供应（或家用热水机组）和沐浴设备	180～320	2.5～2.0
别墅		有大便器、洗脸盆、洗涤盆、洗衣机、洒水栓、家用热水机组和沐浴设备	200～350	2.3～1.8

2. 建筑物最高日用水量与小时变化系数

小时变化系数是一年最高日最高时供水量与该日平均时供水量的比值。

最高日生活用水量按下式计算：

$$Q_d=\frac{mq_d}{1000} \tag{3-2}$$

式中　Q_d——最高日生活用水量（m³/d）；

m——设计单位数，人或床位数等；

q_d——单位用水定额 [L/（人·d）、L/（床·d）或 L/（m²·d）]。

最大小时生活用水量应根据最高日（或最大班）生活用水量、使用时间和时变化系数按下式计算：

$$Q_h = k_h \frac{Q_d}{T} \qquad (3\text{-}3)$$

式中 Q_h——最大小时生活用水量（m^3/h）；

Q_d——最高日（或最大班）生活用水量（m^3/d）；

T——每日（或最大班）使用时间（h）；

K_h——小时变化系数。

集体宿舍、旅馆等公共建筑的生活用水定额及小时变化系数　　　　表 3-3

序号	建筑物名称	单位	最高日生活用水定额/L	使用时数/h	小时变化系数 K_h
1	宿舍 　Ⅰ类、Ⅱ类 　Ⅲ类、Ⅳ类	每人每日 每人每日	150~200 100~150	24 24	3.0~2.5 3.5~3.0
2	招待所、培训中心、普通旅馆 　设公用盥洗室 　设公用盥洗室、淋浴室 　设公用盥洗室、淋浴室、洗衣室 　设单身卫生间、公用洗衣室	每人每日 每人每日 每人每日 每人每日	50~100 80~130 100~150 120~200	24	3.0~2.5
3	酒店式公寓	每人每日	200~300	24	2.5~2.0
4	宾馆客房 　旅客 　员工	每床位每日 每人每日	250~400 80~100	24	2.5~2.0
5	医院住院部 　设公用盥洗室 　设公用盥洗室、淋浴室 　设单独卫生间 　医务人员 　门诊部、诊疗所 　疗养院、休养所住房部	每床位每日 每床位每日 每床位每日 每人每班 每病人每次 每床位每日	100~200 150~250 250~400 150~250 10~15 200~300	24 24 24 8 8~12 24	2.5~2.0 2.5~2.0 2.5~2.0 2.0~1.5 1.5~1.2 2.0~1.5
6	养老院、托老院 　全托 　日托	每人每日 每人每日	100~150 50~80	24 10	2.5~2.0 2.0
7	幼儿园、托儿所 　有住宿 　无住宿	每儿童每次 每儿童每次	50~100 30~50	24 10	3.0~2.5 2.0
8	公共浴室 　淋浴 　浴盆、淋浴 　桑拿浴（淋浴、按摩池）	每顾客每次 每顾客每次 每顾客每次	100 120~150 150~200	12 12 12	2.0~1.5
9	理发室、美容院	每顾客每次	40~100	12	2.0~1.5
10	洗衣房	每公斤干衣	40~80	8	1.5~1.2
11	餐饮业 　中餐酒楼 　快餐店、职工及学生食堂 　酒吧、咖啡馆、茶座、卡拉OK房	每顾客每次 每顾客每次 每顾客每次	40~60 20~25 5~15	10~12 12~16 8~18	1.5~1.2
12	商场 员工及顾客	每平方米营业厅面积每日	5~8	12	1.5~1.2
13	图书馆	每人每次	5~10	8~10	1.5~1.2
14	书店	每平方米营业厅面积每日	3~6	8~12	1.5~1.2
15	办公楼	每人每班	30~50	8~10	1.5~1.2
16	教学、实验楼 　中小学校 　高等院校	每学生每日 每学生每日	20~40 40~50	8~9 8~9	1.5~1.2 1.5~1.2
17	电影院、剧院	每观众每场	3~5	3	1.5~1.2

续表

序号	建筑物名称	单位	最高日生活用水定额/L	使用时数/h	小时变化系数 K_h
18	会展中心（博物馆、展览馆）	每平方米展厅面积每日	3～6	8～16	1.5～1.2
19	健身中心	每人每次	30～50	8～12	1.5～1.2
20	体育场（馆） 运动员淋浴 观众	每人每次 每人每场	30～40 3	4 4	3.0～2.0 1.2
21	会议厅	每座位每次	6～8	4	1.5～1.2
22	航站楼、客运站旅客	每人次	3～6	8～16	1.5～1.2
23	菜市场地面冲洗及保鲜用水	每平方米每日	10～20	8～10	2.5～2.0
24	停车库地面冲洗水	每平方米每次	2～3	6～8	1.0

注：1. 除养老院、托儿所、幼儿园的用水定额中含食堂用水，其他均不含食堂用水。
    2. 除注明外，均不含员工生活用水，员工用水定额为每人每班 40～60L。
    3. 医疗建筑用水中已含医疗用水。
    4. 空调用水应另计。

[例 3-1] 某宾馆给水系统共承担客房 100 套，床位 150 个。试求该给水系统最高日用水量和最大小时用水量。

解： 由表 3-3 查得：最高日用水量 400L/(人·d)，小时变化系数 2.5，使用时数 24。

$$Q_d = m \times q_d = 150 \times 400 = 60000 \text{L/d} = 60 \text{m}^3/\text{d}$$

$$Q_h = \frac{Q_d}{T} \times K_h = \frac{60}{24} \times 2.5 = 6.25 \text{m}^3/\text{h}$$

三、给水设计秒流量

建筑内部生活用水量在一天中每时每刻都是变化的，如果以最大小时生活用水量为设计流量，难以保证室内生活用水。为了确保设计的准确度，室内给水流量是以设计秒流量计算的。

室内生活给水管道的设计流量应为建筑内卫生器具按配水最不利情况组合出流时的最大瞬时流量，又称设计秒流量。

对用水较分散和较集中的两类不同建筑分别计算其设计秒流量。

1. 宿舍（Ⅰ、Ⅱ类）、旅馆、宾馆、酒店式公寓、医院、疗养院、幼儿园、养老院、办公楼、商场、图书馆、书店、客运站、航站楼、会展中心、中小学教学楼、公共厕所等建筑的生活给水设计秒流量应按下式计算：

$$q_g = 0.2\alpha\sqrt{N_g} \quad (\text{L/s}) \tag{3-4}$$

式中 q_g——计算管段的给水设计秒流量（L/s）；

N_g——计算管段的卫生器具给水当量总数，按表 3-5 选用；

α——根据建筑物用途而定的系数，按表 3-4 采用。

给水以一个污水盆上配水支管直径为 15mm 的水龙头的额定流量 0.2L/s 作为一个给水当量值，其他卫生器具的当量是相当于它的量。卫生器具给水额定流量、当量、支管管径和流出水量按表 3-6 确定。

[例 3-2] 某养老院有房间 20 套，每套房间都装有厨房洗涤盆（混合水嘴）、洗脸盆（混合水嘴）、浴盆（混合水嘴）、低水箱坐式大便器各一套，试计算该养老院进水总管的设计秒流量。

解：

$$N_g = 20 \times (1.0 + 0.75 + 1.20 + 0.5) = 69$$

$$q_g = 0.2\sqrt{N_g}\alpha = 0.2 \times 1.2 \times \sqrt{69} = 1.99 \text{L/s}$$

根据建筑物用途而定的系数值（α 值）　　　　表 3-4

建筑物名称	α 值
幼儿园、托儿所、养老院	1.2
门诊部、诊疗所	1.4
图书馆	1.6
书店	1.7
办公楼、商场	1.5
学校	1.8
医院、疗养院、休养所	2.0
酒店式公寓	2.2
宿舍（Ⅰ、Ⅱ类）、旅馆、招待所、宾馆	2.5
客运站、航站楼、会展中心、公共厕所	3.0

卫生器具给水的额定流量、当量、连接管公称管径和最低工作压力　　　　表 3-5

序号	给水配件名称	额定流量 （L/s）	当量	公称管径 （mm）	最低工作压力 （MPa）
1	洗涤盆、拖布盆、盥洗槽 　单阀水嘴 　单阀水嘴 　混合水嘴	 0.15～0.20 0.30～0.40 0.15～0.20(0.14)	 0.75～1.00 1.50～2.00 0.75～1.00(0.70)	 15 20 15	0.050
2	洗脸盆 　单阀水嘴 　混合水嘴	 0.15 0.15(0.10)	 0.75 0.75(0.50)	 15 15	0.050
3	洗手盆 　感应水嘴 　混合水嘴	 0.10 0.15(0.10)	 0.50 0.75(0.50)	 15 15	0.050
4	浴盆 　单阀水嘴 　混合水嘴(含带淋浴转换器)	 0.20 0.24(0.20)	 1.00 1.20(1.00)	 15 15	 0.050 0.050～0.070
5	淋浴器 　混合阀	 0.15(0.10)	 0.75(0.50)	 15	 0.050～0.100
6	大便器 　冲洗水箱浮球阀 　延时自闭式冲洗阀	 0.10 1.20	 0.50 6.00	 15 25	 0.020 0.100～0.150
7	小便器 　手动或自动自闭式冲洗阀 　自动冲洗水箱进水阀	 0.10 0.10	 0.50 0.50	 15 15	 0.050 0.020
8	小便槽穿孔冲洗管（每米长）	0.05	0.25	15～20	0.015
9	净身盆冲洗水嘴	0.10(0.07)	0.50(0.35)	15	0.050
10	医院倒便器	0.20	1.00	15	0.050
11	实验室化验水嘴（鹅颈） 　单联 　双联 　三联	 0.07 0.15 0.20	 0.35 0.75 1.00	 15 15 15	 0.020 0.020 0.020

续表

序号	给水配件名称	额定流量 （L/s）	当量	公称管径 （mm）	最低工作压力 （MPa）
12	饮水器喷嘴	0.05	0.25	15	0.050
13	洒水栓	0.40	2.00	20	0.050～0.100
		0.70	3.50	25	0.050～0.100
14	室内地面冲洗水嘴	0.20	1.00	15	0.050
15	家用洗衣机水嘴	0.20	1.00	15	0.050

注：1. 表中括弧内的数值系在有热水供应时，单独计算冷水或热水时使用。
　　2. 当浴盆上附设淋浴器时，或混合水嘴有淋浴器转换开关时，其额定流量和当量只计水嘴，不计淋浴器，但水压应按淋浴器计。
　　3. 家用燃气热水器，所需水压按产品要求和热水供应系统最不利配水点所需工作压力确定。
　　4. 绿地的自动喷灌应按产品要求设计。
　　5. 当卫生器具给水配件所需额定流量和最低工作压力有特殊要求时，其数值应按产品要求确定。

2. 宿舍（Ⅲ、Ⅳ类）、工业企业生活间、公共浴室、职工食堂或营业餐馆的厨房、体育场馆、剧院、普通理化实验室等建筑的生活给水管道设计秒流量，应按下式计算：

$$q_\mathrm{g} = \sum q_0 n_0 b_0 (\mathrm{L/s}) \tag{3-5}$$

式中　q_0——同类型 1 个卫生器具给水额定流量；

　　　n_0——同类型卫生器具数；

　　　b_0——卫生器具的同时给水百分率，应按表 3-6～表 3-8 采用。

宿舍（Ⅲ、Ⅳ类）、工业企业生活间、公共浴室、影剧院、
体育场馆等卫生器具同时给水百分率（%）　　　　　表 3-6

卫生器具名称	宿舍 （Ⅲ、Ⅳ类）	工业企业 生活间	公共浴室	影剧院	体育场馆
洗涤盆(池)	—	33	15	15	15
洗手盆		50	50	50	70(50)
洗脸盆、盥洗槽水嘴	5～100	60～100	60～100	50	80
浴盆	—		50		
无间隔淋浴器	20～100	100	100		100
有间隔淋浴器	5～80	80	60～80	(60～80)	(60～100)
大便器冲洗水箱	5～70	30	20	50(20)	70(20)
大便槽自动冲洗水箱	100	100	—	100	100
大便器自闭式冲洗阀	1～2	2	2	10(2)	5(2)
小便器自闭式冲洗阀	2～10	10	10	50(10)	70(10)
小便器(槽)自动冲洗水箱	—	100	100	100	100
净身盆		33	—	—	—
饮水器		30～60	30	30	30
小卖部洗涤盆		—	50	50	50

注：1. 表中括号内的数值系电影院、剧院化妆间、体育场馆的运动员休息室使用。
　　2. 健身中心的卫生间，可采用本表体育场馆运动员休息室的同时给水百分率。

公共饮食业卫生器具和设备同时给水百分率 表 3-7

厨房设备名称	同时给水百分率(%)
洗涤盆(池)	70
煮锅	60
生产性洗涤机	40
器皿洗涤机	90
开水器	50
蒸汽发生器	100
灶台水嘴	30

注：职工或学生饭堂的洗碗台水嘴，按 100%同时给水，但不与厨房用水叠加。

实验室化验水嘴同时给水百分率 表 3-8

化验水嘴名称	同时给水百分率(%)	
	科研教学实验室	生产实验室
单联化验水嘴	20	30
双联或三联化验水嘴	30	50

[例 3-3] 某公共浴室卫生间内有淋浴器（有间隔）20 个，浴盆（混合水嘴）10 个，洗手盆（感应水嘴）15 个，大便器（冲洗水箱）10 个，小便器（手动冲洗）6 个，拖布盆（单阀水嘴）2 个。试求公共浴室总进户管中的设计秒流量。

解：

公共浴室总进户管中设计秒流量按公式（3-4）计算，其中 q_0 及 b_0 值分别按表 3-5 及表 3-6 选用。列成表格计算如下：

计算列表 表 3-9

种类	q_0(L/s)	n_0	b(%)	$q_0 n_0 b_0$(L/s)
淋浴器	0.15	20	80	2.4
浴盆	0.24	10	50	1.2
洗手盆	0.10	15	50	0.75
大便器	0.10	10	20	0.2
小便器	0.10	6	10	0.06
拖布盆	0.20	2	15	0.06
			Σ	4.67

3. 设计秒流量公式的修正条件：

（1）当计算所得 q_g 值大于该管段上按卫生器具额定流量累加所得流量值时，应按卫生器具给水额定流量累加所得流量值采用。

[例 3-4] 集体宿舍中有一给水支管装在盥洗槽上，该支管上装有 6 个普通水龙头，按公式 3-4 计算，该支管的设计秒流量为：

$$q_g = 0.2 \times 2.5 \sqrt{6} = 1.225 (\text{L/s})$$

6 个水龙头的流量累加值为：$0.2 \times 6 = 1.2$（L/s），应为本给水支管起始流量。

（2）如果计算值小于该管段上一个最大卫生器具给水额定流量时，应采用一个最大的卫生器具给水额定流量作为设计秒流量。

［例 3-5］　某门诊部卫生间内设有 4 个水龙头和 1 个配自闭式冲洗阀大便器，分布在一给水支管上，求该给水支管起始秒流量。

解：按公式 3-4 计算得：

$$q_g = 0.2 \times 1.4 \sqrt{(4+6.0)} = 0.89 (\text{L/s})。$$

设计秒流量为 0.89L/s，而一个自闭冲洗阀的额定流量为 1.2L/s，故应采用 1.2L/s 为该支管起始设计流量。

（3）综合楼建筑的 α 值应按加权平均法计算。

（4）有大便器延时自闭冲洗阀的给水管段，大便器延时自闭冲洗阀的给水当量均以 0.5 计，计算得到 q_g 附加 1.20L/s 的流量后，为该管段的给水设计秒流量。

（5）对于有些标准比较高的建筑，b 值可以考虑稍微大一些。

四、管网水力计算

给水管网水力计算可按下列步骤进行：

1. 确定给水方案；

2. 绘制平面图、轴测图；

3. 选择最不利管段，节点编号，从最不利点开始，对流量有变化的节点编号；

4. 选定设计秒流量公式，计算各管段的设计秒流量 q_g；

5. 确定各个管段的流速 V（m/s），建筑物内生活给水管道流速一般可按表 3-10 确定，不同材质管道流速控制范围见表 3-11。

生活给水管道流速　　　　　　　　　　　　　　表 3-10

公称直径(mm)	15～20	25～40	50～70	≥80
水流流速(m/s)	≤1.0	≤1.2	≤1.5	≤1.8

不同材质管径流速控制范围　　　　　　　　　　表 3-11

材质	管径(mm)	流速(m/s)
铜管	$DN<25$	0.6～0.8
	$DN≥25$	0.8～1.5
薄壁不锈钢管	<25	0.8～1.0
	≥25	1.0～1.5
硬聚氯乙烯管(PVC-U)	≤50	≤1.0
	>50	≤1.5
聚丙烯管(PP)	≤32	≤1.2
	40～63	≤1.5
	≥63	≤2.0
氯化聚氯乙烯管(PVC-C)	≤32	≤1.2
	40～75	≤1.5
	≥90	≤2.0
钢管	15～20	≤1.0
	25～40	≤1.2
	50～70	≤1.5
	≥80	≤1.8
复合管	薄壁不锈钢复合管：0.8～1.2	
	参照其内衬材料的管道流速要求	

注：表中塑料管管径均指外径。

6. 确定各个管段的水力坡度,又称为单位水头损失或者比摩阻 i（Pa/m）和各个管段的管径 d。

采用查表法:使用第 4 步骤所得的各个管段的设计秒流量 q_g,第 5 步骤所得的各个管段的控制流速 V,查对应的水力计算表,查得管径 d 和单位长度的水头损失或者比摩阻 i（Pa/m）。塑料管的水力计算表见附录,其他管材的水力计算表详见相关的给水排水设计手册。

7. 求定各管段水头损失 $\sum h_w$:

$$\sum h_w = \sum h_i + \sum h_j \qquad (3\text{-}6)$$

式中

(1) $\sum h_i$——沿程水头损失,$\sum h_i = \sum il$;

      i——单位长度管道的水头损失,即各个管段的水力坡度,又称为单位水头损失或者比摩阻（Pa/m）;

      l——计算管段长,其数值由步骤 2 确定（m）。

(2) $\sum h_j$——局部水头损失的取值。

生活给水管道配水管的局部水头损失,宜按管道的连接方式,采用管（配）件当量长度法计算。当管道的管（配）件当量长度资料不足时,可按下列管件的连接状况,按管网沿程水头损失的百分率取值,见表 3-12。

局部水头损失系数 表 3-12

管(配)件内径 d_1 与管道内径 d_2 关系	连接方法	
	三通	分水器
$d_1 = d_2$	25%~30%	15%~20%
$d_1 > d_2$	50%~60%	30%~35%
$d_1 < d_2$	70%~80%	35%~40%

8. 选择水表,计算水表水头损失。

水表的水头损失,应按选用产品所给定的压力损失值计算。在未确定具体产品时,可按下列情况取用:住宅入户管上的水表,宜取 0.01MPa。建筑物或小区引入管上的水表,在生活用水工况时,宜取 0.03MPa;在校核消防工况时,宜取 0.05MPa。比例式减压阀的水头损失,阀后动水压宜按阀后静水压的 80%~90% 采用。管道过滤器的局部水头损失,宜取 0.01MPa。倒流防止器、真空破坏器的局部水头损失,应按相应产品测试参数确定。

9. 依据公式 3-1,计算给水系统所需压力,确定给水方案。

10. 确定非计算管段的管径。

11. 对于设置升压、贮水设备的给水系统,还应对其设备进行选择计算。

3.7 给水升压和贮水设备

一、水泵

水泵是给水系统中的主要升压设备。在建筑内部的给水系统中,一般采用离心式水泵。它具备结构简单、体积小、效率高、流量和扬程在一定范围内可以调节等优点。选择水泵应以节能为原则，使水泵在给水系统中大部分时间保持高效运行。

水泵的基本性能参数如下：

（1）流量（Q）：水泵在单位时间内所输送的液体体积。单位是 L/s 或 m^3/h。

（2）扬程（H）：单位重量液体通过水泵时所获得的能量。单位是 Pa 或 mH_2O。

（3）轴功率（N）：水泵从电机处所得到的全部功率。单位是 kW。

（4）效率（η）：水泵的有效功率与轴功率的比值为效率。水泵的有效功率是指单位时间内液体从水泵所得到的能量，是泵传给液体的净功率。

（5）转速（n）：水泵叶轮每分钟旋转的次数。单位为 r/min。

（6）允许吸上真空高度（H_s）：水泵在标准状态下（水温为 20℃，液面压强为 1 个标准大气压下）运转时，进口处所允许达到的最大真空值。单位是 Pa 或 mH_2O。

以上所介绍的水泵各基本工作参数之间是相互联系、相互影响的，它们之间关系可用离心泵的特性曲线来反映，这种曲线可从水泵样本中查到。

二、水箱

在建筑物给水系统中使用的水箱是高位水箱和减压水箱。它们的作用是高位贮存水量以调节用水量的变化；高位贮存消防水量用于火灾初期 10min 的灭火；稳定供水水压；减压。

1. 水箱的构成

（1）水箱的形状和材料

为配合建筑物的整体造型，可选择矩形、圆柱形、球形或其他异形水箱，既满足用水需要，又与建筑外观协调。

水箱按材质分主要有普通钢板、搪瓷钢板、不锈钢、镀锌钢板、复合钢板、玻璃钢等水箱。普通钢板水箱易使水质污染。

（2）水箱的配管

水箱的配管、附件如图 3-20 所示。

1）进水管

当利用室外给水管进水时，为防止溢流，进水管上应安装水位控制阀，如液压阀、浮球阀，阀前设检修阀门。液压水位控制阀体积小，且不易损坏应优先采用，若采用浮球阀不宜少于 2 个。当水箱由水泵供水时，应采用浮球式或液位式继电器自动控制水泵的启闭，不必设水位控制阀。进水管径可按水泵出水量或管网设计秒流量计算确定。

2）出水管

由水箱侧壁接出时，其管底应高出箱底 50mm；若从池底接出，其管顶入水口也应高出箱底 50mm，以防沉淀物进入配水管网。出水管上应设阀门以方便检修。为防短流形成死水区，进、出水管宜分设在水箱两侧。若合用一根管道，则应在出水管上增设阻力较小的止回阀，其标高应低于水箱最低水位 1.0m 以上，以保证止回阀开启所需的压力。若生活与消防合用水箱时，必须采取相应措施确保消防贮备水量不做他用。出水管径应按管网设计秒流量计算确定。

3）溢流管

溢流管口应在水箱设计最高水位以上 50mm 处。溢流管上不得设阀门，下端不许直接入排水管，必须间接排放，出口处应有滤网、水封等设备。管径一般应比进水管大 1～

2级。

4）水位信号装置

该装置当水位控制阀失灵时报警，以便人们及时维修，节约用水。可在溢流管口下10mm处设水位信号管，通到值班室的洗涤盆等处，其管径为15mm即可。若水箱液体与水泵连锁，则可在水箱侧壁或顶盖上安装液位继电器或信号器，采用自动水位报警装置。

5）泄水管

泄水管从箱底接出，用以检修或清洗时泄水。管上应设阀门，可与溢流管相连。其管径一般大于等于50mm。

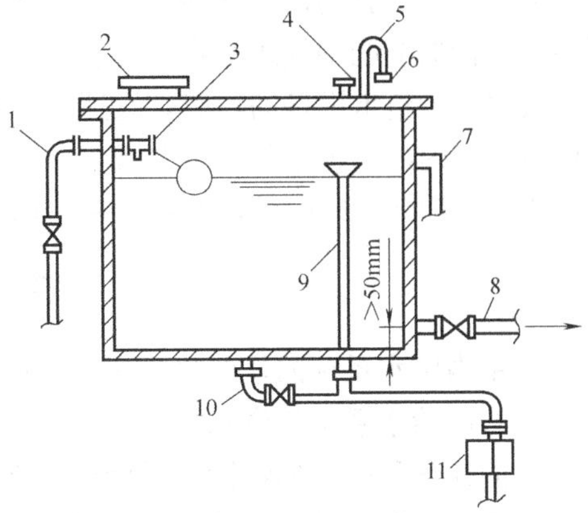

图3-20　水箱配管、附件示意
1—进水管；2—人孔；3—浮球阀；4—仪表孔；
5—通气管；6—防虫网；7—信号管；8—出水管；
9—溢流管；10—泄水管；11—受水器

6）通气管

供生活饮用水的水箱，贮水量较大时，宜在箱盖上设通气管，以使水箱内空气与大气流通，管口应朝下并设网罩，其管径一般大于等于50mm。

2. 水箱设置要求

水箱的设置高度应满足建筑物内最不利配水点所需的流出水头，并通过管道水力计算确定。贮存有消防用水的水箱，也应能满足最不利消防点的水压要求，若有设置困难时，应采取其他措施，如配置水泵或气压罐等增压设施。

水箱一般放置于净高不低于2.2m房间里。水箱间应有良好的采光、通风，室温不得低于5℃。为保护水箱水质不受污染，水箱应加盖。上面留有通气孔及检修人孔。

此外，由于水箱容易造成水质的二次污染，所以在水箱配水管设计时应不让水箱存在死水区。且要采用人工或设自动清洗装置，对水箱内壁定时清洗消毒。有的在水箱中增设消毒或净水设备，或者采用密闭水箱来防止二次污染。

三、气压给水设备

它利用密闭罐中压缩空气的压力变化，调节和压送水量，在给水系统中主要起增压和水量调节作用。

1. 分类和组成

（1）按气压给水设备输水压力稳定性不同，可分为变压式和定压式两类。

（2）按气压给水设备罐内气、水接触方式不同，可分为补气式和隔膜式两类。

各类气压给水设备均由水泵机组、气压水罐、电控系统、管路系统等部分组成。除此之外，补气式和隔膜式气压给水设备分别附有补气调压装置和隔膜。

2. 优缺点、适用范围及设置要求

气压给水设备的优点是：灵活性大，设置位置不受限制，便于隐蔽，安装、拆卸都很方便，成套设备均在工厂生产，现场集中组装；占地面积小，工期短，土建费用低；实现了自动化操作便于维护管理；气压水罐为密闭罐，不但水质不易污染，同时还有助于消除给水系统中水锤的影响。其缺点是：调节容积小，贮水量少，供水安全性较差；水泵启动频繁，设备寿命短；耗用钢材较多；变压式气压给水设备供水压力变化较大，对给水附件的寿命有一定的影响；气压给水设备的耗电量较大。为了减少电耗，可采用几台小流量水泵并联运行的节能型气压给水设备。

根据气压给水设备的特点，它适用于有升压要求，但又不适宜设置水塔或高位水箱的小区或建筑内的给水系统，如地震区、人防工程或屋顶立面有特殊要求等建筑的给水系统；小型、简易和临时性给水系统和消防给水系统等。

思 考 题

1. 室内给水系统的任务是什么？是如何分类的？
2. 室内给水系统的供水方式有哪些？简述各自的适用条件。
3. 简述各种阀门的特性，举例说明其应用情况。
4. 水表有哪几种？安装各有何要求？
5. 土建施工时，应如何配合设备专业做好管道预留？
6. 管道在穿越建筑物哪些部位时应设防水管套？
7. 某学院99年新建六层学生宿舍，共计有190个房间，每房6个床位。试求给水系统最高日用水量和最大时用水量。
8. 某医院病房大楼一给水系统装设下列卫生器具：低水箱坐式大便器40套、洗脸盆（无塞）40只、污水盆20只、带有自动冲洗水箱小便器15组。试计算该给水系统进水总管的设计秒流量。
9. 某体育场公共卫生间装设下列卫生器具：高水箱大便器4套、小便槽多孔冲洗管（$L=4.5m$）1组、洗手盆（水龙头）12只、淋浴器（一阀开）20只。试计算公共卫生间给水系统进水总管设计秒流量计算数据。

第 4 章　建筑排水系统

建筑物排水系统的任务是将人们在建筑内部的日常生活和工业生产中产生的污、废水以及降落在屋面上的雨、雪水迅速地收集后排除到室外，使室内保持清洁卫生，并为污水处理和综合利用提供便利的条件。

4.1　建筑排水系统的分类

按系统接纳的污废水类型不同，建筑物排水系统可分为三类：生活排水系统、工业废水排水系统、雨（雪）水排水系统。

一、生活排水系统

该系统用来收集、排除居住建筑、公共建筑及工厂生活间的人们日常生活所产生的污废水。通常将生活排水系统分为两个系统来设置：冲洗便器的生活污水，含有大量有机杂质和细菌，污染严重，由生活污水排水系统收集排除到室外，先排入化粪池进行局部处理，然后再排入室外排水系统；盥洗、沐浴和洗涤废水，污染程度较轻，几乎不含固体杂质，由生活废水排水系统收集直接排除到室外排水系统，或者可作为中水系统较好的中水水源。

二、工业废水排水系统

该系统的任务是排除工艺生产过程中产生的污废水。工业污（废）水因生产的产品、工艺流程的种类繁多，其水质也非常复杂。为便于污（废）水的处理和综合利用，按污染程度可分为生产污水和生产废水。生产污水污染较重，需要经过处理，达到排放标准后才能排入室外排水系统；生产废水污染较轻，可直接排放，或经简单处理后重复利用。

三、雨（雪）水排水系统

屋面雨水排除系统用以收集排除降落在建筑屋面上的雨水和融化的雪水。降雨初期，雨水中含有从屋面冲刷下来的灰尘，污染程度轻，可直接排放。

建筑内部排水体制分为分流制和合流制两种。

小区排水系统应采用生活排水与雨水分流排水系统。

建筑物内下列情况宜采用生活污水与生活废水分流的排水系统：①建筑物使用性质对卫生标准要求较高时；②生活废水量较大，且环卫部门要求生活污水需经化粪池处理后才能排入排水管道时；③生活废水需回收利用时。

下列建筑排水应单独排水至水处理或回收构筑物：①职工食堂、营业餐厅厨房含有大量油脂的洗涤废水；②洗车台冲洗水；③含有大量致病菌，放射性元素超过排放标准的医院污水；④水温超过40℃的锅炉、水加热器等加热设备排水；⑤用作回用水水源的生活排水；⑥实验室有害有毒的废水。

建筑物雨水管道应单独设置，雨水的回收利用可按现行国家标准《建筑与小区雨水利用工程技术规范》GB 50400—2006 执行。

4.2　建筑排水系统的组成

建筑排水系统一般由污废水收集器、排水管道、通气管、排出管、清通设备及局部提升设备和处理构筑物等组成，如图 4-1 所示。

1. 污废水收集器

污废水收集器是指用于汇纳、收集污废水的各种卫生器具。它是建筑内部排水系统的起点，如洗面盆、坐便器、雨水斗等。

卫生器具的设置数量，应符合现行有关设计标准、规范或规定的要求。卫生器具的材质和技术要求，均应符合现行有关产品标准的规定。大便器选用应根据适用对象、设置场所、建筑标准等因素确定，且均应选用节水型大便器，住宅建筑中推广采用一次冲水量不大于 6L 的大便器。当构造内无存水弯的卫生器具与生活污水管道或其他可能产生有害气体的排水管道连接时，必须在排水口以下设存水弯。存水弯的水封深度不得小于 50mm。严禁采用活动机械密封替代水封。医疗卫生机构内门诊、病房、化验室、实验室等处，不在同一房间内的卫生器具不得共用存水弯。卫生器具排水管段上不得重复设置水封。

2. 排水管道系统

排水管道系统是由器具排水管、排水横管、立管、排水干管及排出管等组成，如图 4-1 所示。

（1）器具排水管（即排水支管）是连接卫生器具和排水横管之间的一段短管。除了自带水封装置的卫生器具所接的器具排水管上不设水封装置以外，其余都应设置水封装置，以免排水管道中的有害气体和臭气进入室内。水封装置有存水弯、水封井和水封盒等。一般排水支管上设的水封装置是存水弯；

（2）排水横管是收集各卫生器具排水管流来的污水并排至立管的水平排水管。排水横管沿水流方向要有一定的坡度，排水干管和排出管也应如此；

（3）排水立管是连接各楼层排水横管的竖直过水部分的排水管；

（4）排水干管是连接两根或两根以上排水立管的总横支管。在一般建筑中，排水干管埋地敷设，在高层多功能建筑中，排水干管往往设置在专门的管道转换层；

（5）排出管是室内排水系统与室外排水系统的连接管道。一般情况下，为了及时排除室内污废水，防止管道堵塞，每一个排水立管直接与排出管相连，而取消排水干管。排出管与室外排水管道连接处要设置排水检查井，如果是粪便污水先排入化粪池，再经过检查井排入室外的排水管道。

3. 通气管系统

通气管系统是指与大气相通的只用于通气而不排水的管路系统。它的作用有：使水流通畅，稳定管道内的气压，防止水封被破坏；将室内排水管道中的臭气及有害气体排到大气中去；把新鲜空气补入排水管换气，以消除因室内管道系统积聚有害气体而危害养护人员、发生火灾和腐蚀管道；降低噪声。通气管系统形式有普通单立管系统、双立管系统和特殊单立管系统，如图 4-2 所示。

在横支管与立管连接处及立管底部与横干管或排出管连接处，设有特制配件的排水立管，利用其特殊结构改变水流方向和状态，在排水立管管径不变的情况下可改善管内水流

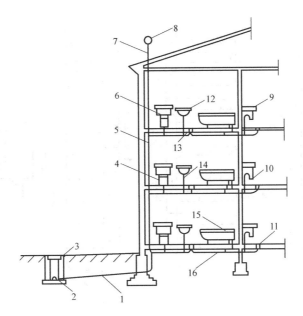

图 4-1 室内排水系统示意

1—排出管；2—室外排水管；3—检查井；4—大便器；5—立管；6—检查口；7—伸顶通气管；

8—铁丝网罩；9—洗涤盆；10—存水弯；11—清扫口；12—洗脸盆；13—地漏；14—器具排水管；

15—浴盆；16—横支管

与通气状态，增大排水流量。这种集通气和排水为一体的设特制配件单立管排水系统，适用于各类多层、高层建筑。

对于层数不高，卫生器具不多的建筑物，可将排水立管上端延长并伸出屋顶，这一段管叫伸顶通气管，这种通气方式就是普通单立管系统。对于层数较高、卫生器具较多的建筑物，因排水立管长、排水情况复杂及排水量大，为稳定排水立管中气压，防止水封被破坏，应采用双立管系统或特殊单立管系统。

双立管系统是指设置一根单独的通气立管与污水立管相连（包括两根及两根以上的污水立管同时与一根通气立管相连）的排水系统。双立管系统又有设专用通气立管的系统，由专用通气立管、结合通气管和伸顶通气管组成；设主（副）通气立管的系统，由主（副）通气立管、伸顶通气管、环形通气管（或器具通气管）相结合的系统。

另外可用吸（补）气阀（即单路进气阀）代替器具通气管和环形通气管。特殊单立管排水系统是指设有上部和下部特制配件及伸顶通气管的排水系统。

4. 清通设备

污水中含有很多杂质，容易堵塞管道，所以建筑内部排水系统需设置清通设备，管道堵塞时用以疏通。清通设备有设在排水管道中的检查口、清扫口及检查井等。

5. 抽升设施

当建筑物内的污水不能利用重力自流到室外排水系统时，此排水系统应设置污水抽升设施，将污水及时提升到地面上，然后排至室外排水系统。这样的建筑有民用建筑的地下室、军事人防建筑、高层建筑的地下设备层、工业企业车间地下或半地下室、地下铁道等。

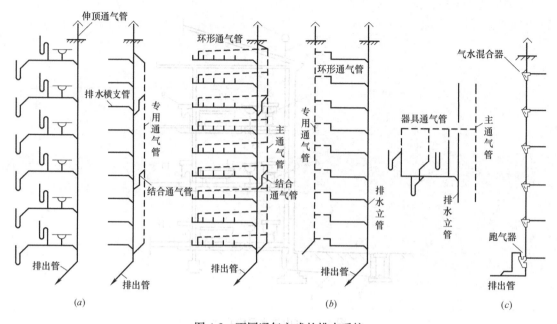

图 4-2　不同通气方式的排水系统

(a) 普通单立管排水系统；(b) 双立管排水系统；(c) 单立管排水系统

6. 局部污水处理构筑物

排入城市排水管网的污废水要符合国家规定的污水排放标准。当建筑内部污水未经处理而未达到排放标准时（如含较多汽油、油脂或大量杂质的、或呈强酸性、强碱性的污水），则不允许直接排入城市排水管网，需设置局部处理构筑物，使污水水质得到初步改善后再排入室外排水管道。局部处理构筑物有隔油池、沉淀池、化粪池、中和池及其他含毒污水的局部处理设备。

4.3　排水管材管件和卫生设备

一、排水管材和管件

目前室内排水管道最常用的有：排水铸铁管和 PVC 塑料管两种，在一些比较特殊的场合，如机械振动大、排水压力大、检修比较困难等，可采用焊接钢管或无缝钢管。

1. 排水铸铁管及连接方法

原来我国建筑排水系统的排水管一般为普通砂型手工造型灰铁管，价格便宜，但质量较差。而后来一些厂家生产出连续铸造铸铁管和离心铸造铸铁排水管，材质有灰铁和球铁。连接方式有承插刚性连接和柔性接口连接，并逐渐向柔性接口发展。其中柔性接口的离心铸造灰铁管，以其接口质量优、性能好、价格适中和加工工艺先进所带来的一系列优点，在我国高层建筑中得到了推广使用。建设部已明令在城镇新建住宅中，淘汰砂模铸造铁排水管用于室内排水管道，推广应用硬聚氯乙烯塑料排水管和符合现行国家标准《排水用柔性接口铸铁管、管件及附件》GB/T 12772—2008 的柔性接口机制铸铁排水管。那么铸铁排水管相应的管件也由承插刚性接口管件转向柔性接口管件。目前国内的排水铸铁管柔性抗震接口主要有两种形式：一种是柔性橡胶圈密封接口（法兰压盖螺栓接口），称为 A 型柔性接口；一种是不锈钢带卡紧螺栓接口，称为 W 型无承口管箍式柔性接口；如图 4-3 所示。

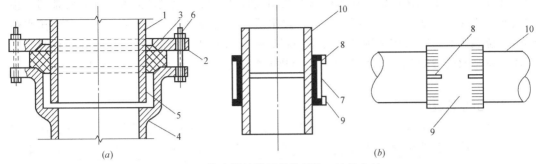

图 4-3　排水铸铁管柔性抗震接口连接方法

（a）法兰压盖螺栓连接；（b）不锈钢带卡紧螺栓连接

1—承口端头；2—法兰压盖；3—橡胶密封圈；4—坚固螺栓；5—插口端头；6—螺栓

7—橡胶圈；8—卡紧螺栓；9—不锈钢带；10—排水铸铁管

2. 硬聚氯乙烯塑料排水管及连接方法

硬聚氯乙烯（UPVC）塑料管，它是一种具有质轻、易安装、美观、耐用、经济、水流阻力小等优点的室内排水管材，在正常使用的情况下寿命可达 50 年以上。管道及管件的连接方式常用的有两种，一种是承插粘接，另一种是橡胶圈密封连接。但塑料管也有强度低、耐温性差、立管产生噪声、暴露于阳光下管道易老化、防火性能差等缺点。UPVC 管根据结构形式不同分为：普通 UPVC 排水塑料管、内壁设有导流螺旋凸起的螺旋管、芯层发泡管、径向加筋管、螺旋缠绕管、双壁波纹管、单壁波纹管和刚面市的空壁管、芯层发泡螺旋管及空壁螺旋管等。普通 UPVC 排水塑料管管件如图 4-4 所示。

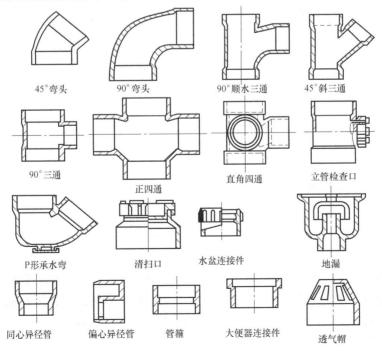

45°弯头　　90°弯头　　90°顺水三通　　45°斜三通

90°三通　　正四通　　直角四通　　立管检查口

P形承水弯　　清扫口　　水盆连接件　　地漏

同心异径管　　偏心异径管　　管箍　　大便器连接件　　透气帽

图 4-4　排水塑料管件

3. 生活排水管道的选用

小区室外排水管道，应优先采用埋地排水塑料管；建筑内部排水管道应采用建筑排水塑料管及管件或柔性接口机制排水铸铁管及相应管件，可适应楼层间变位导致的轴向位移和横向曲挠变形，防止管道裂缝、折断。排水塑料管有普通排水塑料管、芯层发泡排水塑料管、拉毛排水塑料管和螺旋消声排水塑料管等多种；当连续排水温度大于 40℃ 时，应采用金属排水管或耐热塑料排水管；压力排水管道可采用耐压塑料管、金属管或钢塑复合管。

二、卫生器具

卫生器具是为了满足日常生活的洗涤等用水，以及收集和排除污废水的设备。按照卫生器具的用途可分为便溺用卫生器具、盥洗卫生器具、沐浴用卫生器具、洗涤用卫生器具等。

1. 坐式大便器

便溺用卫生器具包括大便器、小便器、大便槽和小便槽。大便器分为坐式大便器和蹲式大便器。坐式大便器按照冲洗的原理分为冲洗式和虹吸式两种。如图 4-5 所示，其中喷射虹吸式和漩涡虹吸式坐便器是近年来开发出来的美观、新型、舒适、节水的坐式大便器。

2. 地漏

图 4-6 所示为自带水封的高水封地漏原理图。

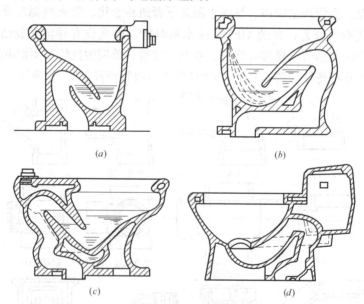

(a)　　　　　　　　　　　　(b)

(c)　　　　　　　　　　　　(d)

图 4-5　坐式大便器

(a) 冲洗式；(b) 虹吸式；(c) 喷射虹吸式；(d) 旋涡虹吸式

厕所、盥洗室等需经常从地面排水的房间，应设置地漏。地漏应设置在易溅水器具附近地面的最低处。住宅内应按洗衣机位置设置洗衣机排水专用地漏或洗衣机排水存水弯，排水管道不得接入室内雨水管道。带水封的地漏水封深度不得小于 50mm。

地漏的选择应符合：

（1）应优先采用具有防涸功能的地漏。防涸地漏是采用磁性密封，当地面有积水时利用重力作用打开地漏封盖，排水后利用磁铁磁性自动回复密封；

（2）在无安静要求和不用设置环形通气管、器具通气管的场所，可采用多通道地漏。多通道地漏可接纳地面排水和多个卫生器具排水。在无安静要求和无需设置环形通气管、器具通气管的场所，可采用多通道地漏，以便利用浴盆、洗脸盆等其他卫生器具的排水来补水，防止水封干涸。但由于卫生器具排水时在多通道地漏处会产生噪声，所以要求安静的场所不宜采用多通道地漏，可采用补水地漏；

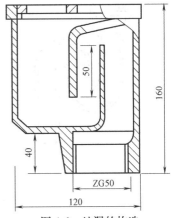

图 4-6 地漏的构造

（3）网框式地漏内部带有活动网框，可以取出倾倒被拦截的杂物。食堂、厨房和公共浴室等排水中常挟有大块杂物，宜设置网框式地漏；

（4）严禁采用钟罩（扣碗）式地漏；

（5）淋浴室地漏直径，可按表 4-1 确定。当用排水沟排水时，8 个淋浴器可设置一个直径为 100mm 的地漏；

淋浴室地漏直径 表 4-1

淋浴器数量（个）	1～2	3	4～5
地漏管径（mm）	50	75	100

（6）住宅内洗衣机附近应采用洗衣机排水专用地漏或洗衣机排水存水弯，注意排水管道不得接入室内雨水管中；

（7）密闭型地漏带有密闭盖板，排水时可人工打开盖板，不排水时可密闭。在需要地面排水的洁净车间、手术室等卫生标准高及不经常使用地漏的场所可采用密闭性地漏；

（8）防溢地漏内部设有防止废水排放时冒溢出地面的装置，用于所接地漏的排水管有可能从地漏口冒溢之处；

（9）侧墙式地漏的算子垂直安装，可侧向排除地面水；直埋式地漏安装在垫层内，排水横支管不穿越楼层。采用同层排水方式时可采用两者。

3. 存水弯与水封

存水弯是室内排水管道的主要附件之一，是一种水封装置。在里面存有一定高度的水，这部分存水高度称为水封高度，水封深度多在 50～80mm 之间，其作用是阻止排水管道内各种污染气体以及小虫进入室内。存水弯设在卫生器具的排水管上，但本身具有水封的卫生器具则不需设存水弯。

常用的存水弯有 P 型和 S 型两种，是利用排水管道的几何形状形成水封，如图 4-7 所示。S 形存水弯适用于排水横支管距卫生器具出水口较远，器具排水管与排水横管垂直连接时；P 形存水弯适用于排水横支管距卫生器具出水口较近，横向连接时。

水封高度受管内气压变化、水蒸发率、水量损失、水中固体杂质的含量及比重的影响。因静态和动态原因会造成存水弯内水封深度减小，不足以抵抗管道内允许的压力变化值时，管系内的气体会窜入室内，这种现象称为水封破坏。造成水封破坏原因有：

（1）管系内的压力波动

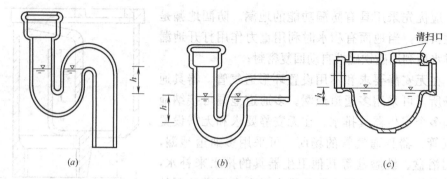

图 4-7 存水弯

(a) S形存水弯；(b) P形存水弯；(c) U形存水弯

由于卫生器具排水的间断性和多个器具同时排水的多变性，以及大风倒灌等原因，会引起管道中的压力波动，使某些管段瞬时出现正压，则连接该管段存水弯的进口端水面上升，甚至出现喷溅现象，致使水封水量损失；某些管段瞬时出现负压，则连接该管段存水弯的出口端水面上升出流，也会使水封水量损失。

（2）自虹吸

卫生设备在瞬时大量排水的情况下，该存水弯自身会迅速充满而形成虹吸，致使排水结束后存水弯中水量损失，水面下降。

（3）蒸发

卫生器具较长时间不使用，由于蒸发造成的水量损失。水量损失与室内温度、湿度及卫生器具使用情况有关。

（4）毛细管作用

由于污水中残存杂物（如纤维、毛发等积存），在存水弯出流端延至出口外，从而形成毛细作用，使存水弯中的水被吸出。

4. 清扫口

室内排水系统的清通设备有检查口和清扫口两种。可双向清通的维修口叫检查口，用于排水立管清通用；仅单向清通的维修口叫清扫口，如图 4-8 所示。

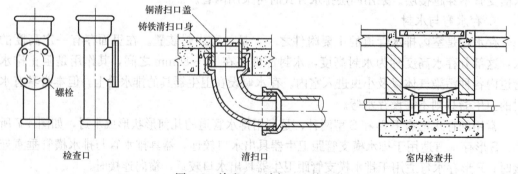

图 4-8 检查口、清扫口、检查井

（1）在连接2个及2个以上的大便器或3个及3个以上卫生器具的铸铁排水横管上，宜设置清扫口；

（2）在连接4个及4个以上的大便器塑料排水横管上，宜设置清扫口；

（3）当排水立管底部或排出管上的清扫口至室外检查井中心的最大长度大于表4-2的数值时，应在排出管上设清扫口；

排水立管或排出管上的清扫口至室外检查井中心的最大长度 表4-2

管径(mm)	50	75	100	100 以上
最大长度(m)	10	12	15	20

（4）在水流偏转角大于45°的排水横管上，应设清扫口或检查口；也可采用带清扫口的转角配件替代；

（5）在排水横管上的清扫口宜设置在楼板或地坪上，与地面相平。排水横管起点的清扫口与其端部相垂直的墙面的距离不得小于0.2m。当有困难时可用检查口替代清扫口；

（6）排水管起点设置堵头代替清扫口时，堵头与墙面的距离不应小于0.4m。当有困难时可用带清扫口弯头配件替代清扫口。

5. 检查口

塑料排水立管宜每六层设置一个检查口，铸铁排水立管上检查口之间的距离不宜大于10m，但在建筑物最低层和设有卫生器具的二层以上建筑物的最高层，均应设置检查口；当立管水平拐弯或有乙字管时，在该层立管拐弯处和乙字管的上部应设检查口；地下室立管上的检查口，应设置在立管底部之上；埋地横管上设置的检查口，应敷设在砖砌的井内，也可采用密封塑料排水检查井替代检查口；立管上检查口的检查盖，应面向便于检查、清扫的方向，横干管上的检查口应垂直向上。

6. 检查井

通常在室外埋地管交汇、转弯、变径或坡度改变处及连接支管处，均需设检查井。检查井中心距建筑物外墙约2.5～3m。室外排水管，除有水流跌落差以外，宜管顶平接。排出管与室外排水管连接处应设检查井，排出管管顶标高不得低于室外排水管管顶标高。其连接处的水流转角不得小于90°，如图4-9所示，当排水管管径小于等于300mm且跌落差大于0.3m时，可不受角度的限制。小区生活排水检查井应优先采用塑料排水检查井。当室外生活排水管道管径小于等于160mm时，检查井间距不宜大于30m；当管径大于等于200mm时，检查井间距不宜大于40m。生活排水管道不宜在建筑物内设检查井。当必须设置时，应采取密封措施。检查井的内径应根据所连接的管道管径、数量和埋设深度确定。生活排水管道的检查井内应有导流槽。

7. 通气管系统的布置敷设

通气立管不得接纳污水、废水和雨水，通气管不得与风道或烟道连接。生活排水立管的顶端应设置伸顶通气管。通气管高出屋面不得小于0.3m，且必须大于最大积雪厚度，当屋顶有隔热层时，应从隔热层板面算起。屋顶有人停留时，通气管口高出屋面2.0m，当伸顶通气管为金属管材时应根据防雷要求设置防雷装置。在通气管出口4m以内有门、窗时，通气管应高出门窗顶600mm或引向无门、窗一侧。通气管顶端应装设风帽或网罩。

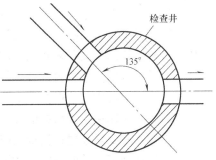

图4-9 检查井内接管

8. 塑料排水管伸缩节

当层高小于或等于 4m 时，塑料的污水立管和通气立管应每层设一伸缩节；当层高大于 4 m 时，其数量应根据管道设计伸缩量和伸缩节允许伸缩量计算确定。

塑料的污水横支管、横干管、器具通气管、环形通气管和汇合通气管上无汇合管件的直线管段大于 2m 时，应设伸缩节，但伸缩节之间最大间距不得大于 4m。

室内外埋地管道可不设伸缩节，当排水管道采用橡胶密封配件时，可不设伸缩节。

9. 防火套管或阻火圈

塑料立管明设且其管径大于或等于 110mm 时，在立管穿越楼层处应采取防止火灾贯穿的措施，设置防火套管或阻火圈。

管径大于或等于 110mm 的塑料横支管明装且与暗设立管相连时，墙体贯穿部位应设置阻火圈或长度不小于 300mm 的防火套管，且防火套管的明露部分长度不宜小于 200mm。

明装的塑料横干管穿越防火分区隔墙时，管道穿越墙体的两侧应设置阻火圈或长度不小于 500mm 的防火套管。

10. 排水横干管及排出管的布置与敷设

（1）排水立管与排出管端部的连接，宜采用两个 45°弯头或弯曲半径不小于 4 倍管径的 90°弯头。

（2）排出管以最短的距离排出室外，尽量避免在室内转弯。

（3）排水管穿过地下室墙或地下构筑物的墙壁处，应采取防水措施。

（4）湿陷性黄土地区的排出管应设在地沟内，并应设检漏井。

（5）排水管道在穿越楼层设套管且立管底部架空时，应在立管底部设支墩或其他固定措施。地下室立管与排水横管转弯处也应设置支墩或固定措施。

11. 同层排水

传统排水管道系统是将排水横支管布置在其下楼层的顶板之下，卫生器具排水管穿越楼板与横支管连接。同层排水是将排水横支管敷设在排水层或室外、卫生器具排水管不穿楼层的一种排水方式。当住宅卫生间的卫生器具排水管不允许穿越楼板进入他户或是布置受条件限制时，卫生器具排水横支管应采用同层排水。

同层排水形式有装饰墙敷设、外墙敷设、局部降板填充层敷设、全降板填充层敷设、全降板架空层敷设等多种形式，如图 4-10 所示。住宅卫生间同层排水形式应根据卫生间空间、卫生器具布置、室外环境气温等因素，经技术经济比较确定。

（1）同层排水管道系统中地漏的设置及排水管管径、坡度和最大设计充满度的要求，均与传统排水系统的相关要求相同，应满足水封高度还应保持一定的自清流速；

（2）器具排水横支管布置和设置标高不得造成排水滞留、地漏冒溢；

（3）埋设于填层中的管道接口应严密不得渗漏，故埋设于填层中的管道不得采用橡胶圈密封接口，宜采用粘结和熔接的连接方式；

（4）当排水横支管设置在沟槽内时，回填材料、面层应能承载器具、设备的荷载；

（5）卫生间地坪应采取可靠的防渗漏措施。

12. 间接排水

下列构筑物和设备的排水管不得与污、废水管道系统直接连接，应采取间接排水的方

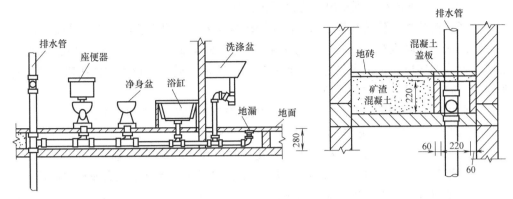

图 4-10 降板式同层排水图

式：生活饮用水贮水箱（池）的泄水管和溢流管；开水器、热水器排水；医疗灭菌消毒设备的排水；蒸发式冷却器、空调设备冷凝水的排水；贮存食品或饮料的冷藏库房的地面排水和冷风机溶霜水盘的排水。

设备间接排水宜排入邻近的洗涤盆、地漏。无法满足时，可设置排水明沟、排水漏斗或容器。间接排水的漏斗或容器不得产生溅水、溢流，并应布置在容易检查、清洁的位置。

4.4 室内排水管道的布置及敷设

一、布置原则

1. 立管靠近杂质多、较脏、排水量大的排水点。

2. 排出横管尽量短直。

3. 优先考虑底层单独排放（即与二层以上污水管道系统无联系）。

4. 保证操作空间以利安装维修。

5. 符合卫生安全原则，远离卧室、贵重物品（实验室）、给水管道等。

6. 美观，符合建筑要求。

7. 避振，不穿越设备基础，加设金属套管。

8. 避免穿过伸缩缝、沉降缝，否则采取技术措施，如用橡皮管连接等。

9. 架空排水管不敷设在重要厂房、仓库及配电间内。

10. 排水立管穿越楼板时应留有空洞尺寸，见表 4-3。

卫生器具排水管穿越楼板留洞尺寸　　　　　　　　　　　　表 4-3

卫生器具名称		留洞尺寸(mm)	卫生器具名称		留洞尺寸(mm)
大便器		200×200	小便器(斗)		150×150
大便槽		300×300	小便槽		150×150
浴盆	普通型	100×100	地漏	污水盆、洗涤盆	150×150
	裙边高级型	250×300		50～70mm	200×200
	洗脸盆	150×150		100mm	300×300

11. 排水管穿过承重墙或基础处，应预留洞口，且管顶上部净空不得小于建筑物的沉降量，一般不宜小于 0.15m。高层建筑的排出管，应采取有效的防沉降措施。

12. 铸铁排水管道在下列情况下应设置柔性接口：

(1) 高耸构筑物和建筑高度超过100m的建筑物内，排水立管应采用柔性接口；

(2) 排水立管高度在50m以上，或在抗震设防8度地区的高层建筑，应在立管上每隔二层设置柔性接口；在抗震设防的9度地区，立管和横管均应设置柔性接口（其他建筑在条件许可时，也可采用柔性接口）。

13. 排水管穿过地下室外墙或地下构筑物的墙壁处，应采取防水措施。

14. 合理选择室内管道的连接管件，如图4-11所示。

(1) 卫生器具排水管与排水横支管垂直连接时，宜采用90°斜三通；

(2) 横管与立管连接时，宜采用45°斜三通或45°斜四通和顺水三通或顺水四通；

(3) 立管与排出管端部连接时，宜采用两个45°弯头、弯曲半径不小于4倍管径的90°弯头或90°变径弯头；

(4) 立管应避免在轴线偏置；当受条件限制时，宜用乙字管或两个45°弯头连接；

(5) 支管、立管接入横干管时，应在横干管管顶或其两侧45°范围内，采用45°斜三通接入。

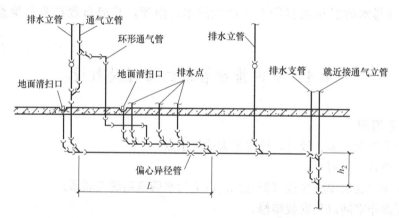

图4-11 排水支管、排水立管与横干管连接

二、排水的底层单独排放

若不能满足下列两种情形的任意一种，排水支管应单独排出室外：

(1) 最低排水横支管与立管连接处距排水立管管底垂直距离A，不小于表4-4规定，如图4-12所示；

最低排水横支管与立管连接处至排水立管管底的最小垂直距离 表4-4

立管连接卫生器具的层数	垂直距离(m)	
	仅设伸顶通气	设通气立管
≤4	0.45	按配件最小安装尺寸确定
5~6	0.75	
7~12	1.20	
13~19	3.00	0.75
≥20	3.00	1.20

注：单根排水立管的排出管管径宜与立管管径相同。

（2）排水支管连接在排出管或排水横干管上时，连接点距立管底部下游水平距离不宜小于 1.5m，如图 4-12 所示；

（3）横支管接入横干管竖直转向管道时，连接点应距转向处以下不得小于 0.6m；

（4）当靠近排水立管底部的排水支管的连接不能满足以上 1、2 的要求时，在距排水立管底部 1.5m 距离之内的排出管、排水横管有 90°水平转弯管段时，排水支管应单独排至室外检查井或采取有效的防反压措施；

（5）当排水立管采用内螺旋管时，排水立管底部宜采用长弯变径接头，且排出管管径宜放大一号。

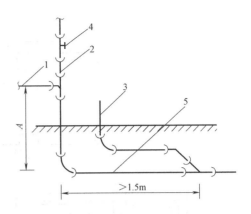

图 4-12　排水横支管与排出管连接
1—排水横支管；2—排水立管；3—排水支管；
4—检查口；5—排水横干管（或排出管）

4.5　卫生间布置

一、卫生间设置要求

公寓和旅馆卫生间建筑面积以 $3.0\sim4.5m^2$ 为宜。

每套住宅至少应设置便器、洗浴器（浴缸或喷淋）、洗面器三件卫生洁具。无前室的卫生间的门不应直接开向起居室（厅）或厨房。户内应设置洗衣机的位置。

住宅的污水排水横管宜设于本层套内。当必须敷设于下一层的套内空间时，其清扫口应设于本层，并应进行夏季管道外壁结露验算，采取相应的防止结露的措施。

布置洗浴器和布置洗衣机的部位应设置地漏，其水封深度不应小于 50mm。布置洗衣机的部位宜采用能防止溢流和干涸的专用地漏。

地下室、半地下室中低于室外地面的卫生器具和地漏的排水管，不应与上部排水管连接，应设置集水坑用污水泵排出。

二、卫生器具的布置

卫生器具的布置应根据卫生间器具的种类和数量，同时要考虑立管的位置来布置。尽可能少转弯，做到管线最短，排水最畅，卫生器具应顺一面墙布置，充分利用卫生间和厨房隔墙面设置卫生器具。

大便器与洗脸盆并列，大便器的中心到洗脸盆的边缘不小于 350mm，距离侧墙不小于 380mm，大便器至对面墙壁的最小净距不小于 460mm；洗脸盆与大便器相对设置时，两者距离不小于 760mm，洗脸盆至侧墙的净距不小于 450mm。

如图 4-13 所示为公共建筑、宾馆、住宅的卫生器具平面布置图。

如图 4-14 所示为卫生间平面布置图。

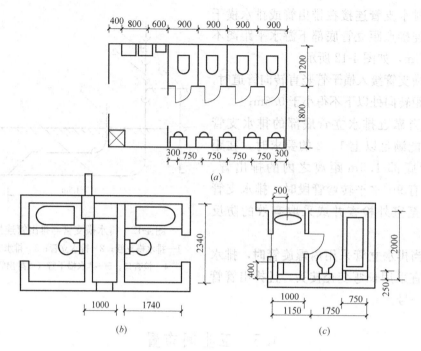

图 4-13　公共建筑、宾馆、住宅的卫生器具平面布量图

（a）公共建筑；（b）宾馆；（c）住宅

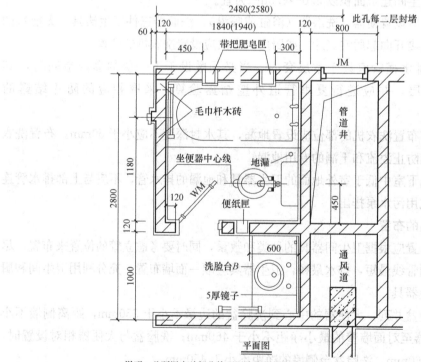

说明：凡预埋木砖部分均可用膨胀螺栓代替。

图 4-14　卫生间平面布置示意

4.6 建筑内部排水管道的计算

一、排水量标准

生活排水量标准，小时变化系数与生活给水标准相同。

以一个污水盆的排水量 0.33L/s 为 1 个排水当量，为给水当量的 1.65 倍，这是考虑到室内卫生器具排放污水的特点：突然迅猛。各种卫生器具的排水量、当量、排水管径见表 4-5。

二、设计秒流量

1. 住宅、集体宿舍、旅馆、医院、幼儿园、办公楼、学校建筑

$$q_u=0.12\alpha\sqrt{N_p}+q_{max}\text{（L/s）} \tag{4-1}$$

式中

q_u——计算管段污水设计秒流量（L/s）；

α——根据建筑物用途而定的系数，按表 4-6 选用；

N_p——计算管段的排水当量总数，按表 4-5 选用；

q_{max}——计算管段上排水当量最大的一个卫生器具的排水流量（L/s）。

卫生器具排水的流量、当量和排水管的管径 表 4-5

序　号	卫生器具名称	排水流量(L/s)	当量	排水管管径(mm)
1	洗涤盆、污水盆(池)	0.33	1.00	50
2	餐厅、厨房洗菜盆(池)			
	单格洗涤盆(池)	0.67	2.00	50
	双格洗涤盆(池)	1.00	3.00	50
3	盥洗槽(每个水嘴)	0.33	1.00	50～75
4	洗手盆	0.10	0.30	32～50
5	洗脸盆	0.25	0.75	32～50
6	浴盆	1.00	3.00	50
7	淋浴器	0.15	0.45	50
8	大便器			
	冲洗水箱	1.50	4.50	100
	自闭式冲洗阀	1.50	4.50	100
9	医用倒便器	1.20	3.60	100
10	小便器			
	自闭式冲洗阀	0.10	0.30	40～50
	感应式冲洗阀	0.10	0.30	40～50
11	大便槽			
	≤4 个蹲位	2.50	7.50	100
	≥4 个蹲位	3.00	9.00	150
12	小便槽(每米长)			
	自动冲洗水箱	0.17	0.50	—
13	化验盆(无塞)	0.20	0.60	40～50
14	净身器	0.10	0.30	40～50
15	饮水器	0.05	0.15	25～50
16	家用洗衣机	0.50	1.50	50

注：家用洗衣机下排水软管直径为 30mm，上排水软管内径为 19mm。

根据建筑物用途而定的系数 α 值 表 4-6

建筑物名称	宿舍（Ⅰ、Ⅱ类）、住宅、宾馆、酒店式公寓、医院、疗养院、幼儿园、养老院的卫生间	旅馆和其他公共建筑的盥洗间和厕所间
α 值	1.5	2.0～2.5

注：如计算所得流量值大于该管段上按卫生器具排水流量累加值时，应按卫生器具排水流量累加值计。

[例 4-1] 某幼儿园一排水系统设有污水盆 5 只，感应冲洗阀小便器 10 只、淋浴器 10 只、洗手盆 5 只。试计算该系统排出管的排水设计秒流量。

解： 由表 4-5 得各卫生器具排水当量为：

污水盆　　　　　　　　　　　$1.0 \times 5 = 5$

感应冲洗阀小便器　　　　　　$0.3 \times 10 = 3.0$

洗手盆（无塞）　　　　　　　$0.30 \times 5 = 1.5$

淋浴器　　　　　　　　　　　$\underline{0.45 \times 10 = 4.5}$

　　　　　　　　　　　　　　　　　　　　　14

污水盆排水流量 0.33L/s，查表 4-6 得 $\alpha = 1.5$

$$q_u = 0.12\alpha\sqrt{N_p} + q_{max} \quad (L/s)$$
$$= 0.12 \times 1.5 \times \sqrt{14} + 0.33$$
$$= 1.00 \quad (L/s)$$

2. 宿舍（Ⅲ、Ⅳ类）、工业企业的生活间、公共浴室、洗衣房、职工食堂或营业餐馆的厨房、实验室、影剧院、体育场馆等建筑的生活排水管道的设计秒流量，应按下式计算：

$$q_p = \sum q_0 n_0 b \quad (L/s) \tag{4-2}$$

式中

q_0——计算管段上同类型的一个卫生器具排水量（L/s）；

n_0——计算管段上同类型卫生器具数；

b——卫生器具同时给水百分数，同表 3-7～表 3-9 及表 3-11。但冲洗水箱大便器取 $b = 12\%$。

注：若算得排水流量小于 1 个大便器的排水流量则按 1 个大便器排水流量计。

[例 4-2] 某工厂生活楼厕所内设有高水箱蹲式大便器 6 只、污水盆 3 只、小便槽（槽长 3m）3 条，决定设一排水系统。试计算该系统排出管的设计秒流量。

解：

列表计算见表 4-7：

计算列表 表 4-7

卫生器具名称	卫生器具排水量 q_0(L/s)	同类卫生器具数 n_0	同时排水百分数 b(%)	各卫生器具计算排水秒流量(L/s)
高水箱蹲式大便器	1.5	6	30	2.7
污水盆（洗涤池）	0.33	3	33	0.33
自动冲洗水箱小便槽	0.17	3×3＝9	100	1.53
$q_p = \sum q_0 n_0 b$				4.56

三、室内排水管道的简易计算

1. 按经验确定某些排水管的最小管径

由于排水管道排除的污水性质不同，为防止管道淤塞，按经验资料对某些生活污水管道的最小管径做如下规定：

（1）室内排水管的管径不得小于 50mm。但对于单个的洗脸盆、浴盆、妇女卫生盆等排泄较洁净废水的卫生器具，最小管径可采用 40mm。

（2）公共食堂的厨房因排泄含大量油脂和泥沙等杂物的污水和废水，其排水管管径不宜过小，干管管径不得小于 100mm，支管管径不得小于 75mm。

（3）医院住院部的卫生间或洗污间，由于使用卫生器具的人员复杂，常有棉球、纱布、竹签等杂物投入卫生器具内，因此其排水管径不得小于 75mm。

（4）小便槽或连接 3 个及其以上手动冲洗小便器的排水管，应考虑其冲洗不及时容易结垢而减少流通面积的特点，管径不得小于 75mm。

（5）凡连接有大便器的管段，即使只有一个大便器，也应考虑其排放污水量大而水猛的特点，管径不应小于 100mm。对于大便槽的排水管，管径不宜小于 150mm。

（6）连接一根立管的排出管，管径宜与立管相同或比立管大一号。

2. 排水管道的坡度设置

由于排水管道与大气连同属于无压流（重力流），为了保证排水系统在良好的水力条件下工作，在确定其水平安装横管管径时，必须同时确定其安装坡度，而坡度大小决定着管中水流速度的大小。为使悬浮在污水中的杂质不至于因沉淀而堵塞管道，室内排水铸铁管的流速不能过小，一般规定最小流速为 0.6m/s，其对应坡度为最小坡度。但排水流速也不能过大，流速过大必然加大管道落差，增加施工麻烦，同时管内污水高速冲刷，加剧管道磨损，降低其使用年限。对于生活污水管工程上一般采用标准坡度，如 $DN=50mm$，坡度 $i=0.035$；$DN=75mm$，坡度 $i=0.025$；$DN=100mm$，坡度 $i=0.020$。

当排水系统选择的卫生器具数量不多时，可不做详细的水力计算，而根据建筑物的用途及所接纳的卫生器具的排水当量数，按表 4-3、4-6 概略确定管径。

需要指出的是，当按排水当量确定出某些排水管的管径小于经验值时，应按经验值确定最小排水管径。

4.7 建筑雨水排水系统

一、屋面雨水的排除方式

降落在建筑物屋面的雨水和融化的雪水必须及时、妥善地排除，以避免屋面积水、漏水而影响生活和生产。排除的类型有两种：一是无组织排水，即雨水和融雪水沿屋面檐口落下，无收集和排除的设施，它只适用于小型和低矮的建筑；二是有组织排水，设有专门收集和排除雨雪水的设施。有组织排水又分为外排水和内排水两种方式。屋面雨水的排除方式应根据建筑结构形式、气候条件及生产使用要求确定。

1. 外排水系统

（1）檐沟外排水

檐沟外排水即水落管外排水。雨水通过屋面檐沟汇集，然后流入隔一定间距沿外墙设置的水落管，排泄至地下雨水管沟或地面，如图 4-15 所示。它适用于一般居住建筑、屋面面积较小的公共建筑以及小型单跨厂房。檐沟外排水系统主要由檐沟、雨水斗、承雨斗及水落管等组成。檐沟有内檐沟和外檐沟两种形式。水落管可采用铸铁管或 UPVC 管。一般民用建筑选用管径多为 75～100mm。水落管的间距应根据降雨量及管道的通水能力所确定的一根水落管应服务的屋面面积而定。按经验，水落管间距为：民用建筑 8～16m，工业建筑 18～24m。

（2）天沟外排水

天沟外排水方式是利用屋面构造上的天沟本身的容量和坡度，使雨水向建筑物两端或两边（山墙、女儿墙）泄放，并由雨水斗收集经外墙外侧（或内侧）的立管排至地面、明沟或通过排出管、检查井流入雨水管道。天沟外排水在室内不设雨水管系，结构简单，节约投资，施工简便。天沟外排水一般用于大面积多跨度工业厂房，且厂房内不允许进雨水又不允许在厂房内设置雨水管道。天沟排水应以伸缩缝或沉降缝为分水线。天沟排水长度应根据暴雨强度、汇水面积、屋面结构等进行计算确定，一般以 40～50m 为宜。一般天沟的断面尺寸为 500～1000mm 宽，水深为 100～300mm，沟深比水深超高 200mm 以上。天沟坡度不得小于 0.003，并伸出山墙 0.4m。天沟在女儿墙、山墙上或天沟末端处应设置溢流口，这样即使出现超过设计暴雨强度的雨量，也可以安全排水。天沟外排水系统如图 4-15 所示。

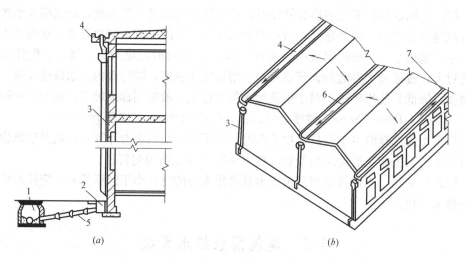

(a) (b)

图 4-15　雨水外排水系统

1—检查井；2—雨水口；3—水落管；4—檐沟；5—连接管；
6—内天沟；7—沟檐

2. 内排水系统

对于大面积建筑屋面及多跨的工业厂房，当采用外排水有困难时，可采用内排水系统。此外高层大面积平屋顶民用建筑以及对建筑立面处理要求较高的建筑物，也宜采用内排水系统。

二、屋面雨水内排水系统的组成

内排水系统是由雨水斗、连接管、悬吊管、立管、埋地管、排出管及清通设备等组成，如图 4-16 所示。内排水系统具体的形式有：敞开内埋地管式内排水系统，建筑内设埋地管和室内检查井；封闭直接外排式内排水系统，建筑内不设埋地管；封闭内埋地管式内排水系统，其建筑内设置密闭的埋地管和检查口。

1. 雨水斗

作用是收集和迅速排除屋面的雨雪水，并拦阻大杂质。常见的雨水斗有 65 型、79 型和平篦型。65 型和 79 型雨水斗特点是排水能力大、斗前水深浅、掺气量较少，使用较多。65 型的规格一般为 100mm，79 型的规格有 75、100、150、200mm 四种。常用雨水斗及其安装如图 4-17 所示。

雨水斗的布置要考虑所承担的集水面积比较均匀且便于与悬吊管及雨水立管的连接，以确保雨水能顺畅排入。布置雨水斗时，应以伸缩缝和沉降缝作为屋面排水分水线，否则应在该缝的两侧各设一个雨水斗。雨水斗的位置不要太靠近变形缝，以免遇暴雨时，天沟水位涨高，雨水从变形缝上部流入车间内。雨水斗的间距除按计算决定外，还应考虑建筑物构造特点，如柱子布置情况等。在工业厂房中，间距一般采用 12、18、24m。

2. 连接短管

它是雨水斗与悬吊管间的连接管道，其管径与雨水斗的出水直径相同。

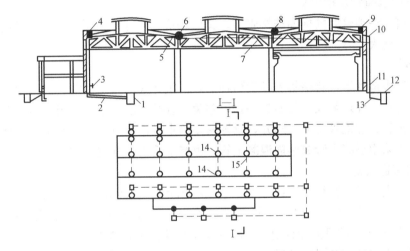

图 4-16　内排水系统构造示意

1、12—检查井；2—埋地管；3、11—检查口；4、6、8、9、14—雨水斗；

5、10—清扫口；7—悬吊管；13—排出管；15—横管

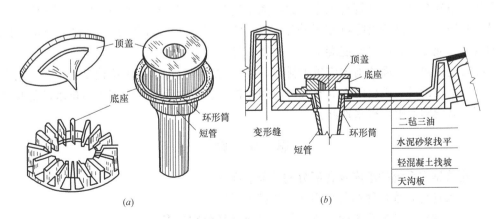

图 4-17　常用雨水斗及其安装

(a) 65 型雨水斗；(b) 雨水斗的安装

3. 悬吊管

它是横向输水管道，常固定在屋架上，按一定的坡度敷设，坡向与之末端相接的立管。悬吊管是悬吊在屋面板下，在工业厂房中常固定在厂房的桁架、梁及墙上。为便于经常性地维修清通，悬吊管需设置不小于 0.003 的管道坡度坡向立管。悬吊管管径不得小于雨水连接管的管径。悬吊管应避免从不允许有滴水的生产设备的上方通过。在悬吊管的端头及长度超过 15m 的悬吊管上，应设检查口或带法兰盘的三通，其间距不得大于 20m，位置宜靠近柱和墙。悬吊管在实际工作中为压力流，管材应采用给水铸铁管，柔性胶圈接口。

4. 立管

立管接纳悬吊管或雨水斗的来水，并将其垂直泄入地下管道。立管通常沿墙、柱敷设。立管距地面 1m 处应设检查口，以便清通。雨水立管一般采用铸铁管，柔性胶圈接口。

5. 地下雨水横管及排出管

它是立管与埋地管间的横向连接管道。其管径应不小于立管管径。为改善水力条件，排除管宜比立管大一号。

6. 埋地管

埋设于室内地坪下，有暗管和暗沟两种形式。敞开式内排水系统的排出管应先接入放气井，然后再接入埋地管线上的检查井，以避免检查井冒水现象。封闭式内排水系统将立管以下的排出管、埋地管与大气隔开，设置密闭的水平检查口，目的是防止检查井冒水现象。埋地管常采用混凝土管或钢筋混凝土管，也有采用陶土管或铸铁管等。

7. 雨水清通设备

清通设备当悬吊管管径小于或等于 150mm，长度超过 15m 时，或管径为 200mm，长度超过 20m 时，应设置清扫口。立管上应设检查口，检查口中心至地面的高度一般为 1m。室内、外埋地管道根据设计要求，在一定部位应设置检查井。

三、雨水排水管材选用和设置

重力流排水系统多层建筑宜采用建筑排水塑料管，高层建筑宜采用耐腐蚀的金属管、承压塑料管。满管压力流排水系统宜采用内壁较光滑的带内衬的承压排水铸铁管、承压塑料管和钢塑复合管等，其管材工作压力应大于建筑物净高度产生的静水压。用于满管压力流排水的塑料管，其管材除抗变形外压力应大于 0.15MPa。小区雨水排水系统可选用埋地塑料管、混凝土管或钢筋混凝土管、铸铁管等。

高层建筑裙房屋面的雨水应单独排放。高层建筑阳台排水系统单独设置，多层建筑阳台雨水宜单独设置，阳台雨水立管底部应间接排水。当生活阳台设有生活排水设备及地漏时，可不另设阳台雨水排水地漏。

思 考 题

1. 建筑排水系统的组成及各部分的功能有哪些？

2. 排水管材有哪几种？各采用何种连接方式？

3. 经验确定的各种建筑内部排水管道最小管径分别为多少？

4. 什么是排水当量？排水管径如何估算？

5. 建筑排水系统通气方式有哪几种？如何选用？

6. 建筑内部排水管道的布置与敷设有哪些要求和规定？

7. 在排水系统何处需要设置清扫口、检查口？

8. 地漏有哪些类型？其设置要求有哪些？

9. 存水弯的种类有哪几种？其水封的作用是什么？

10. 屋面雨水排水方式有哪些？各适用于什么情况？

11. 某公共浴室内设有淋浴器 20 只，洗脸盆（有塞）10 只，浴盆 5 只，设 1 个排水系统。试计算该系统排出管的设计秒流量。

12. 某 6 层集体宿舍，每层的厕所内设有高水箱大便器 6 个，洗脸盆 2 个及单格洗涤盆 1 个。试计算该排水系统排出管的设计秒流量。

第 5 章　建筑给水排水施工图

建筑室内给水排水施工图是由设计说明、平面图、系统图和详图及有关设备材料表组成。给水系统施工图主要反映由引入管至用水设备（包括水龙头）的管道、设备、附件的设置情况；排水系统施工图主要反映由污废水收集器（如各类卫生设备、雨水斗等）至排出管的排水管道、附件及清通设备等的布置与敷设情况，并从上述施工图中可以反映出室内给水方式、排水体制、管道敷设方式、升压、储水设备及污废水局部处理构筑物等的设置情况。

5.1　常用的给水排水图例

建筑给水排水施工图中的管道、给排水附件、卫生器具、升压和贮水设备以及给水排水构筑物等都是用图例符号表示的，在识读施工图时，必须明白这些图例符号。所以应该熟悉给水排水的图例符号。现将常用的图例符号列于表 5-1 中。

常用给水排水图例　　　　　　　　　　　　　　　　　　　表 5-1

名　称	图　例	名　称	图　例
生活给水管	—— J ——	检查口	
生活污水管	—— SW ——	清扫口	 （　）
通气管	—— T ——	地漏	 （　）
雨水管	—— Y ——	浴盆	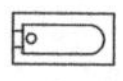
水表		洗脸盆	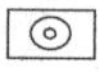
截止阀	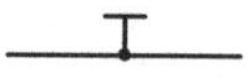	蹲式大便器	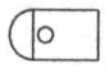
闸阀		坐式大便器	
止回阀		洗涤池	
蝶阀		立式小便器	
自闭冲洗阀		室外水表井	
雨水口	 （　）	矩形化粪池	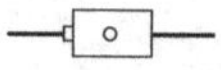
存水弯		圆形化粪池	
消火栓	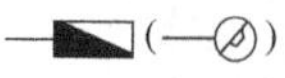 （—　）	阀门井(检查井)	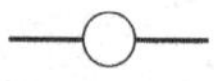

注：表中括号内为系统图图例。

5.2 给水排水图纸基本内容

建筑给水排水施工图中应包括平面布置图、系统图、施工详图（大样图）、设计施工说明及主要设备材料表等。

一、平面图

平面图是在安装给水排水设备的建筑平面图（如厕所、卫生间、盥洗室）上绘制。平面图可以反映给水排水系统的管道、设备和附件在平面上的布置情况。平面图常用比例为1：100，管道多时可用1：50绘出。管道和用水设备图例按国家标准图例绘制。

平面图包括以下内容：

1. 各种用水设备及卫生器具的类型、位置及安装方式；

2. 各干管、立管和支管的平面位置、管径尺寸以及各立管编号；

3. 各种管道附件（如阀门、水龙头、消火栓、检查口、清扫口、水泵等）的平面位置；

4. 给水引入管和污废水排出管的位置。

应该注意的是有些非本楼层的管道也画在该层平面图上。如一层地下室的埋地管道就画在一层平面图上。识别的方法是对照系统轴侧图上的标高看图。当各层设备、管道布置相同时，平面图只画底层及楼层两部分即可。由于给水排水设备是针对某具体房间，所以在平面图上应画出该房间的建筑横、纵向轴线及其编号。

二、系统图

系统图是以轴侧图的形式表达建筑给水排水系统上下层之间、前后左右之间在三维空间的相互关系。系统图要求给水系统与排水系统分别绘制。系统图上应标注各种管道的管径、标高和水平管道的坡度。给水系统图还应表明给水阀类、水龙头及给水设备等；排水系统图应标明存水弯、地漏、清扫口、检查口等管道及附件的设置情况。

应该指出的是系统图上给水立管、排水立管、引入管、排出管的编号应与平面图一一对应。对于多层建筑给水排水系统图，还应反映底层和各楼层地面的相对标高。

三、详图

详图表示某些设备或管道系统复杂连接点的详细构造及安装要求。由于详图反映管道设备安装的具体要求，通常需要用局部平面图和剖面图两部分共同来表达。

需要指出的是当所表示的详图可以采用标准图集中的统一做法时可不必绘出，只需指出标准图号，供施工人员从标准图中查阅。

室内给水排水详图包括节点图、大样图、标准图，主要是管道节点、水表、消火栓、水加热器、卫生器具、套管、开水炉、排水设备、管道支架的安装图及卫生间大样图等，图中注明了详细尺寸，可供安装时直接使用。

四、设计施工说明

凡是图纸中无法表达或表达不清的而又必须为施工技术人员所了解的内容，需要用文字加以说明。主要内容包括：设计概况；设计内容；所选用的管材及其连接方式；卫生器具的类型及安装方式；所采用的标准图名称及图号；管道的防腐、防冻、防结露的方法；管道的连接、固定、竣工验收的要求；系统的水压试验要求；施工中特殊情况的技术处理措施；施工方法要求；必须遵循的技术规程、规定等；以及引用规范、有关图例等。

一般设计施工说明直接写在施工图上。为了使施工准备的材料和设备符合图纸要求，还应编制主要设备材料一览表，将施工图中涉及的设备、管材、阀类、仪表等均列入表中。设备材料表中应包括编号、名称、型号规格、单位、数量、重量等项目。对于不影响工程进度和质量的零星材料，允许施工单位自行解决的可不列入表中。

此外，施工图还应绘制出图中所用的图例；所有的图纸及说明应编排有序，写出图纸目录。

5.3　给水排水图纸的读识

阅读主要图纸之前，应当首先看设计说明和设备材料表，然后以系统图为线索深入阅读平面图和系统图及详图。阅读时，应将三种图相互对照来看。先对系统图有大致了解：看给水系统图时，可由建筑的给水引入管开始，沿水流方向经干管、立管、支管到用水设备；看排水系统图时，可由排水设备开始，沿排水方向经支管、横管、立管、干管到排出管。

施工图的读识要求：

1. 首先看清图纸中的方向及建筑在总平面图上的位置；

2. 看图时先看设计说明，明确设计要求；

3. 给水系统、排水系统施工图要分开阅读，并且要将平面图和系统图对照起来看，以便相互说明和补充；

4. 给水系统从引入管起沿水流方向，经干管、立管、横支管到用水设备，看清楚管道方向、分支位置，管道规格、标高、坡度坡向，管道阀门及配件种类、设置位置，管道材质及连接方式等；

5. 排水系统可从卫生器具开始，沿污水流动方向，经器具排水管、横管、立管到排出管。看清管道走向，管道汇流位置，各管道的管径、标高，横管坡度坡向，检查口、清扫口、地漏的设置位置，排气管、风帽的设置等；

6. 结合平面图、系统图和设计说明看详图，搞清楚设备、附件的类型，安装方式，配管形式及施工安装的具体要求等。

[**例 5-1**]　给水排水施工图识读举例

某商铺给水排水工程施工图，如图 5-1～图 5-4 所示。图 5-1 主要内容有：设计说明、图纸目录、选用的国家标准图集及图例等内容。

图 5-2、图 5-3 为一层、二层、三层及屋顶给水排水平面图。

一层平面图中可读出房间的功能及标高，给水、排水立管的位置，进出户管的走向，灭火器的位置、型号等内容。

二层平面图中可读出房间的功能及标高，给水排水立管的位置，二层阳台的雨水排水，灭火器的位置、型号等内容。

三层平面图中可读出房间的功能及标高，给水排水立管的位置，灭火器的位置、型号等内容。

屋顶平面图中可读出房间的功能及标高、给水排水立管的位置、屋面的雨水排水等内容。

设计图纸目录

序号	图纸名称	图号	图幅
1	首页	1	A2
2	平面图	2	A2
3	卫生间大样图 给水系统图	3	A2

采用标准图目录

序号	图纸名称	图号	备注
1	常用小型仪表及特种阀门选用安装	01SS105	国家标准图
2	室内消火栓安装	04S142	国家标准图
3	卫生设备安装	99S304	国家标准图
4	管道和设备保温、防结露及电伴热	03S401	国家标准图
5	室内管道支架及吊架	03S402	国家标准图
6	钢制管件	02S403	国家标准图
7	防水套管	02S404	国家标准图
8	无规共聚聚丙烯(PPR)给水管安装	02SS405-2	国家标准图
9	建筑排水用硬聚氯乙烯(PVC-U)管道安装	96S406	国家标准图
10	住宅厨卫给水排水管道安装	03SS408	国家标准图

图例

图例	名称	图例	名称
——JL——	给水管道及立管		直通地漏(无水封)
——WL——	污水管道及立管		通气帽
——YL——	雨水管道及立管		检查口
——KNL——	空调凝结水管道		闸阀(截止阀)
MF/ABC4×2	灭火器(型号×瓶数)		皮带水龙头

设计说明

一、工程概况
本工程为"×××××小区"×号楼子项，本子项共3层，为商业建筑。

二、设计依据
1. 已批准的初步设计文件。
2. 建设单位提供的有关工程本工程和设计任务委托书。
3. 建筑和相关专业提供的施工条件图。
4. 国家现行有关给水排水主要设计规范及规程：
   (1)《建筑给水排水设计规范》GB 50015—2003；
   (2)《建筑设计防火规范》GB 50016—2014；
   (3)《建筑灭火器配置设计规范》GB 50140—2005。

三、生活给水系统
本建筑用水由市政给水管网直接供水，根据甲方提供的市政给水管网水压资料，供水压按0.30MPa考虑。

四、排水系统
污水、雨水采用分流制。

五、消防系统
本建筑顶通顶通气管系统。

六、管道材料
1. 生活给水干管、立管采用PSP钢塑复合管，G型管件连接；其余生活给水支管采用PP-R给水管，热熔连接，管道公称压力冷水管为1.6MPa，热水管为2.0MPa。管件规格及承压能力应与管材相同。
2. 污水支管、雨水、空调冷凝水排水管道采用PVC-U排水管，污水立管采用PVC-U塑料螺旋管，粘接；排水支管存水弯水封深度≥50mm。地漏采用PVC-U塑料直通型地漏；粘接。

七、管道附件
1. 给水管立管上的阀门，当管径DN<50mm时，采用J11H-10C型截止阀，当管径DN≥50mm时，采用Z41H-10C型闸阀。

八、管道敷设
1. 给水管立管每层应设伸缩节，做法详见国标02S404-P15。
2. 给水管道穿楼板、墙体时，应预埋钢套管。排水管道穿楼板、墙体时，应预留孔洞(孔洞尺寸应较所穿管径大2号)；塑料排水立管穿楼板处的下方和塑料横管穿越防水墙的两侧，应预埋刚性防水套管。
3. 给水管穿越沉降缝网侧应设置柔性接头。
4. 管道支吊架做法详见03S402。
5. 管道穿越沉降缝建筑应在沉降缝网侧设置柔性接头。

九、管道防腐及保温
1. 埋地金属管道刷樟丹一道，环氧树脂漆二道进行防腐。
2. 管道支吊架除锈后刷樟丹二道，调和漆二道。

十、其他
1. 图中尺寸标高除标高以m计外，其余均以mm计；所注管道标高均为管中心标高。
2. 图中所注管径均为公称内径，购买管材时应代换成相应管径的管材规格。
3. 所有卫生器具及给水配件均应采用符合国家标准的节水型产品，详见CJ/T 164—2014。
4. 施工中安装单位应与土建单位密切配合，做好预留预埋，避免事后打洞。
5. 未尽事宜，请按《建筑给水排水及采暖工程施工质量验收规范》GB 50242—2002的相关条款执行。

图5-1 设计说明

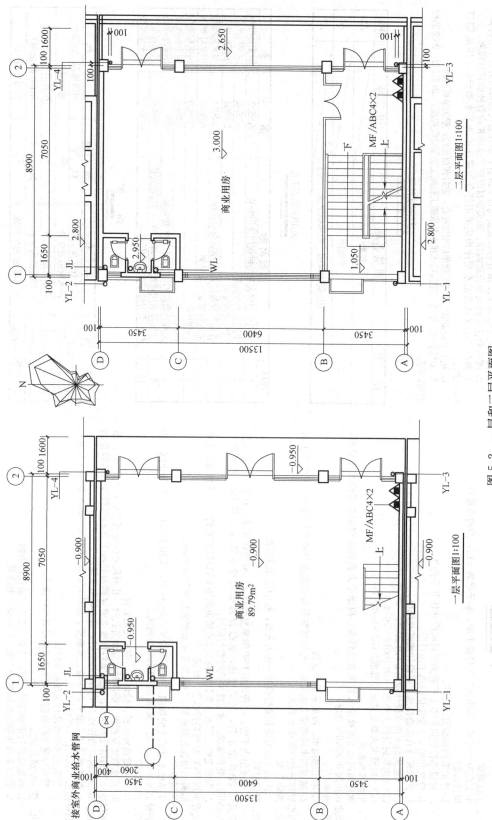

图 5-2　一层和二层平面图

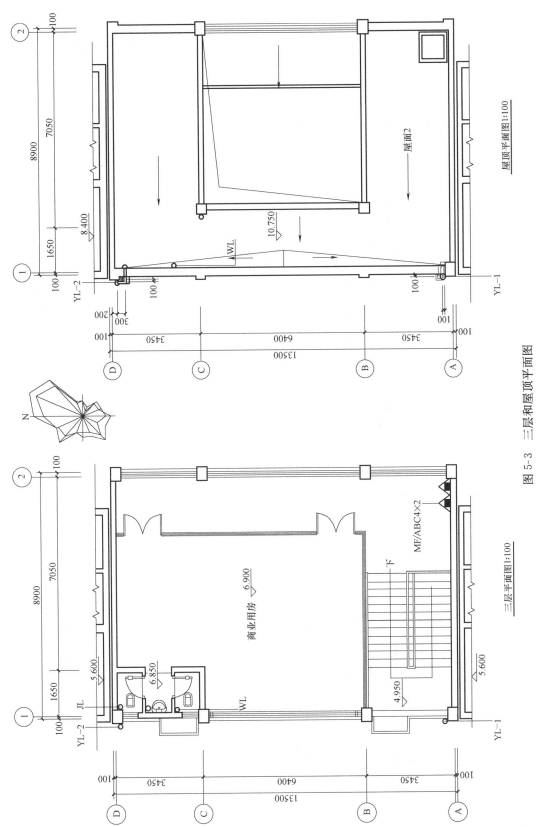

图 5-3　三层和屋顶平面图

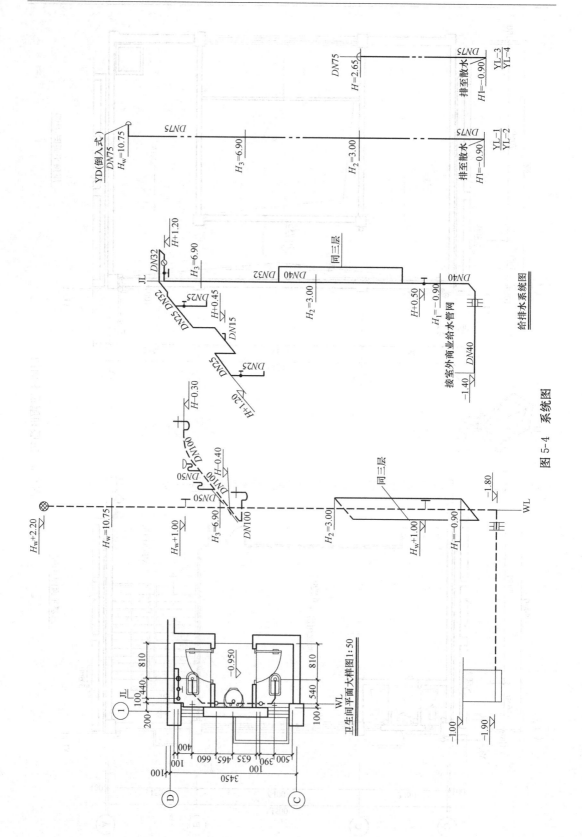

图 5-4 系统图

图 5-4 为卫生间平面大样图及给水排水系统图。

卫生间平面大样图中可读出卫生间中卫生器具的布置、给水排水支管的走向及给水排水点的具体位置。

给水排水系统图中可读出给水系统的空间位置、建筑层高、水表的安装高度、卫生器具给水点的接管方式及标高，给水管的管径及阀门的安装高度等内容；污水系统中排水支管的标高及管径、存水弯的设置、伸顶通气管的管径及伸顶高度、排水立管的管径、立管检查口的设置位置、排水出户管的管径及标高等内容；雨水系统中各雨水立管的管径、雨水口的型号及排放方式等内容。

5.4 给水排水管道施工安装

一、施工准备

给水排水施工准备包括技术准备、物资准备、施工设施准备。

1. 技术准备

（1）施工图纸齐全、完整，并经设计单位、建设单位、监理单位和施工单位会审，已形成图纸会审纪要。

（2）已编制《施工方案》，并报上级主管部门和监理单位审核批准；《施工方案》中，应包含环境保护和职业健康安全的要素。

（3）专业施工员应熟悉解读图纸，熟悉相关国家或行业标准图、施工工艺标准、施工验收规范。

（4）参看其他专业图纸，核对各种管道的坐标、标高是否有交叉现象，管道排列所用空间是否合理；有问题，及时与设计和有关人员研究解决，办好工程洽商记录。设计变更，应经过设计单位同意。

（5）施工技术人员向施工班组进行技术、安全交底。

2. 物资准备

（1）室内给水系统管道应采用给水铸铁管、钢塑复合管、给水塑料管、薄壁不锈钢管、铜管等及与之相配套和适应的配件；生活给水系统所涉及的材料应有卫生防疫部门的检测报告，达到饮用水卫生标准。

（2）工程所用的主要材料、成品、半成品、配件等，应具有中文质量合格证明文件和出厂合格证；规格、型号及性能检测报告，应符合国家技术标准或设计要求；主要材料和配件进场时，应作检查验收，并经监理工程师核查确认合格后，方可入库；材料代用，应征得设计人员的同意。

（3）钢塑复合管及管件：钢塑复合管及管件规格、种类，应符合设计要求；管壁外镀锌均匀，无锈蚀；管内壁衬涂塑料均匀；管件无偏扣、乱扣、丝扣不全或角度不准等缺陷。

（4）给水塑料管及管件：给水硬聚氯乙烯（PVC-U）管和过氯化聚氯乙烯（PVC-C）管和管件，应符合《给水用硬聚氯乙烯（PVC-U）管材》GB/T 10002.1—2006要求；塑料管及管件，应有出厂合格证，其出厂质量证明文件上应注明在常温下的使用压力，管材的线性膨胀系数等；塑料管及其管件颜色应均匀一致，无色泽不均匀和开裂、毛刺、变形等缺陷。

（5）复合管：给水金属塑料复合管，应符合《生活饮用水输配水设备及防护材料的安全性评价标准》GB/T 17219—1998，管件由生产厂家配套供应，执行相应的企业行业标准；给水塑料复合管及管件的规格，应符合设计要求；管材和管件内外壁应光滑、平整、无裂纹、脱皮、气泡、明显的划痕、凹痕等缺陷；管材轴向不应有扭曲或弯曲，其直线度偏差应小于 1‰，且色泽一致；管材端口应垂直于轴线，并且平整、无毛刺；合模缝、浇口应平整、无开裂；管件应完整，无缺损、变形；管材和管件的外径、壁厚及公差，应满足相应的技术标准要求。

（6）铜管：铜管分拉制铜管和挤制铜管，应分别符合《铜及铜合金拉制管》GB/T 1527—2006 和《铜及铜合金挤制管》YS/T 662—2007 标准要求；管材和管件的外径、壁厚及公差，应满足相应的技术标准要求。

（7）阀门：阀门的型号、规格，应符合设计要求；阀体应光洁、完整，无裂纹、砂眼等缺陷；阀芯应开关灵活、关闭严密；填料密封应完好、无渗漏。

（8）型钢、圆钢、螺栓、螺母、生料带、铜焊条、水泥、油麻、清洗剂、砂纸、丙酮、防锈漆等，应符合质量标准要求。

3. 施工设施准备

（1）施工机械：包括套丝机、电焊机、台钻、手电钻、电锤、砂轮切割机、试压泵等。

（2）工具用具：包括铰扳、压力台、台虎钳、管钳、活动扳手、手锯、断管器、刮刀、手锤、錾子、捻凿、毛刷、磁力线坠等。

（3）监测装置：包括水准仪、水平尺、游标卡尺、钢卷尺、钢板尺、角尺、压力表等。

（4）作业条件准备：

土建主体工程基本完成；配合土建施工进度所做的各项预留孔洞、预埋铁件、预埋套管、预留管槽的复核、修整工作已经完成。

室内模板及杂物已清除干净；砖砌管沟已砌筑或现浇的管沟已完毕，并达到强度要求；管道穿楼板处的管洞已修好，其洞口尺寸符合要求。

明装管线安装位置的模板及杂物已清理干净；通过管道的室内位置线及地面基准线已复核完毕；室内墙体厚度已定或墙面粉刷层已结束。

管道安装用竖井内的模板及杂物已清理干净，并有防坠落措施。

施工用机具准备齐全；施工临时用电设施满足施工需求，并能保证连续施工。

二、施工工艺

1. 施工工艺流程：室内给水管道及配件安装工艺流程如图 5-5 所示。

2. 操作要求

（1）干管安装

管段预制好后，先将管段慢慢放进沟内或支架上，管道和阀件就位后，检查管道、管件、阀门的位置、朝向，然后，从引入管开始接口，安装至立管穿出地平面上第一个阀门为止；管道穿楼板和穿墙处，应留套管，套管用比管径大两号的钢管或镀锌铁皮卷制而成，套管的长度、环逢的间隙和密封质量，应符合规范规定；在地下埋设或地沟内敷设的

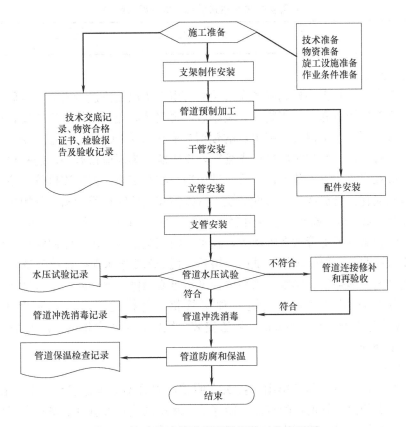

图 5-5 室内给水管道及配件安装工艺流程图

给水管道应有 2‰～5‰ 的坡度，坡向引入管处，引入管应装泄水阀，泄水阀一般设在阀门井或水表井内；给水引入管直接埋入地下时，应保证埋深深度；与其他管道交叉或平行敷设时，间距应符合规范规定；在管沟敷设时，管道与沟壁的间距，不应小于 150mm。

（2）立管安装

立管安装前，应修整楼板孔洞，先在顶层楼板找出立管中心线位置，再在预留孔位用线坠向下吊线，用手锤、錾子修整楼板孔洞，使各层楼板孔洞的中心位置在一条直线上；而当上层墙体减薄时，可调整孔洞位置；管道安装时，采用乙字弯或用弯头调整，使立管中心距墙的尺寸一致；修整好孔洞后，应根据立管位置及支架结构形式，栽好立管管卡；管卡固定牢固后，即可进行立管安装。

对于明装立管，每层从上至下统一吊线安装支架，将预制好的立管编号分层排开，按顺序安装，对好调直时的印记，校核预留甩口的高度、方向是否正确；丝扣连接的管道，其外露丝扣和管道外保护层破损处，应补刷防锈漆；支管甩口处，均应加好临时封堵；立管阀门安装朝向，应便于操作和维修；安装完后，用线坠吊直找正，配合土建堵好楼板洞。

对于暗装立管：安装在竖井内的立管支架，宜采用预埋焊接法。立管安装前，应先上下统一吊线安装支架，再安装立管；安装在墙内的立管应在结构施工中预留管槽，立管安装后，吊直、找正，用卡件固定，支管的甩口应露明，并加好临时丝堵；其他，同明装立管。

明装立管管外皮距建筑装饰面的间距，可参照表5-2。

73

立管管外皮距建筑装饰面的间距 （mm） 表 5-2

管径	32 以下	32～50	65～100	125～150
间距	20～25	25～30	30～50	60

（3）支管安装

对于明装支管，首先将预制好的支管从立管甩口依次逐段进行安装。有阀门处，若阀杆碍事，应将阀门压盖卸下，将阀体安装好后，再安装阀盖；根据管道长度，适当加好临时固定卡，核定不同卫生器具、用水点的预留口高度和方向，找平、找正后，栽好支架，去掉临时固定管卡，上好临时丝堵；支管管外皮距墙装饰面应留有一定的距离；支管如装有水表，一般在水表位置先装上连接管，试压后、在交工前，拆下连接管，换装水表。

对于暗装支管，管道嵌墙、直埋敷设，宜提前在砌墙时预留管槽，管槽的尺寸为：深度等于管外径＋20mm；宽度等于管外径＋40～＋60mm；管槽表面应平整、不应有尖角等突出物；将预制好的支管敷在管槽内，找平、找正定位后，用勾钉固定；卫生器具的给水预留口要做在明处，加好丝堵；试压合格后，用 M7.5 级水泥砂浆填补密实；若在墙上凿槽，应先确定墙体强度和厚度，当墙体强度不足或墙体不允许时，不宜凿槽。

管道在楼地面层内直埋：宜提前预留管槽，管槽的尺寸为：深度等于管外径＋20mm；宽度等于管外径＋40mm；管道安装、固定、试压合格后，用与地坪相同等级的水泥砂浆填补密实。

（4）管道试压

水压试验前，管道应固定牢固，接头需明露，支管不宜连通卫生洁具等配水件；铺设、暗装、保温的给水管道在隐蔽前，做好单项水压试验；管道系统安装完毕后，进行综合水压试验。水压试验用的压力表应校正合格，其精度不应小于 1.5 级，最大量程为试验压力的 1.5～2.0 倍，表盘直径不小于 100mm；冬季进行水压试压，应采取防冻措施；试压完成后，应及时泄水；试压泵测压用的压力表，宜设在管道系统的最低点。

试压步骤如下：

1）试压管段注水前，利用管段最高处设置的排气阀，将管道内的空气排尽；在管段最低处应设泄水阀。

2）试压时，应缓慢加压。先升至工作压力检查，再升至试验压力观察。

3）试压合格后，及时把水泄净，并将破损的镀锌层和外露丝扣处做好防腐处理，再进行隐蔽工作。

（5）管道水冲洗、通水试验

管道试压完后，即可冲洗。冲洗应用生活饮用水连续进行，冲洗水的排放应接入可靠的排水井或排水沟中，并保持通畅和安全；排放管的截面积，不应小于被冲洗管截面积的 60％。冲洗水的流速不应小于 1.5m/s；当设计无要求时，以出口的水色和透明度与入口处目测一致为合格。

系统冲洗完毕后，应进行通水试验，按给水系统的 1/3 配水点同时开放，各排水点通畅，接口无渗漏，为合格。

（6）管道消毒

管道冲洗、通水后，将管道内的水放空，连接各配水点，进行管道消毒，一般用 20～30mg/L 浓度游离氯的清水灌满进行消毒。常用的消毒剂为漂白粉，漂白粉应加水搅拌均匀，随同管道注水一起加入被消毒管段；消毒水应在管内滞留 24h 以上，再用饮用水冲洗。

管道消毒完后，打开进水阀向管道供水，打开配水点龙头适当放水，在管网最远点取水样，经卫生监督部门检验合格后，方可交付使用。

（7）季节性施工要求

雨季施工时，应有良好的防雨措施；妥善保管好管材和管件，防止淋雨锈蚀；防止雨水进入管道竖井，污染已安装好的管道。

冬季施工时，管道水压试验、冲洗后，应及时将水排放干净，防止冻裂。

三、质量控制标准

1. 室内给水管道的水压试验，应符合设计要求。当设计未要求时，各种管材的给水管道系统试验压力均为工作压力的 1.5 倍，但不宜小于 0.6MPa。

检验方法：金属及复合管给水管道系统在试验压力下观测 10min，压力降不应大于 0.02MPa，然后，降到工作压力进行检查，应不渗、不漏为合格；塑料管给水系统应在试验压力下稳压 1h，压力降不应超过 0.05MPa，然后，在工作压力的 1.15 倍状态下稳压 2h，压力降不应超过 0.03MPa，同时，检查各连接处不应渗漏。

2. 给水系统交付使用前，应进行通水试验，并做好记录。

检验方法：观察和开启阀门、水嘴等放水。

3. 给水引入管与排水排出管的水平距离不应小于 1.0m；室内给水与排水管道平行敷设时，两管间的最小水平距离不应小于 0.5m；交叉铺设时，垂直净距不应小于 0.15m；给水管应铺在排水管上面，若给水管应铺在排水管的下面时，给水管应加套管，其长度不应小于排水管管径的 3 倍。

检验方法：尺量检查。

4. 给水管道和阀门安装的允许偏差，应符合表 5-3 的规定。

给水管道和阀门安装的允许偏差表　　　　　　　　表 5-3

项　目			允许偏差(mm)	检验方法
水平管道纵横方向弯曲	钢管	每 m 全长 25m 以上	1 ≯25	用水平尺、直尺、拉线和尺量检查
	塑料管 复合管	每 m 全长 25m 以上	1.5 ≯25	
	铸铁管	每 m 全长 25m 以上	2 ≯25	
立管垂直度	钢管	每 m 5m 以上	3 ≯8	吊线和尺量检查
	塑料管 复合管	每 m 5m 以上	2 ≯8	
	铸铁管	每 m 5m 以上	3 ≯10	
成排管段和成排阀门		在同一平面上间距	3	尺量检查

5. 水表安装质量要求

水表应安装在便于检修、不受曝晒、污染和冻结的地方。安装螺翼式水表，表前与阀门应有不小于 8 倍水表接口直径的直线管段。表外壳距墙表面净距为 10～30mm；水表进水口中心标高按设计要求，允许偏差为±10mm。

检验方法：观察和尺量检查。

6. 其他质量控制要求

在修凿板孔遇有钢筋妨碍立管穿越楼板时，不应随意割断，应通知土建技术人员，经处理后，方可施工。

给水管与煤气引入管之间的水平距离不应小于 1.0m；地沟内敷设的给水管道应布置在热管道的下面，与沟底的净距不应小于 150mm。

螺纹连接的阀门后应装有可拆卸的连接件，给水立管和装有 3 个或 3 个以上配水点的支管始端应安装可拆卸的连接件。

四、产品防护

1. 所有管道、管件、阀门等在运输及搬放的过程中，要避免碰撞、损伤。

2. 管材、配件在存放时要妥善保管，防止丢失；对于存放的环境也应符合要求，尤其是塑料管材和 PPR 管，应避免太阳曝晒。

3. 预制加工好的管段，要妥善保管并编码排放整齐，防止踩踏。

4. 管道在安装过程中，应及时封堵三通口及未连接管口，以免污物进入管道。

5. 安装好的管道不应用做支撑或放脚手架板，不应踏压；其支吊架不应作其他用途的受力点。

6. 阀门的手轮在安装时应卸下，交工前，再统一安装好。

7. 支管如装有水表，一般在水表位置先装上连接管，试压后、交工前，拆下连接管，换装水表。

8. 安装好的管道，在土建吊洞、抹灰、喷浆、刷涂料前，要做好防护措施，避免被污染。

五、环境因素和危险源控制措施

1. 环境因素控制措施

(1) 施工作业面保持整洁，不应将建筑垃圾随意抛撒。

(2) 施工时，要采取降噪声措施，以免扰民。

(3) 不应在施工现场焚烧油漆等易产生有毒、有害烟尘和恶臭气体的废弃料。

(4) 管道试压后的废水，要选择好排放点，不应随意排放。

2. 危险源控制措施

(1) 施工现场应具备安全管理岗位责任制和完善的安全管理措施，做好安全三级教育。

(2) 现场堆码管道时，要注意堆放地区的地质、坡度，不应超高堆放。

(3) 进入工地现场应戴好安全帽，高空作业时应系好安全带，电气焊人员应戴好防护镜或防护面罩，电工穿好绝缘鞋。在有刺激性或有害气体环境中作业的施工人员，应戴好口罩或防毒面具，并保持良好的通风条件。

(4) 在管道井或光线暗淡的地下室等地方施工时，应使用安全电压。

(5) 施工过程中的井口、预留洞口、电梯口、楼梯口，应及时封闭或做好护栏。

(6) 电工等特殊作业的人员，应持证上岗。

(7) 氧气、乙炔气瓶的存放要距明火 10.0m 以外，瓶身应带护圈，挪动时不得碰撞，氧气瓶与乙炔瓶及其他燃气瓶放置间距，应大于 5.0m。

（8）使用的靠梯、高凳、人字梯应完好，不应垫高使用；使用人字梯，角度应在60°左右，下端应采取防滑措施。

（9）现场库房应通风良好，并设置必要的消防设施。

六、给水 PPR 管连接施工

1. PPR 管预制加工

（1）PPR 管切断：管道的切割要使用专用管剪。切割时，管剪应垂直于管道轴线进行切割，并对切割后的管口端面进行除毛边和毛刺处理。

（2）PPR 管弯曲：埋设在地面垫层内的管道在弯曲时，不应使用弯头，而应进行煨弯，且不应用明火进行煨弯，弯曲半径不应小于管外径的8倍；明装管道一般使用弯头热熔或电熔连接而成。

2. 给水 PPR 管热熔连接

热熔连接适用于 PPR 管（公称外径小于或等于110mm）。其施工工序如下：

（1）用尺子和铅笔在管端测量并标绘出热熔深度线。

（2）接通热熔工具电源，待达到工作温度（250～270℃）指示灯亮后，方可开始操作。

（3）熔接弯头或三通时，按设计图纸要求，应注意其方向，在管件和管材的直线方向上，用辅助标志标出位置。

（4）连接时，应旋转地把管端导入加热套内，插入到所标志的深度；同时，无旋转地把管件推到加热头上，达到规定标志处。加热时间，应满足表5-4的规定（也可按热熔工具生产厂家的规定）。

PPR 管热熔连接技术要求表　　　　　　　　　　　　　　　表 5-4

公称直径 （mm）	热熔深度 （mm）	加热时间 （s）	加工时间 （s）	冷却时间 （min）
20	11.0～14.5	5	4	3
25	12.5～16.0	7	4	3
32	14.6～18.1	8	4	4
40	17.0～20.5	12	6	4
50	20.0～23.5	18	6	5
63	23.9～27.4	24	6	6
75	27.5～31.0	30	10	8
90	32.0～35.5	40	10	8
110	38.0～41.5	50	15	10

注：1. 若环境温度小于5℃，加热时间应延长50%；

　　2. 公称外径小于63mm时，可人工操作；公称外径大于或等于63mm时，应采用专用进管机具。

（5）到达加热时间后，立即把管材与管件从加热套的加热头上同时取下，迅速地、无旋转地、直线均匀地插入到所标深度，使接头处形成均匀凸缘。

（6）在冷却时间内，刚熔接好的接头，还可以校正，但不应旋转。

3. PPR 管电熔连接

电熔连接适用于 PPR 管（公称外径大于110mm）。其施工工序如下：

（1）电熔连接机具与电熔管件的导线连通应正确。连接前，应检查电加热的电压，加热时间应符合电熔连接机具与电熔生产厂家的有关规定。

（2）电熔连接的标准加热时间，应由生产厂家提供，并随环境温度的不同，按表5-5加以调整。若电熔机具有温度自动补偿功能，则不需调整加热时间。

（3）在熔合及冷却过程中，不应移动、转动电熔管件和熔合的管材、不应在连接件上施加任何外力。

（4）电熔过程中，当信号眼内熔体有突出沿口现象，加热完成。

电熔连接的加热时间修正系数表 表 5-5

焊接温度（℃）	−10	0	10	20	30	40	50
加热时间修正系数	1.12	1.08	1.04	1.00	0.96	0.92	0.88

七、排水塑料管的施工安装

建筑排水用硬聚氯乙烯管件（即 UPVC 或 PVC-U，以下简称排水塑料管），具有质轻、易于切断、施工方便、水力条件好的特点，因而在建筑排水工程，尤其是民用建筑排水工程中应用十分广泛，它适用于水温不大于40℃的生活污水和工业废水的排放。

与普通排水铸铁管不同的是，排水塑料管及管件的规格不是以公称直径表示，而是以公称外径表示。由于其连接方式采用承插粘结，因而对管材外径和承口内径都有一定的公差要求，其具体规格见表5-6。

直管及粘结承口规格表（单位：mm） 表 5-6

公称直径	平均外径极限偏差	直管壁厚		粘结承口		
		基本尺寸	极限偏差	承口内径		承口深度
				最小	最大	（最小）
40	+0.3	2.0	+0.4	40.1	40.4	25
50				50.1	50.4	25
75		2.3		75.1	75.5	40
90	+0.4	3.2	+0.6	90.1	90.5	46
110				110.2	110.6	48
125				125.2	125.6	51
160	+0.5	4.0		160.2	160.7	58

1. 塑料管道安装要求

管道应按设计规定设置检查口或清扫口，当立管设置在管道井、管窿（即为布置管道而构筑的狭小的不进入空间）或横管在吊顶内时，在检查口或清扫口位置应设检修门。

立管和横管应按设计要求设置伸缩节。当楼层高度小于4m时，立管（包括通气立管）应每层设一个伸缩节；横管上无汇合管件的直线管段大于2m时，应设伸缩节，但伸缩节之间的最大间距不得大于4m。住宅内排水立管上伸缩节的安装高度一般为距地平面1.2m。当设计对伸缩节的伸缩量未作规定时，管端插入伸缩节处预留的间隙应为：夏季施工时为5~10mm；冬季施工时为15~20mm。

管道支承件的间距，立管管径为50mm时，不得大于1.2m；管径大于或等于75mm

时，不得大于 2m，横管直线管段支承件间距应符合表 5-7 的规定。非固定支承件的内侧应光滑，与管壁间应留有微隙。

横管直线管段支承件的间距表　　　　　　　　表 5-7

管径(mm)	间距(m)	管径(mm)	间距(m)
40	0.40	110	1.10
50	0.50	125	1.25
75	0.75	160	1.60
90	0.90		

塑料管与铸铁管连接时，宜采用专用配件。当采用石棉水泥或水泥捻口连接时，应先把塑料管插口外表面用砂布打毛，或涂刷胶粘剂后滚粘干燥的粗黄砂，插入铸铁承口后再填嵌油麻，用石棉水泥或水泥捻口。塑料管与钢管、排水栓连接时采用专用配件。设计要求安装防火套管或阻火圈的楼层，应先将防火套管或阻火圈套在欲安装的管段上，然后进行管道接口连接。

2. 塑料管的粘接

排水塑料管的切断宜选用细齿锯或割管机具，端面应平整并垂直于轴线，且应清除端面毛刺，管口端面处不得有裂痕、凹陷。插口端可用中号板锉锉成 15°～30°坡口，坡口厚度宜为管壁厚度的 1/3～1/2。

在粘接前应将承口内面和插口外面擦拭干净，无灰尘和水迹。若表面有油污，要用丙酮等清洁剂擦净。插接前要根据承口深度在插口上划出插入深度标记。

胶粘剂应先涂刷承口内面，后涂插口外面所作插入深度标记范围以内。注意胶粘剂的涂刷应迅速、均匀、适量、无漏涂。插口涂刷胶粘剂后，应即找正方向将管子插入承口，施加一定压力使管端插入至预先画出的插入深度标记处，并将管子旋转约 90°，把挤出的胶粘剂擦净，让接口在不受外力的条件下静置固化，低温条件下应适当延长固化时间。

胶粘剂的安全使用要注意以下几点：

（1）胶粘剂和清洁剂的瓶盖应随用随开，不用时盖严，禁止非操作人员使用；

（2）管道、管件集中粘接的预制场所严禁明火，场内应通风；

（3）冬季施工，环境温度不宜低于－10℃；当施工环境温度低于－10℃时，应采取防寒防冻措施。施工场所应保持空气流通，不得密闭；

（4）粘接管道时，操作人员应站在上风处，且宜佩戴防护手套、防护眼镜和口罩。

3. 排水用 PVC-U 塑料管施工工序如下：

（1）管件和管材的插口在粘接前用棉砂或干布将承口内侧和插口外侧擦拭干净，无尘砂和水迹，并用棉纱蘸丙酮等清洁剂擦净表面油污；

（2）粘接前，应将管子和管件的承口、插口试插一次，一般插入承口的 3/4 深度，如果插入深度及配合情况符合要求，可在插入端表面划出插入承口深度的标线；

（3）用毛刷将专用粘接剂迅速均匀地涂抹在承口的内侧及插口的外侧，宜先涂承口，后涂插口，涂刷均匀适量；及时找正留口方向，用力将管端垂直插入承口，插入粘接时，将插口稍作转动，以利粘接剂分布均匀，约 30～60s 可粘接牢固；粘牢后，立即将溢出的粘接剂擦拭干净。

思 考 题

1. 建筑给水排水施工图的组成及绘制要求有哪些？
2. 建筑给水排水施工图包括哪些部分？它们各自表达的内容是什么？
3. 识读建筑给水排水施工图时应按什么步骤进行？

第6章 建筑消防给水工程

为了保卫国家建设和公民生命财产的安全，在城镇规划、建筑设计和建筑内部装修的时候，必须贯彻"预防为主，防消结合"的方针，采取防火措施，防止和减少建筑物火灾的危害。建筑物固定的灭火设备，主要有消火栓灭火系统、自动喷水灭火系统、水幕系统、雨淋喷水灭火设备、水喷雾灭火系统、二氧化碳等气体灭火系统、蒸汽灭火系统等。本章主要介绍室内消火栓灭火系统及自动喷水灭火系统。

6.1 建 筑 分 类

一、按建筑高度分类

1. 单层、多层建筑：27m 以下的住宅建筑、建筑高度不超过 24m（或已超过 24m 但为单层）的公共建筑和工业建筑。

2. 高层建筑：建筑高度大于 27m 的住宅建筑和其他建筑高度大于 24m 的非单层建筑。我国对建筑高度超过 100m 的高层建筑，称为超高层建筑。

二、按使用性质分类

按使用性质对建筑物分类 表 6-1

		民用建筑的分类		
名称		高层民用建筑		单、多层民用建筑
		一类	二类	
民用建筑	住宅建筑	建筑高度大于 54m 的住宅建筑(包括设置商业服务网点的住宅建筑)	建筑高度大于 27m，但不大于 54m 的住宅建筑(包括设置商业服务网点的住宅建筑)	建筑高度不大于 27m 的住宅建筑(包括设置商业服务网点的住宅建筑)
	公共建筑	1. 建筑高度大于 50m 的公共建筑； 2. 任一楼层建筑面积大 1000m² 的商店、展览、电信、邮政、财贸金融建筑和其他多种功能组合的建筑； 3. 医疗建筑、重要公共建筑； 4. 省级及以上的广播电视和防灾指挥调度建筑、网局级和省级电力调度； 5. 藏书超过 100 万册的图书馆、书库	除住宅建筑和一类高层公共建筑外的其他高层民用建筑	1. 建筑高度大于 24m 的单层公共建筑； 2. 建筑高度不大于 24m 的其他民用建筑
民用建筑根据其建筑高度和层数可分为单、多层民用建筑和高层民用建筑。高层民用建筑根据其建筑高度、使用功能和楼层的建筑面积可分为一类和二类。民用建筑的分类应符合上表的规定				

续表

工业建筑	是指工业生产性建筑,如主要生产厂房、辅助生产厂房等。工业建筑分为加工、生产类厂房和仓储类库房两大类是按照使用性质不同分的。厂房和仓库又按其生产或储存物质的性质进行分类
农业建筑	是指农副产业生产建筑,主要有暖棚、牲畜饲养场、蚕房、烤烟房、粮仓等

6.2　室内消火栓给水系统

建筑物内设置以水为灭火剂的室内消火栓给水系统,用以扑灭与水接触不引起燃烧、爆炸的火灾。

一、室内消火栓给水系统的设置场所

按照国家 2015 年最新建筑设计防火规范《建筑设计防火规范》GB 50016—2014 的规定,下列建筑物应设室内消火栓系统消防给水:

1. 建筑占地面积大于 300m² 的厂房（仓库）;

2. 体积大于 5000m³ 的车站、码头、机场的候车（船、机）楼以及展览建筑、商店、旅馆、病房楼、门诊楼、图书馆等;

3. 特等、甲等剧场,超过 800 个座位的其他等级的剧场和电影院等,超过 1200 个座位的礼堂、体育馆等;

4. 建筑高度大于 15m 或体积大于 10000m³ 的办公楼、教学楼、非住宅类居住建筑等其他民用建筑;

5. 其他高层民用建筑;

6. 建筑高度大于 21m 的住宅建筑。对于建筑高度不大于 27m 的住宅建筑,当确有困难时,可只设置干式消防竖管和不带消火栓箱的 DN65 的室内消火栓,消防竖管的直径不应小于 65mm;

7. 国家级文物保护单位的重点砖木或木结构的古建筑;

8. 高层民用建筑均应设置室内消火栓系统;

可不设室内消火栓系统的建筑:

1. 存有与水接触能引起燃烧、爆炸的物品的建筑物和室内没有生产、生活给水管道,室外消防用水取自储水池且建筑体积小于或等于 5000m³ 的其他建筑;

2. 耐火等级为一、二级且可燃物较少的单层、多层丁、戊类厂房（仓库）,耐火等级为三、四级且建筑体积小于或等于 3000m³ 的丁类厂房和建筑体积小于或等于 5000m³ 的戊类厂房（仓库）;

3. 粮食仓库、金库以及远离城镇且无人值班的独立建筑。

二、室内消火栓给水系统的系统组成

室内消火栓给水系统由消防给水基础设施、消防给水管网、室内消火栓设备、报警控制设备及系统附件等组成。如图 6-1 所示。

其中,消防给水基础设施包括市政管网、室外消防给水管网、室外消火栓、消防水池、消防水泵、消防水箱、增（稳）压设备、水泵接合器等,该设施的主要任务是为系统储存并提供灭火用水。消防给水管网包括进水管、水平干管、消防竖管等,其任务是向室内消火栓设备输送灭火用水。室内消火栓设备包括水带、水枪、水喉等，是供人员灭火使用的主要工具。系统附件包括各种阀门、屋顶消火栓等。报警控制设备用于启动消防水泵。

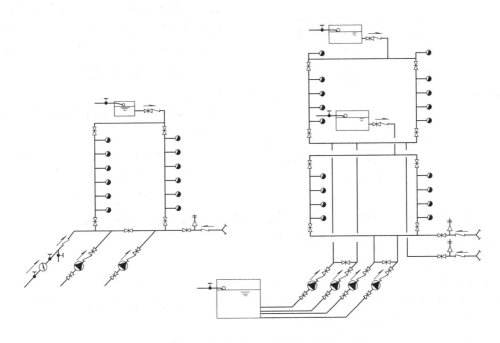

图 6-1　消火栓给水系统组成示意

三、系统工作原理

室内消火栓给水系统的工作原理与系统采用的给水方式有关，通常针对建筑消防给水系统采用的是临时高压消防给水系统。

在临时高压消防给水系统中设有消防泵和高位消防水箱。当有火灾发生时，现场人员可以打开消火栓箱，将水带与消火栓栓口连接，打开消火栓的阀门，按下箱内的启动按钮，消火栓就可使用了。消火栓箱内的按钮会直接启动消火栓泵，并自动向消防控制中心报警。由于消火栓泵的启动需要一定的时间，因此初期供水是由高位消防水箱来进行的（储存的 10min 消防水量）。对于消火栓泵的启动，还可由消防泵现场、消防控制中心控制，由于消火栓泵不能自动停泵，所以停泵只能由现场手动控制。

四、系统类型和设置要求

1. 低层建筑室内消火栓给水系统及其给水方式

低层建筑室内消火栓给水系统是指设置在低层建筑物内的消火栓给水系统。低层建筑发生火灾后，即可立即使用其室内消火栓设备接上水带、水枪进行灭火，又可利用消防车从室外水源抽水直接灭火，使其得到有效外援。

低层建筑室内消火栓给水系统的给水方式分为以下 3 种类型：

（1）直接给水方式，如图 6-2 所示；

（2）设有消防水箱的给水方式；

（3）设有消防水泵和消防水箱的给水方式。

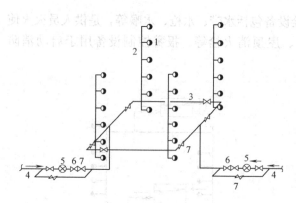

图 6-2　无加压水泵和水箱的消火栓灭火系统

1—室内消火栓；2—消防立管；3—消防干管；

4—进户管；5—水表；6—止回阀；7—闸阀

2. 高层建筑室内消火栓给水系统及其给水方式

顾名思义，设置在高层建筑物内的消火栓给水系统称为高层建筑室内消火栓给水系统。高层建筑发生火灾时通常有以下特点：火势猛、蔓延快、救援及疏散困难，因此极易造成人员伤亡以及重大经济损失。由此，高层建筑发生火灾时，必须依靠建筑物内设置的消防设施进行自救。

高层建筑的室内消火栓给水系统应采用独立的消防给水系统。

（1）不分区消防给水方式

整栋大楼采用一个区供水，系统简单、设备少。当高层建筑最低消火栓栓口处的静水压力不大于 1.0MPa 时，可采用此种给水方式。

（2）分区消防给水方式

在消防给水系统中，由于配水管道的工作压力要求，系统可有不同的给水方式。系统给水方式的划分原则可根据管材、设备等确定。当高层建筑最低消火栓栓口的静水压力大于 1.00MPa 时，应采用分区给水系统。

如室内消火栓栓口处静水压力过大，灭火过程中会出现超压出流，由于水枪反作用力大，启闭会产生水锤作用，可使给水设备受到损坏。因此，室内消火栓栓口的静水压力不应超过 1.0MPa；消防给水系统最高压力在运行时不应超过 2.4MPa。如不满足以上要求时，通常采用并联或串联等方式对消防管网进行竖向分区，如图 6-3 所示。

并联分区消防给水方式：每区分别设有各自的专用消防水泵，并集中设置在消防泵房内，如图 6-3（a）所示。

水泵串联分区消防给水方式：消防给水管网竖向各区由消防水泵串联分级向上供水，高区消防水泵可从下区消防管网直接吸水，如图 6-3（b）所示，消防水泵顺序从下到上依次启动，由于上区用水可从下区干管中供给，可仅在下区设水泵接合器。设有避难层或设备层的超高层建筑通常采用这种方式。

3. 室内消火栓的设置要求

（1）设有消防给水系统的建筑物，其各层（无可燃物的设备层除外）均应设置消火栓；

（2）室内消火栓的布置应保证有两支水枪的充实水柱同时到达室内任何部位。建筑高度小于或等于 24m，且体积小于或等于 5000m³ 的库房，可采用一支水枪的充实水柱到达室内任何部位；

（3）室内消火栓应设在明显、易于取用的地点。栓口离地面的高度为 1.1m，其出水方向宜向下或与设置消火栓的墙面成 90°角；

（4）冷库的室内消火栓应设在常温穿堂或楼梯间内；

（5）设有室内消火栓的建筑，如为平屋顶，宜在平屋顶上设置试验和检查用的消火栓；

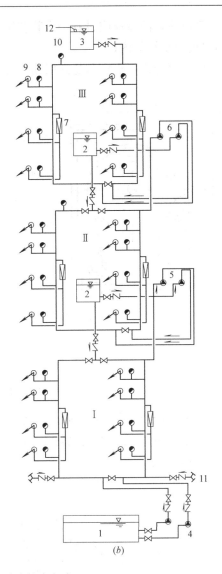

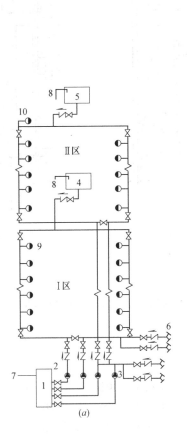

图 6-3 分区消防给水方式

（a）并联分区消防给水方式

1—消防水池；2—Ⅰ区消防水泵；

3—Ⅱ区消防水泵；4—Ⅰ区消防水箱；

5—Ⅱ区位消防水箱；6—水泵接合器；

7—水池进水管；8—水箱进水管；

9—消火栓；10—屋顶消火栓

（b）水泵串联分区消防给水方式

1—消防水池；2—中间水箱；

3—屋顶水箱；4—Ⅰ区消防水泵兼高区转输泵；

5—Ⅱ区消防水泵兼Ⅲ区转输泵；6—Ⅲ区消防水泵；

7—减压阀；8—消火栓；9—消防卷盘；

10—屋顶试验消火栓；11—水泵接合器；12—水箱进水管

（6）消防电梯前室应设室内消火栓；

（7）室内消火栓的间距应由计算确定；

（8）高位消防水箱不能满足最不利点消火栓水压要求的建筑，应在每个室内消火栓处设置直接启动消防水泵的按钮，并应有保护设施；

（9）消火栓应采用同一型号规格。消火栓的栓口直径应为 65mm，水带长度不应超过 25m，水枪喷嘴口径不应小于 19mm，如图 6-4 所示；

（10）高层建筑的屋顶应设有一个装有压力显示装置的检查用消火栓，采暖地区可设在顶层出口处或水箱间内；

（11）屋顶直升机停机坪和超高层建筑避难层、避难区应设置室内消火栓。

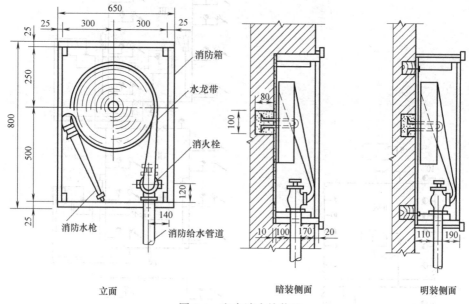

立面　　　　　　　　暗装侧面　　　　　　　　明装侧面

图6-4　室内消火栓装置

4. 室内消火栓栓口压力和消防水枪充实水柱

充实水柱是指由水枪喷嘴起至射流 90％ 的水柱水量穿过直径为 380mm 圆孔处的一段射流长度，如图6-5 所示。

图6-5　水枪垂直射流示意

（1）高度超过 80m 时，应采取分区给水系统；消火栓栓口的出水压力大于 0.50MPa 时，应采取减压措施；

（2）高层建筑、厂房、库房和室内净空高度超过 8m 的民用建筑等场所，其消火栓栓口动压不应小于 0.35MPa，且消防水枪充实水柱应达到 13m；其他场所的消火栓栓口动压不应小于 0.25MPa，且消防水枪充实水柱应达到 10m。

5. 消防软管卷盘的设置

消防软管卷盘，又称消防水喉，由小口径消火栓、输水缠绕软管、小口径水枪等组成，如图6-6 所示。与室内消火栓相比，消防软管卷盘具有操作简便、机动灵活等优点，未经专门训练的非专业消防人员也能使用。

消防软管卷盘的设置应符合下列要求：

（1）栓口直径应为 25mm，配备的胶带内径不应小于 19mm，长度不应超过 40m，水喉喷嘴口径不应小于 6mm；

（2）旅馆、办公楼、商业楼、综合楼等室内的消防软管卷盘应设在走道内，且布置时应保证有一股水柱能达到室内任何部位；

（3）剧院、会堂闷顶内的消防软管卷盘应设在马道入口处，以方便工作人员使用。

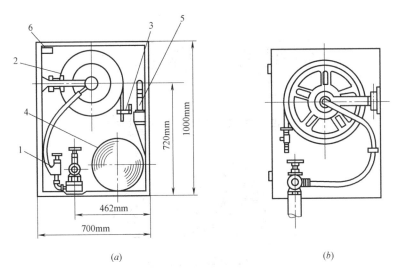

图 6-6 消防水喉设备图

(a) 自救式小口径消火栓设备；(b) 消防软管卷盘

1—小口径消火栓；2—卷盘；3—小口径直流开关水枪；4—φ65 输水衬胶水带；5—大口径直流水枪；6—控制按钮

五、消防水泵接合器

1. 设置要求

(1) 高层建筑、设置室内消火栓且层数超过四层的厂房（仓库）、最高层楼板超过 20m 的厂房（仓库）、设置室内消火栓且层数超过五层的公共建筑、四层以上多层汽车库和地下汽车库、地下建筑和平战结合的人防工程、城市市政隧道，其室内消火栓给水系统应设置消防水泵接合器，自动喷水灭火系统也应设水泵接合器；

(2) 水泵接合器的数量应根据室内消防用水量和每个水泵接合器 $10\sim15$L/s 的流量经计算确定；高层建筑采用竖向分区供水时，在消防车供水压力范围内的分区，应分别设置水泵接合器；

(3) 水泵接合器有地上式、地下式和墙壁式 3 种，如图 6-7 所示，以适应各种建筑物

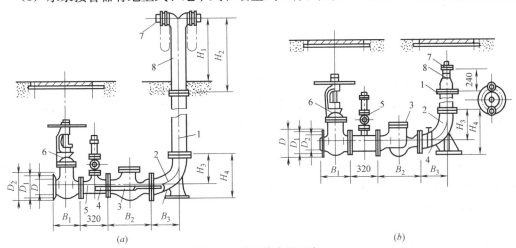

图 6-7 水泵接合器示意

(a) SQ 型地上式；(b) SQ 型地下式

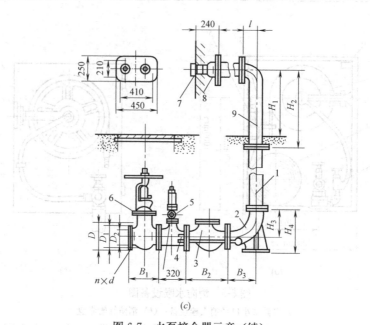

图 6-7 水泵接合器示意（续）

（c）SQ 型墙壁式

1—法兰接管；2—弯管；3—升降式单向阀；4—放水阀；5—安全阀；

6—楔式闸阀；7—进水用消防接口；8—本体；9—法兰弯管

的需要，其设置应方便连接消防车水泵；

（4）距水泵接合器 15～40m 的范围内，应设有室外消火栓或消防水池。

2. 消防水泵接合器的组成

水泵接合器是由阀门、安全阀、止回阀、栓口放水阀以及连接弯管等组成。在室外从水泵接合器栓口给水时，安全阀起到保护系统的作用，以防补水压力超过系统的额定压力；水泵接合器设有止回阀，以防止系统的给水从水泵接合器流出；为考虑安全阀和止回阀检修的需要，还应设置阀门；放水阀具有泄水的作用，用于防冻。水泵接合器组件的排列次序应合理，按水泵接合器给水的方向，依次是止回阀、安全阀和阀门，如图 6-3 所示。

6.3 自动喷水灭火系统

自动喷水灭火系统是一种自动、快速扑灭火灾的消防系统。自动灭火成功率达到 97%～99%，因此深受欢迎。自动喷水灭火系统应在人员密集、不易疏散、外部增援灭火与救生较困难的性质重要或火灾危险性较大的场所中设置。

一、自动喷水灭火系统的分类

自动喷水灭火系统分为闭式和开式两种。闭式系统又分为湿式系统、干式系统、预作用系统和重复启闭式预作用系统；开式系统包括雨淋系统、水幕系统和水喷雾系统。

1. 闭式系统

湿式系统是管道内充满用于启动系统的有压水，适合温度 4～70℃；干式系统是配水管道内充满用于启动系统的有压气体，适用于温度不超过 4℃ 或不低于 70℃；预作用系统管道内不充水，由火灾自动报警系统自动开启雨淋报警阀后，转换为湿式系统的闭式系统；重复启闭式预作用系统是能在灭火后自动关闭，又能在复燃时再次启动的预作用系统。

(1) 湿式喷水灭火系统

湿式自动喷水灭火系统是由闭式喷头、湿式报警阀、报警装置、管网及供水设施等组成，如图6-8所示。该系统在工作状态时，系统在报警阀前、后管道内始终充满着有压水。

当建筑物发生火灾时，火灾周围温度上升达到闭式喷头温感元件爆破或熔化脱落时，喷头出水灭火。此时管网中的水由静止变为流动，驱动水流指示器发出信号，在报警控制器上指示某区域已在喷水。持续喷水造成报警阀的上部水压低于下部水压，其压力差达到一定值时，使原来处于闭合的报警阀打开，水流通过湿式报警阀流向配水管网灭火。同时一部分水流沿报警阀进入延迟器、压力开关及水力警铃等报警，并自动开启加压泵向系统补水灭火。

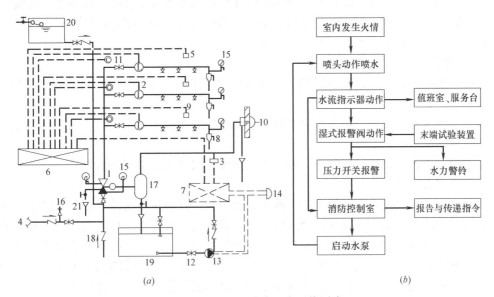

图 6-8　湿式自动喷水灭火系统图式

(a) 组成示意；(b) 工作原理流程

1—湿式报警阀；2—水流指示器；3—压力开关；4—水泵接合器；5—火灾探测器；6—火灾收信机；

7—电气自控箱；8—末端试验装置；9—闭式喷头；10—水力警铃；11—按钮；12—阀门；

13—消防水泵；14—火灾报警装置；15—压力表；16—安全阀；17—延时器；

18—止回阀；19—水池；20—高位水箱；21—排水漏斗

该系统具有灭火及时、扑救效率高的优点，适合于常年室温不低于4℃且不高于70℃能用水灭火的工业与民用建筑内。

(2) 干式喷水灭火系统

与湿式系统一样为喷头常闭的灭火系统，不同之处在于报警阀后的配水管道在工作状态时不充水，而充满用于启动系统的有压空气。

当建筑物发生火灾时，闭式喷头受热开启排气，气压下降超过设定值，水压大于气压，报警阀打开，充水、报警、灭火、为加速系统排气充水。配水管道上设置快速排气阀，排气阀入口处设电动阀。电动阀平时关闭，管道内气体不能排出，火灾时由报警阀的压力开关及时控制电动阀打开排气。

干式系统管网中平时不充水，对环境温度无要求，适用于采暖期长且建筑物内无采暖和高温场所。此对于存有可燃物燃烧速度比较快的建筑物，不宜采用该灭火系统。

（3）预作用喷水灭火系统

它是准工作状态时配水管道内不充水，由火灾自动报警系统自动开启雨淋报警阀和消防水泵后，转换为湿式系统的闭式系统。该系统由火灾探测系统和管网中充装有压或无压气体的闭式喷头喷水灭火系统组成（管道内平时无水）。该系统在报警系统报警后（喷头还未开启）管道就充水，等喷头开启时已成湿式系统，不影响喷头开启后及时喷水。该系统适用于以下情况：系统处于准工作状态时，严禁管道漏水；严禁系统误喷；替代干式系统。一般用于不允许出现水渍的重要建筑物内，如宾馆，重要档案、资料、图书及珍贵文物贮藏室。

（4）重复启闭预作用系统

是能在扑灭火灾后自动关阀、复燃时再次开阀喷水的预作用系统。重复启闭预作用系统属于预作用系统的升级产品。和预作用系统比较，探测器与报警阀有所改进，其感温探测器即可输出火警信号，又可在环境恢复常温时输出灭火信号，报警阀可按指令信号关闭和再次开启，可有效降低不必要的水渍污染。

2. 开式系统

雨淋系统由火灾自动报警系统控制，自动启动雨淋报警阀和启动供水泵，向开式洒水喷头供水的开式系统。

水幕系统由开始喷头、雨淋报警阀组，水流报警装置组成，用于隔绝火灾或冷却分隔物的喷水系统。

自动喷水灭火系统的持续喷水时间按火灾延续时间且不小于1h确定。

（1）雨淋灭火系统

它是由电气（火灾自动报警系统）或传动管控制，自动开启雨淋报警阀和启动消防水泵后，向其配水管道上的全部开式洒水喷头供水的自动喷水灭火系统。该系统由火灾探测系统和管道平时不充水的开式喷头喷水灭火系统等组成。传动管控制系统采用带易熔锁封的钢丝绳或闭式喷头作为火灾探测器，当发生火灾时，火灾探测器动作，使传动管泄压，压降信号被传至报警控制器，或者将传动管与雨淋阀的隔膜腔连通，直接开启雨淋阀。带闭式喷头的传动管控制系统又分湿和干式两种。雨淋灭火系适用于以下几种情况：火灾的水平蔓延速度快、闭式喷头的开放不能及时使喷水有效覆盖着火区域；室内净空高度超过规定，且必须迅速扑救初期火灾；严重危险级Ⅱ级。

（2）水幕喷水消防系统

水幕系统的功能为防火分割和对分割物进行防护冷却。这种系统由水幕喷头、控制阀、探测装置、报警装置和管道等组成，如图6-9所示。水幕系统的组成与雨淋系统相似，但它不是灭火设施，而是防火设施。并按功能划分为防火分隔水幕和防护冷却水幕。防火分隔水幕是指密集喷洒形成水墙或水帘的水幕。防护冷却水幕是指冷却防火卷帘等分隔物的水幕。水幕系统采用开式水幕喷头，将水喷洒成水帘幕

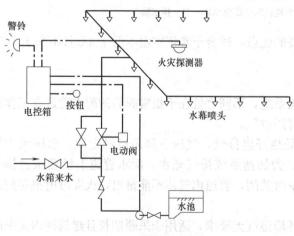

图 6-9　水幕系统示意

状。因此，它可以与防火卷帘、防火幕和其他防火装置同时配合使用，在阻火、隔火喷水的过程中起到防火分割、冷却和提高它们的耐火性能，同时阻止火灾扩大和蔓延的作用。

（3）水喷雾灭火系统

水喷雾灭火系统是利用水雾喷头在一定水压下将水流分解成细小水雾滴进行灭火或防护冷却的一种固定式灭火系统，具有投资小、操作方便、灭火效率高的特点。其灭火原理是在火焰上形成隔氧层，同时，水雾汽化吸收热量，降低火焰温度等。总之，它是利用对燃烧物起窒息、冷却、乳化、稀释等作用而进行灭火的。它是在自动喷水灭火系统的基础上发展起来的，和雨淋系统极为相似，二者不仅采用的喷头不同，也在灭火机理与保护对象方面，存在着性质上的不同。水喷雾灭火系统可用于扑救固体火灾、闪点高于 60℃ 的液体火灾和电气火灾，也可用于可燃气体和甲、乙、丙类液体的生产、储存装置或装卸设施的防护冷却，但不得用于扑救遇水发生化学反应造成燃烧、爆炸的火灾和水雾对保护对象造成严重破坏的火灾。

二、自动喷水灭火系统的主要部件

1. 喷头

闭式喷头有玻璃球和易熔合金锁片两种，如图 6-10 所示。洒水喷头按安装和喷水方式不同分类，见表 6-2。

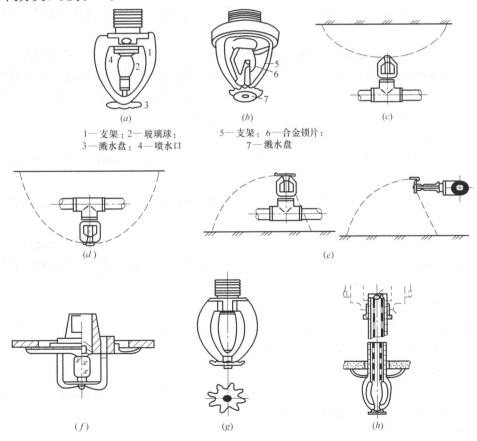

1—支架；2—玻璃球；
3—溅水盘；4—喷水口

5—支架；6—合金锁片；
7—溅水盘

图 6-10　闭式喷头

（a）玻璃球洒水喷头；（b）易熔合金洒水喷头；（c）直立型；（d）下垂型；（e）边墙型（立式、水平式）；（f）吊顶型；（g）普通型；（h）干式下垂型

91

洒水喷头按安装和喷水方式分类　表 6-2

类型		安装布水特点	适用场所		备注
下垂型	顶板型	向下安装,向下布水	广泛用于任何危险级场所和建筑物		开式或闭式
	吊顶装饰型				
直立型		向上安装,向下布水	吊顶上的闷顶空间或房间无吊顶配水管设在梁下		
边墙直立型		直立安装,竖直侧向布水	顶板为无遮挡物水平面的轻危险级、中危险级Ⅰ级居室和办公室	无法布下垂喷头周边走管,保护物在喷头侧边	
边墙水平型		垂直墙面安装,水平喷侧向布水		无法布下垂喷头在房间外走管	闭式
吊顶隐蔽型		下垂式安装	要求美观的公共场所		

2. 报警阀组

报警阀如图 6-11 所示,其作用是开启和关闭管网的水流,传递控制信号至控制系统并启动水力警铃直接报警。报警阀的主要功能是开启后能够接通管中水流同时启动报警装置。按系统类型和用途不同,可分为湿式报警阀、干式报警阀和雨淋报警阀三种。

湿式报警阀用于湿式系统,当喷头开启喷水时,在管道中水流作用下自动打开,并使水流进入水力警铃发出报警信号。干式阀则用于干式系统,它的阀瓣将阀门分隔成两部分,出口侧与系统管路和喷头相连,内充压缩空气,进口侧与水源相连,阀门利用两侧气压和水压作用在阀瓣上的力矩差控制阀瓣的封闭和开启。

3. 水流报警器

水流报警装置主要有水力警铃、水流指示器和压力开关,是一种指示水流和报警作用的装置。

水流指示仪是用于自动喷水灭火系统中将水流信号转换成电信号的一种报警装置,构造如图 6-12 所示。

水流指示仪安装于湿式喷水灭火系统的配水干管或支管上,插入管内的金属或塑料浆片,可以随水流而动作。当报警阀开启,水流通过管道时,水流指示仪中浆片摆动接通电信号,可直接报知起火喷水的部位和区域。

4. 延迟器

延迟器是一个罐式容器,安装于报警阀与水力警铃(或压力开关)之间。用于防止由于水源水压波动原因引起报警阀开启而导致的误报。

5. 火灾探测器

火灾探测器是用于自动感受并反映火灾的仪器,是自动喷水灭火系统的重要组成部分。目前,常用的有感烟、感温探测器。

6. 末端试水装置

末端试水装置由试水阀、压力表以及试水接头等组成,其作用是检验系统的可靠性,测试干式系统和预作用系统的管道充水时间。末端试水装置的构造如图 6-13 所示。

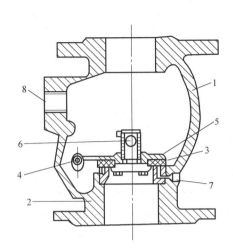

图 6-11　报警阀示意

1—阀体；2—铜座圈；3—胶垫；4—锁轴；5—阀瓣；

6—球形止回阀；7—延迟器接口；8—放水阀接口

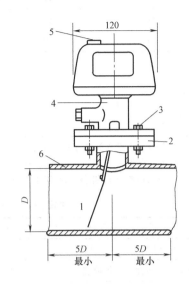

图 6-12　水流指示器

1—桨片；2—法兰底座；3—螺栓；4—本体；5—接线孔；6—喷水管道

所有报警阀组控制的最不利点喷头处都应设置末端试水装置，对于其他防火分区和楼层，应该设置半径为 25mm 的试水阀。末端试水装置和试水阀应设在便于操作的部位，且应配备有足够排水能力的排水设施。末端试水装置应由试水阀、压力表以及试水接头组成。末端试水装置的出水，应采用孔口出流的方式排入排水管道。

三、自动喷水灭火系统的布置

1. 喷头的布置

喷头应布置在顶棚或吊顶下，与火点最接近，有利于均匀喷水的位置。可以布置成正方形、矩形和菱形三种，可以成单排、双排和防火带形式。

喷头布置应满足其水力特性和布水特性、最大和最小间距要求，并且不超出其规定的最大保护面积；喷头应布置在屋顶或吊顶下，易

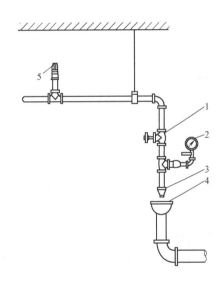

图 6-13　末端试水装置

1—截止阀；2—压力表；3—试水接头；

4—排水漏斗；5—最不利处喷头

于接触到火灾热气流且有利于均匀喷水的位置，并避免障碍物阻挡热气流与喷头的接触。

直立型、下垂型喷头间距与布置形式、喷水强度保护面积的规定见表 6-3。墙型标准喷头的保护跨度与间距见表 6-4。

2. 管网的布置

喷淋系统的管网形式主要有侧边式和中央式两种，如图 6-14 所示。

同一根配水支管上喷头间距与相邻配水支管的间距　表 6-3

喷水强度 [L/(min·m²)]	正方形布置 的边长(m)	矩形或平行四边形 布置的长边边长(m)	一只喷头的最大 保护面积(m²)	喷头与端墙 的最大距离(m)
4	4.4	4.5	20.0	2.2
6	3.6	4.0	12.5	1.8
8	3.4	3.6	11.5	1.7
≥12	3.0	3.6	9.0	1.5

注：1. 仅在走道设置单排喷头的闭式系统，其喷头间距应按走道地面不留漏喷空白点确定。

2. 喷水强度大于 8L/(min·m²) 时，宜采用流量系数 $K > 80$ 的喷头。

3. 货架内置喷头的间距均不应小于 2m，并不应大于 3m。

边墙型标准喷头的最大保护跨度与间距（m）　表 6-4

设置场所火灾危险等级	轻危险级	中危险级（Ⅰ级）
配水支管上喷头的最大间距	3.6	3.0
单排喷头的最大保护跨度	3.6	3.0
两排相对喷头的最大保护跨度	7.2	6.0

注：1. 两排相对喷头应交错布置。

2. 室内跨度大于两排相对喷头的最大保护跨度时，应在两排相对喷头中间增设一排喷头。

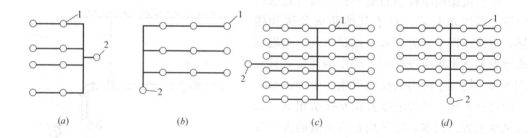

图 6-14　管网布置方式

(a) 侧边中心方式；(b) 侧边末端方式；(c) 中央中心方式；(d) 中央末端方式

1—喷头；2—立管

四、管道

自动喷水灭火系统的配水管道应采用内外壁热镀锌钢管或铜管、涂覆钢管和不锈钢管，其工作压力不应大于 1.20MPa。系统管道的连接应采用沟槽式连接件（卡箍），或用螺纹、法兰连接。配水管两侧每根配水支管控制的标准喷头数：轻、中危险级场所不应超过 8 只；同时在吊顶上下安装喷头的配水支管，上下侧均不超过 8 只；严重危险级和仓库危险级场所不应超过 6 只。短立管及末端试水装置的连接管，其管径不应小于 25mm。

思 考 题

1. 试述室内消火栓灭火系统的设置范围。

2. 室内消火栓给水系统由哪些部分组成？各部分的作用是什么？

3. 对室内消火栓的布置有哪些要求?

4. 试述自动喷水灭火系统的组成及运行原理。

5. 试对比雨淋与预作用喷水灭火系统的类似点与不同点?

6. 雨淋灭火系统与湿式喷水灭火系统有哪些不同点?

第 7 章　建筑采暖系统

在北方，由于冬季寒冷，为了让人们在一个温暖的环境里生活、生产，就要不断地向室内供给热量，以维持室内的温度，这就是采暖，也称为供暖。

7.1　采暖系统的分类与组成

一、采暖系统的组成

采暖系统主要由三个基本部分组成：如图 7-1 所示。

（1）热源：产生热量的设备，如锅炉等；

（2）输热管道：用于输送热媒的管道系统；

（3）散热设备：向室内散发热量的设备，如散热器、暖风机、辐射板等。

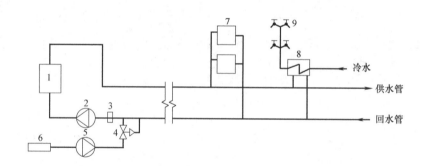

图 7-1　区域热水锅炉房供热系统

1—热水锅炉；2—循环水泵除污器；3—除污器；4—压力调节阀；5—补给水泵；

6—补充水处理装置；7—供暖散热器；8—生活热水加热器；9—水龙头

二、采暖系统的分类

1. 按供热区域划分

（1）局部采暖系统

局部采暖系统是指热源、管道和散热设备连成一整体的采暖系统。只向独立房间或小范围供暖的采暖方式。如电暖器供暖、红外线供暖等。取暖设备简单，需要自行管理。

（2）集中采暖系统

集中采暖是将锅炉单独设在锅炉房内或城市热网的换热站，有集中的热源，通过管道系统，向一栋或几栋楼建筑物暖的方式，称为集中供暖系统。克服了局部采暖自行管理的烦琐，便于集中管理。

（3）区域供暖系统

以集中供热的热网为热源，由一个区域锅炉房或区域换热站向城镇的某个生活区、商业区或厂区集中供热的采暖系统，如图 7-1 所示。它是目前城市供暖的发展趋向。区域供暖系统便于集中管理，提高热效率，有利于环境保护。

2. 按照传热的方式分类

（1）对流采暖：主要依靠空气的对流方式达到供暖效果，如散热器采暖、热风采暖；

（2）辐射采暖：主要靠辐射传热的方式达到供暖的目的，如低温水地面辐射采暖。

3. 按照热媒不同分类

在供暖系统中，携带和传递热量的媒介叫做热媒。如蒸汽、热水、热风、烟气等。

（1）热水采暖系统：以热水为热媒的供暖系统，称为热水采暖系统。热水采暖系统分低温热水采暖系统和高温热水采暖系统。低温热水采暖系统的供水温度为 75℃，回水温度为 50 ℃；高温水采暖系统的供水温度高于 100℃。低温水采暖系统更具优势和普遍性，本书主要讲解低温热水采暖系统；

（2）蒸汽采暖系统：以饱和蒸汽作为热媒的供暖系统，称为蒸汽采暖系统。分为低压蒸汽采暖系统和高压蒸汽采暖系统。蒸汽相对压力小于 70kPa，称为低压蒸汽采暖系统；蒸汽相对压力为 70～300kPa 的，称为高压蒸汽采暖系统；

（3）热风采暖系统：以热空气为热媒的供暖系统，称为热风采暖系统。如暖风机、热风幕等。

4. 按循环动力方式划分

（1）机械循环采暖系统：机械循环采暖系统是依靠水泵提供的动力克服流动阻力使热水流动循环的系统；

（2）自然循环采暖系统：自然循环采暖系统不设水泵，仅靠热水冷水密度变化产生动力。

5. 按采暖时间分类

（1）连续采暖系统：连续采暖系统是指对于全天使用的建筑物，为使其室内平均温度全天均能达到设计温度而设置的采暖方式；

（2）间歇采暖系统：间歇采暖系统是指对于非全天使用的建筑物，仅使其室内平均温度在使用时间内达到设计温度，而在非使用时间内可自然降温而设置的采暖系统；

（3）值班采暖系统：值班采暖系统是指在非工作时间或中断使用的时间内，为使建筑物保持最低室温要求（以免冻结）而设置的采暖系统。

7.2 热水采暖系统

采暖系统常用的热媒有水、蒸汽。以热水作为热媒的采暖系统称为热水采暖系统。

热水采暖系统的热能利用率高，输送时无效热损失较小，散热设备不易腐蚀，使用周期长，且散热设备表面温度低，符合卫生要求；系统操作方便，运行安全，易于实现供水温度的集中调节，系统蓄热能力高，散热均匀，适于远距离输送。

民用建筑多采用热水采暖系统，热水采暖系统也广泛地应用于生产厂房和辅助建筑中。

热水采暖系统按循环动力的不同，可分为自然循环和机械循环系统。系统中的水若是靠水泵来循环的，称为"机械循环热水采暖系统"；若不是用水泵来循环，而仅靠供水与回水的密度差所形成的压力使水进行循环的，称为"自然循环热水采暖系统"。

一、自然循环采暖系统

自然循环采暖系统主要由锅炉、散热器、输热管道、膨胀水箱等组成，如图 7-2 所示。

系统在加热前要充满冷水，水在锅炉中被加热，热水由供热管道进入室内散热器，散热器向室内散发热量后水温降低，再经回水管道回到锅炉重新受热。水连续不断地流动、散热、被加热，形成了室内的供暖环境。

自然循环热水采暖系统中，能够使热水流动的动力是冷热水的容重差。即：

$$P = gh(\rho_h - \rho_g) \tag{7-1}$$

式中　P——压力（Pa）；

　　　g——重力加速度（$g = 9.81 \text{m/s}^2$）；

　　　h——散热器与锅炉中心的高差（m）；

　　　ρ_g——供水的密度（kg/m^3）；

　　　ρ_h——回水的密度（kg/m^3）。

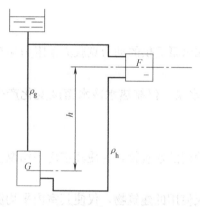

图 7-2　自然循环热水采暖系统

自然循环采暖系统中，保证良好的供热效果的决定因素是：

1. 保证锅炉中心与散热器的高差，h 值大，动力 P 就大；

2. 供回水的温差大，密度差就大，动力 P 越大。

自然循环采暖系统由于冷热水的温差有限，高差有限，所以只适合作用范围较小的低层建筑。

二、机械循环热水采暖系统的原理

图 7-3 是机械循环采暖系统简图。水在系统循环所需压力是由水泵提供的。水在锅炉被加热后，沿总立管、供水干管、供水立管、流入散热器、放热后沿回水立管、回水干管，由水泵送回锅炉。为了顺利地排除系统中空气，供水干管应按逆水流方向设置一定坡度，并在供水干管的最高处设置集气罐。水泵装在回水干管上。膨胀水箱设在系统的最高点，起恒定管网压力作用，连接在水泵的进口管道上（该处为系统中压力的最低点），它可使整个系统在正压下工作，这保证了系统中的水不致汽化，从而避免因水的汽化使系统中断循环。

三、热水采暖系统的形式

1. 自然循环热水采暖系统形式

（1）双管上供下回式

如图 7-4 所示为双管上供下回式系统。其特点是各层散热器都并联在供、回水立管上，水经回水立管、干管直接流回锅炉，如不考虑水在管道中的冷却，则进入各层散热器的水温相同。

由于这种系统的供水干管在上面，回水干管在下面，故称为上供下回式。又由于这种系统中的散热器都并联在两根立管上，一根为供水立管，一根为回水立管，故称这种系统

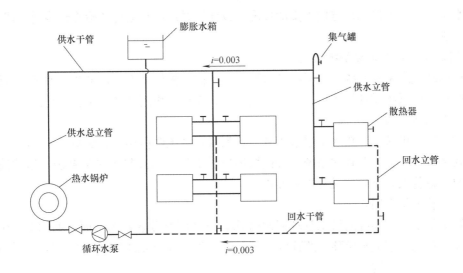

图 7-3 机械循环双管上供下回式热水采暖系统

为双管系统。这种系统的散热器都自成一独立的循环环路,在散热器的供水支管上可以装设阀门,以便用来调节通过散热器的水流量。

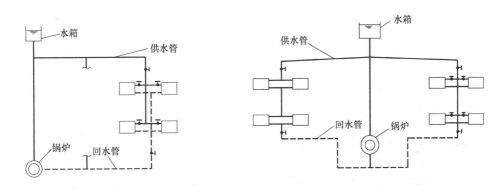

图 7-4 双管上供下回式自然循环热水采暖系统   图 7-5 单管上供下回式自然循环热水采暖系统

(2) 单管上供下回式

如图 7-5 所示为单管上供下回式系统。图中左侧为顺流式,右侧为跨越式。单管系统的特点是热水送入立管后由上向下顺序流过各层散热器,水温逐层降低,各组散热器串联在立管上。每根立管(包括立管上各层散热器)与锅炉、供回水干管形成一个循环环路,各立管环路是并联关系。

单管系统与双管系统比较,其优点是系统简单,节省管材,造价低,安装方便,上下层房间的温度差异较小;其缺点是顺流式不能进行个体调节,增设跨越管可进行个体调节,但由于减少了散热器水流量而增加了散热器片数。

自然循环上供下回式热水采暖系统的供水干管应顺水流方向设下降坡度,坡度值为 $0.3\%\sim1.0\%$。散热器支管也应沿水流方向设下降坡度,坡度值为 1%,以便空气能逆着水流方向上升，聚集到供水干管最高处设置的膨胀水箱排出。

回水干管应该有向锅炉方向下降的坡度，以便于系统停止运行或检修时能通过回水干管顺利泄水。

2. 机械循环热水采暖系统形式

机械循环热水采暖系统设置了循环水泵，为水循环提供动力。这虽然增加了运行管理费用和电耗，但系统循环作用压力大，管径较小，系统的作用半径会显著提高。

（1）上供下回式

上供下回式机械循环热水采暖系统有单管和双管系统两种形式。如图 7-6 所示，左侧为双管式系统，右侧为单管式系统，机械循环单管上供下回式热水采暖系统，形式简单，施工方便，造价低，是一种最常用的形式。

（2）双管下供下回式

双管下供下回式系统的供水管和回水管均敷设在所有散热器的下面，如图 7-7 所示。当建筑物设有地下室或平屋顶建筑顶棚下不允许布置供水干管时可采用这种形式，但必须解决好空气的排除问题。

（3）中供式

如图 7-8 所示，中供式系统供水干管设在建筑物中间某层顶棚的下面。中供式用于顶层梁下和窗下之间不能布置供水干管时，采用上部的供水干管式系统应考虑排气问题；下部的上供下回式系统，由于层数减少，可以缓和垂直失调问题。

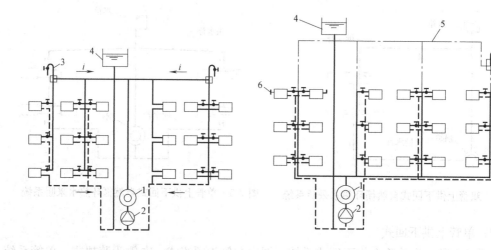

图 7-6　机械循环上供下回式热水供暖系统　　　图 7-7　机械循环下供下回式热水供暖系统
1—热水锅炉；2—循环水泵；　　　　　　　　1—热水锅炉；2—循环水泵；3—集气罐；
3—集气装置；4—膨胀水箱　　　　　　　　　4—膨胀水箱；5—空气管；6—放气阀

（4）下供上回（倒流）式

如图 7-9 为机械循环下供上回式系统。供水干管设在所有散热器设备的下面，回水干管设在所有散热器上面，膨胀水箱连接在回水干管上。回水经膨胀水箱流回锅炉房，再被循环水泵送入锅炉。这种系统特点是由于热媒自下而上流过各层散热器，与管内空气泡上浮方向一致，因此，系统排气好；水流速度可增大，节省管材；底层散热器内热媒温度高，可减少散热器片数，有利于布置散热器；该系统适于高温水采暖。但是这种系统由于散热器是下进上出的连接方式，其平均温度低，采用的散热器较多。

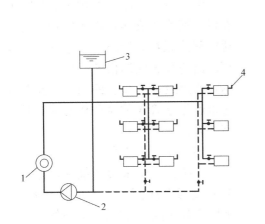

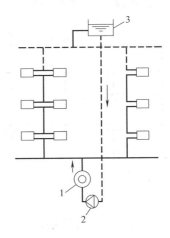

图 7-8 机械循环中供式热水供暖系统　　图 7-9 机械循环下供上回式（倒流式）热水供暖系统
1—热水锅炉；2—循环水泵；3—膨胀水箱；4—放气阀　　　1—热水锅炉；2—循环水泵；3—膨胀水箱

（5）水平单管顺流式

如图 7-10 为水平单管顺流式系统。该系统将同一楼层的各组散热器串联在一起，热水水平地顺序流过各组散热器，它同垂直顺流式系统一样，不能对散热器进行个体调节。

（6）水平单管跨越式

如图 7-11 为水平单管跨越式系统。该系统在散热器支管间连接一跨越管，热水一部分流入散热器，一部分经跨越管直接流入下组散热器。这种形式允许在散热器支管上安装阀门，能够调节散热器的进水流量。

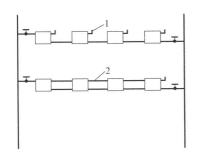

图 7-10 水平单管顺流式系统
1—放气阀；2—空气管

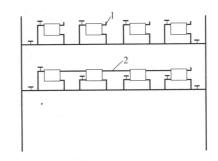

图 7-11 水平单管跨越系统
1—放气阀；2—空气管

相比垂直式系统，水平式系统具有以下优点：系统的总造价比较低；管路简单，无穿各层楼板的立管，施工方便；有可利用的最高层的辅助空间架设膨胀水箱，不必在顶棚上专设安装膨胀水箱的房间；对一些各层使用功能不同或使用温度不同的建筑物，采用水平式系统便于控制；相比垂直式系统水平式系统的缺点是排气方式复杂。

（7）异程式系统与同程式系统

上面介绍的几种图式，在供、回水通常走向布置方面都有如下特点，通过各个立管的循环管路的总长度并不相等，这种布置形式称为异程式系统。异程式系统易在远离主管处出现流量失调而引起在水平方向冷热不匀的现象，称为系统的水平失调。

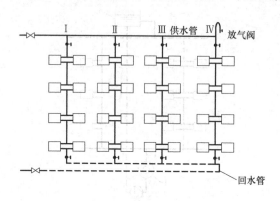

图 7-12 同程式系统

为了消除或减轻系统的水平失调，在供、回水干管走向布置方面，可采用同程式系统，即通过各个立管的循环环路的总长度都相等。如图 7-12 所示，通过最近立管 I 的循环环路与通过最远处立管 Ⅳ 的循环环路的总长度都相等。

（8）分区式采暖系统

在高层建筑采暖系统中，垂直方向分成两个或两个以上的独立系统，如图 7-13 所示。在所示的系统中，下区系统与室外网路直接连接，上区系统通过热交换器连接，与室外网路采用隔绝式连接。整个系统只有一个高位水箱。

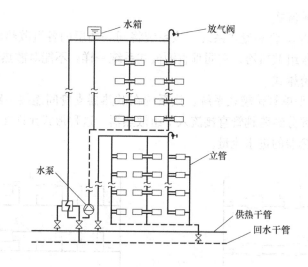

图 7-13 分区式热水采暖系统

7.3 住宅分户采暖系统

自中华人民共和国住房和城乡建设部颁发《民用建筑节能管理规定》以来，集中供热采暖的住宅分户热计量方式已经推行，受到普遍的欢迎，是住宅集中供热系统管理的一项重要的改革。住宅分户采暖能够应用建筑节能、提高室内供热质量、进行供暖智能化管理的技术措施，得到了实践的考验，形成了一套管理方法。

对于新建住宅，热水集中采暖系统推行温控与热计量技术。温控技术是指室内温度恒温调节控制，这一措施既可以平衡温度解决失调，又可以节省能耗，并能根据需要调节温度。热计量技术是指安装热量计量设备，科学合理地计量每户采暖能耗，按量计费。

供热分户计量是以集中供热或区域供热为前提，以适应用户舒适需求，增强用户节能意识，保障供热和用热双方利益为目的，通过一定的调控技术、计量手段和收费政策，实现按户计量和收费。

热量表是计量热量的仪表。热量表有机械式、电磁式、超声波式，如图 7-14 所示。安装时，将一对温度传感器分别安装在供、回水管上，计量计安装在供水管上。

一、分户采暖系统形式

住宅分户计量采暖双立管采暖系统如图 7-15 所示。

图 7-14　热量表

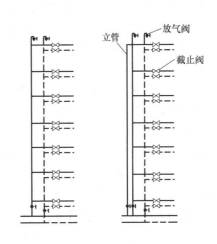

图 7-15　分户计量双立管采暖系统图

户内采暖的系统形式也有多种，如水平串联式、水平单管跨越式、双平双管同程式、双平双管异程式。其中水平串联式比较美观，便于敷设，节省管材，少占空间；水平单管跨越式减少了水平串联管路中可能出现前后冷热不均的现象，如图 7-16、图 7-17 所示。

二、分户采暖系统管道的布置

一般一梯两户至三户设置一个管道井。井的净空为 500mm×1000mm、500mm×600mm、500mm×800 mm 或 400mm×1000mm。如图 7-15 所示的供回水立管设置在管道井内；分户表、计量箱、阀门等设置在楼梯间箱体内。

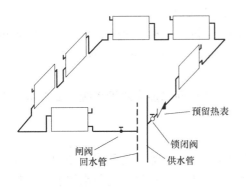

图 7-16　水平串联式

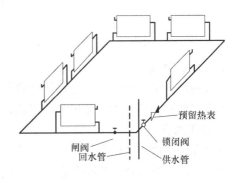

图 7-17　水平单管跨越式

7.4　低温地板辐射采暖系统

低温地板辐射采暖是用低于 60℃ 的低温热水作为热媒，通过埋设于地面内的热水输送盘管，把地板加热，利用整个地面作为散热面，向周围空间及物体辐射热量，以维持该空间较稳定的、合适的温度，从而实现对房间微气候的调节。低温辐射地板采暖起源于北美、北欧地区的发达国家，该技术在欧洲已有多年的使用和发展历史，是一项非常成熟且应用广泛的供热技术。近年来，在我国也得到了日益广泛的应用。

一般的散热器采暖，空气被加热上升，冷空气下降，形成空气对流而使整个空间温度升高，与建筑物的高处空气温度相比，地面温度反而会较低；而地板辐射采暖，空间内物体和人体直接接受地板的辐射热量，地面温度较上空温度高，可以使人体脚部、身躯和头部有一个舒适的温差。

地板辐射采暖系统方便于分户热计量和控制。系统供回水多为双管系统，可在每户的分水器前安装热量表进行分户热计量，还可通过调节分、集水器上的环路控制阀门，调节室温。用户还可采用自动温控装置，自行控制室温。

低温辐射采暖在建筑物美观和舒适感方面都比其他采暖形式优越。但建筑物表面辐射温度受到限制，其表面温度应采用较低值，地面的表面温度为 24～30℃。系统中加热管埋设在建筑结构内部，使建筑结构变得复杂，施工难度增大，维护检修也不方便。

一、低温地板辐射采暖的设计要点

（1）计算房间采暖负荷时，房间设计温度应比规范规定的设计计算温度降低 2℃，或取常规对流式计算热负荷的 90%～95%，并且不用计算敷设有加热管道的地面的热负荷。

（2）热水供水水温不宜超过 60℃，供水温度宜采用 35～45℃，供、回水设计温差不宜大于 10℃，工作压力不宜大于 0.8MPa。

（3）公共建筑的高大空间，如大堂、候机厅、体育馆等，宜采用低温热水地板辐射采暖方式；居住建筑采用该供暖方式时，户内建筑面积宜大于 80m²。

（4）热媒的供热量包括地板向房间的有效散热量和向下层（包括地面层向土壤）的传热热损失量，因此，垂直相邻各层房间都采用地板辐射采暖时，除顶层的各层，应从房间的采暖负荷扣除来自上层的热量，确定房间所需有效散热量。

（5）在计算加热管的传热量时，考虑到家具设备等覆盖对散热量的折减，根据实际情况按房间面积乘以适当的修正系数，确定地板有效散热面积。

（6）加热管内水的流速不应小于 0.25m/s，同一集配装置所带加热管分支路不应超过 8 个且每个环路加热管长度应尽量接近，不宜超过 120m。每个环路阻力不宜大于 30kPa。

二、系统组成

地板辐射采暖系统方便于分户热计量和控制，系统供回水多为双管系统。低温水地面辐射采暖主要由加热盘管、分集水器组成。

1. 分集水器

分水器是将进户的低温供水分配给几个盘管的设备；集水器是将环路末端的回水收集起来的设备。集分水器一般组装在一起，便于管理和施工。可在每户的分水器前安装热量表进行分户热计量。还可通过调节分、集水器上的环路控制阀门，调节室温。用户还可采用自动温控装置，自行控制室温。如图 7-18 所示。

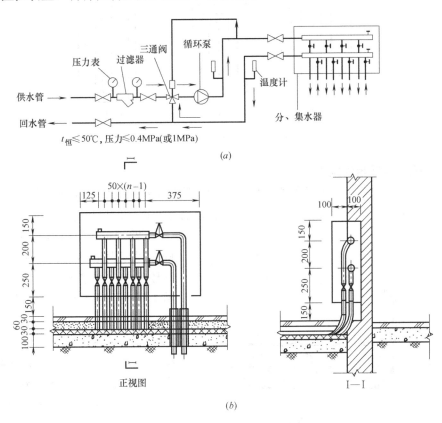

图 7-18　低温地面辐射采暖

（a）加热管系统图；（b）分、集水器接管构造

2. 一般规定

规范规定，每组加热盘管的总长度不宜大于 120m，盘管阻力不宜超过 30kPa，住宅加热盘管间距不宜大于 300mm。且每组盘管不允许有间断，以保证低温水地面辐射采暖的使用寿命和承压能力，达到使用效果。

3. 管材

加热盘管有塑料管、钢管和铜管。在我国，塑料管应用得更广泛。经处理后的塑料管，如交联聚乙烯管（PE-X）、聚丁烯 PB，聚丁烯管、耐热聚乙烯 PE-RT，聚丙烯 PPR 管及交联铝塑复合管（XPAP）等塑料管材，具有耐温、承压、耐老化的特性，且壁面光滑，水力条件好，耐腐蚀、不结垢等优点。管材壁厚可以参照现行国家有关塑料管的标准结合工程实际和工作条件来确定，埋于垫层内的加热管不应有接头。

4. 盘管敷设

地板辐射采暖系统比较常用的加热盘管布置形式有 3 种：直列式、旋转式、往复式，如图 7-19 所示。直列式最简单，但这种系统的板面温度随着水的流动逐渐降低，首尾温差大，板面温度场不均匀。旋转式和往复式虽然铺设复杂，但是板面温度场均匀，供暖效果好。尤其是旋转式（经过板面中心的任一剖面，埋管均可高低温管间隔布置），"均化"效果好。

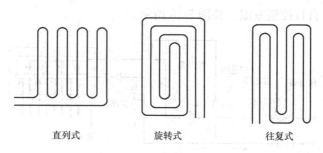

直列式　　　　　旋转式　　　　　往复式

图 7-19　加热管布置形式

三、地板辐射采暖的施工要点

（1）施工前要求室内所有管线必须安装完毕，确保地板供暖安装完毕后在地面上不再凿洞，厨房、卫生间等应做完防水并试压验收合格后才能进行地板辐射采暖的施工；

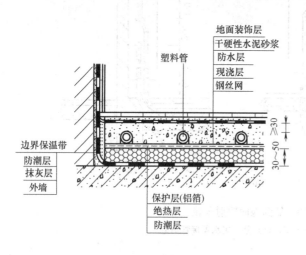

图 7-20　低温热水地板辐射采暖地面做法示意

（2）加热管和覆盖层与外墙、楼板间应设绝热层，当使用条件允许楼板单向传热时，覆盖层和楼板结构间也可不设绝热层，如图 7-20 所示；

（3）加热管的覆盖层厚度不宜小于 50mm，并设伸缩缝以防止热胀冷缩造成地面龟裂和破损，加热管在穿越这些伸缩缝时，应设长度不小于 100mm 的柔性套管；

（4）加热管布置以保证房间温度均匀分布为原则，可采用旋转式、往复式和直列式等多种排管方式，但其管间距不宜大于 300mm，并应将高温管段布置在热损失较大的区域。敷设时要保证管面平整，不可高低起伏，以防高处存气；

（5）施工过程中不允许重压已经铺设好的加热管，更不允许有任何杂物进入其中，所以干管系统先进行清洗打压后再与加热管连接；

（6）供水支管上应设阀门和过滤器，回水支管上应设阀门，供回水支管安装在高于加热管至少 300mm 的高度上；分水器和集水器上应设 $DN > 25mm$ 排气阀，并在分、集水器之间设旁通管和旁通阀；

（7）将热计量表即质量流量计安装在分、集水器两侧供回水干管上；

（8）地板辐射采暖施工时环境温度应在 5℃以上。

四、地板辐射采暖运行要点

（1）用户每年冬季启用地板辐射采暖系统时，不能一步升温到位。初次供暖（运行调试）时，热水升温应平缓，供水温度应控制在比当时环境温度高 10℃左右，且水温不应高于 32℃，在这个水温下，应连续运行 48h；以后每隔 24h 水温升高 3℃，直至达到设计供水温度；

（2）系统安装后冬季不启用时，应用空压机或气泵将系统中的水全部吹出，以防系统受冻；

（3）当冬季运行结束后，只需关闭锅炉供暖系统即可，无需将系统内的水排出。

五、地板辐射采暖系统实例图

图 7-21 为低温热水地板辐射采暖系统的示意，图 7-22 为分水器、集水器安装示意。

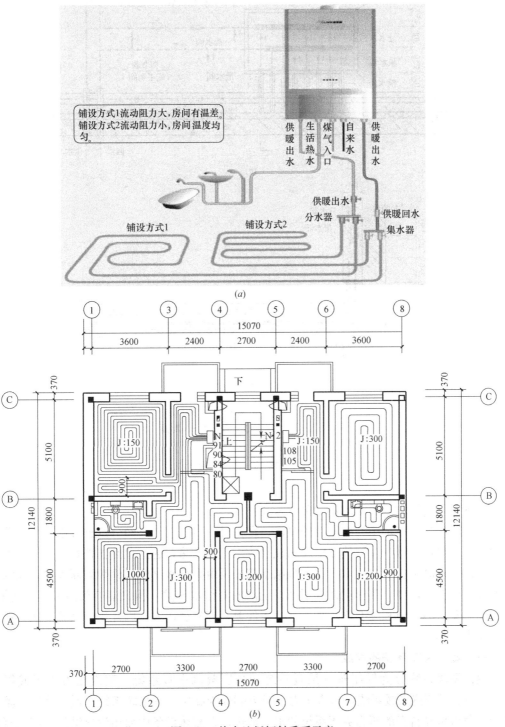

图 7-21 热水地板辐射采暖示意

（a）低温热水地板辐射采暖系统示意图；（b）低温热水地板辐射采暖平面图

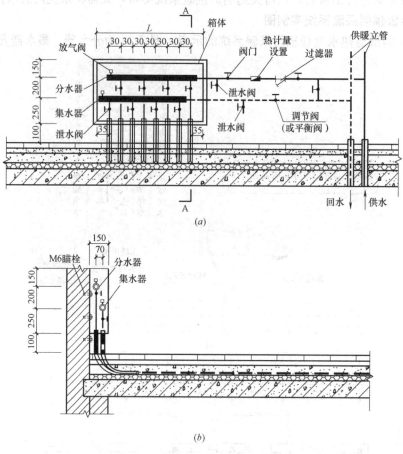

图 7-22 分水器、集水器安装示意

(*a*) 分、集水器正视图；(*b*) A—A 剖面

7.5 蒸汽采暖系统

以蒸汽为热媒的采暖系统称为蒸汽采暖系统。

锅炉产生具有一定压力和温度的蒸汽，在自身压力作用下，经分汽缸分配，再经蒸汽管道进入散热器；蒸汽在散热器内凝结成水放出汽化潜热，通过散热器把热量传给室内空气；凝结水沿凝结水管和疏水器流入凝结水箱，再由凝结水泵注入锅炉重新加热。疏水器安装在散热器出口处，其作用是为了把系统内的凝结水排除，但又能有效阻隔蒸汽逸漏。由于高压蒸汽的压力和温度均较高，卫生条件差，容易烫伤人，因此这种系统一般只在工业厂房中应用。

一、蒸汽采暖系统的组成

蒸汽采暖系统分为低压蒸汽采暖系统和高压蒸汽采暖系统。蒸汽压力小于或等于 70kPa 为低压蒸汽采暖系统，蒸汽压力大于 70kPa 为高压蒸汽采暖系统。低压蒸汽采暖系统中，蒸汽依靠自身的压力克服系统的阻力前进，在散热设备中放出汽化潜热，蒸汽凝结成水，靠重力回流至凝结水池。

蒸汽采暖系统主要由蒸汽锅炉、蒸汽管道、散热器、疏水器、凝结水管、凝结水箱和凝结水泵等组成,如图7-23所示。

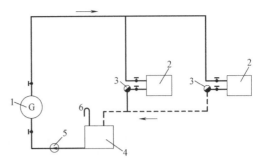

1. 蒸汽锅炉:蒸汽锅炉是集中供热的常用热源,用来将水加热成蒸汽;

2. 蒸汽管道:将蒸汽由锅炉输送至散热器的管道,水平蒸汽管设有沿途(流向)逐渐下降的坡度(俗称低头走),以便于排除沿途凝结水;

3. 散热器:用来向室内散热的设备,蒸汽在散热器的内部凝结成水;

图 7-23 蒸汽采暖系统示意
1—锅炉;2—散热器;3—疏水器;4—凝结水箱;5—凝水泵;6—空气管

4. 疏水器:是疏水阻汽装置,能阻止蒸汽通过而排除凝结水和其他非凝结性气体;

5. 凝结水管:将凝结水由散热器送至凝结水池的管道,低压蒸汽系统多为重力回水;

6. 凝结水池(箱):用以收集并容纳系统的凝结水;

7. 凝结水泵:将凝结水池中凝结下来的凝结水再注入锅炉。

二、低压蒸汽采暖系统和高压蒸汽采暖系统

1. 低压蒸汽采暖系统

如图7-22所示,低压蒸汽采暖系统是依靠水被锅炉加热成蒸汽后形成的压力和温度,通过蒸汽管道进入散热器中,散热器向室内放热后,蒸汽凝结为水,经过疏水器的阻汽疏水,凝结水由凝结水管流到凝结水箱内,再由凝结水泵注入锅炉中重新加热成为蒸汽,不断的循环往复。

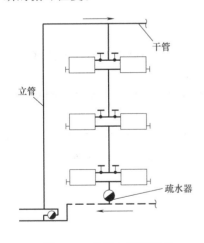

图 7-24 单管上供下回式蒸汽采暖系统

低压蒸汽系统常用的型式有双管上分式、双管下分式、双管中分式、单管上分式。图7-24为单管上供下回式蒸汽采暖系统。

2. 高压蒸汽采暖系统

高压蒸汽采暖系统的作用半径更大,但表面温度高,蒸汽压力大,适合于工业企业。一般多采用双管上分式。由于高压蒸汽采暖系统压力大,所以在热力入口处设置有减压阀和分汽缸。如果外网蒸汽压力超过采暖系统的工作压力,应在室内系统入口处设置减压装置。高压蒸汽采暖系统在每个环路凝结水干管末端集中设置疏水器。在每组散热器的进出口支管上均安装阀门,以便调节供汽量和检修散热器时关断管路,如图7-25所示。

三、蒸汽采暖同热水采暖的比较

1. 蒸汽和热水作为热媒的比较

(1) 在放热量相同的条件下,蒸汽采暖所需的热媒流量少。由于蒸汽温度高,在同样的采暖热负荷下,需要的热媒流量较少,管径减小,造价降低。

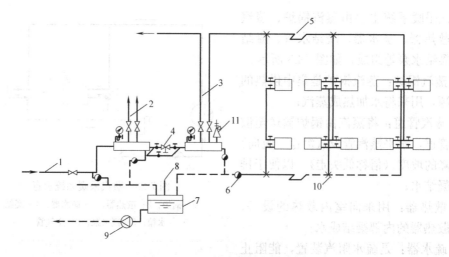

图 7-25 室内高压蒸汽供暖系统

1—室外蒸汽管；2—室内高压蒸汽供热管；3—室内高压蒸汽供暖管；4—减压装置；5—补偿器；
6—疏水器；7—开式凝水箱；8—空气管；9—凝水泵；10—固定支点；11—安全阀

（2）蒸汽散热器表面温度高，节省散热器面积，但散热器表面有机灰尘易升华，发出焦糊气味，易灼伤人。

（3）由于蒸汽流动速度快，热惰性小，采暖系统热得快，冷得也快，适合于需要快速升温的建筑物和短时间间歇供暖的建筑物；而热水为热媒的采暖系统由于热惰性大，热得慢，凉得也慢，具有较好的热稳定性。

（4）蒸汽系统有跑、冒、滴、漏现象，热效率低。

（5）蒸汽管道由于忽冷忽热，管道及设备工作条件差，汽水变换频繁，加速管道和设备的腐蚀，使用寿命较短。

2. 蒸汽采暖与热水采暖系统的比较

（1）蒸汽系统的供汽水平干管具有沿途下降的坡度，以利于排除凝结水；而热水供热系统的水平干管具有沿途上升的坡度，以利于排除系统的空气。

（2）蒸汽系统的立管多是供汽立管和凝结水立管单独设置，多用双管系统；而热水系统采用单立管系统。

（3）蒸汽系统在散热器内放出凝结热，在散热器的上部充满蒸汽，下部为凝结水，有非凝结性气体时，应在 1/3 高处设排气阀排除；热水系统的排气阀应设在系统的顶部。

7.6 采暖系统的主要设备

一、采暖散热器

采暖散热器是采暖系统的末端装置，装在房间内，作用是将热媒携带的热量传递给室内的空气，以补偿房间的热量损耗。散热器必须具备以下几个条件：①能够承受热媒输送系统的压力；②要有良好的传热和散热能力；③要能够安装于室内，不影响室内的美观和必要的使用寿命。散热器的制造材料有铸铁、钢材和其他材料（铝、复合材质等）；其结构形状有管形、翼形、柱形和平板形等；其传热方式有对流式和辐射式。

1. 钢制散热器

钢制散热器是由冲压成形的薄钢板，经焊接制作而成。钢制散热器金属耗量少，耐腐蚀性差，使用寿命短，但承压较高，钢制板式及柱式散热器的最高工作压力可达0.8MPa，钢串片可达1.0MPa。从承压角度看，钢制散热器更适用于高层建筑供暖和高温热水采暖。钢制散热器有柱式、板式、串片式等几种类型。钢制散热器还有百叶窗式、肋柱式、复合式等形式，均适用于热水采暖。

（1）钢制柱形散热器

钢制柱型散热器如图 7-26 所示。与铸铁柱型散热器相似，由冲压成型的薄钢板，经焊接制作而成。一般每组不宜超过 20 片，高度有 600mm 和 640mm 等。

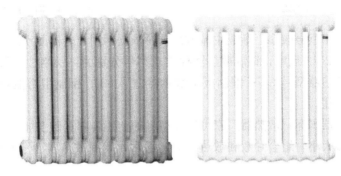

图 7-26　钢制柱型散热器

（2）板式散热器

如图 7-27 所示，由冷轧钢板冲压、焊接而成。高度为 480、600mm 等，长度有400、600mm 等不同规格。板式散热器水容量小，热得快，凉得快，不适合间歇性供暖。

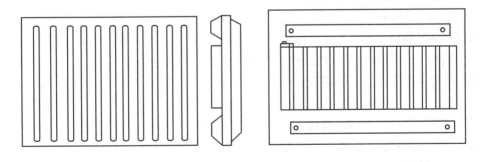

图 7-27　板式散热器

（3）扁管式散热器

如图 7-28 所示。扁管式散热器是由矩形扁管组合而成，上下有联箱。板型有单板、双板、单板带对流片和双板带对流片几种形式。板面温度高，表面光滑易清洁。

（4）钢串片式散热器

如图 7-29 所示。钢串片式散热器由钢管、带折边的钢片和联箱等组成。串片间的空隙，增强了对流放热能力，散热效果好。缺点是串片间易积灰，水容量小。

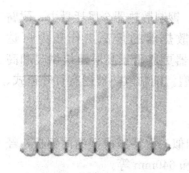

图 7-28　扁管式散热器

图 7-29　钢串片式散热器

钢制散热器规格型号较多，渐成主流散热器，依据钢制散热器国家标准《钢制采暖散热器》GB 29039—2012 规定，钢制散热器种类及型号分别为：钢制柱式散热器型号 GZ；钢制翅片管对流散热器型号 GC；钢制板型散热器型号 GB；钢制卫浴散热器国标未作规定，厂家有不同标注。

依据钢制散热器国标，散热器厂家可以在型号的上述内容基础上加入必要的信息，如进出水管径、外形大小、组合片数和散热量等。通常，钢制散热器型号规格标注为 X1 G X2 X3-X4-1.0。

其中，X1 是散热器厂家品牌标识，不同厂家常用不同的标识；G 代表钢制，通常每个厂家型号都是这么标识的；X2 代表钢制散热器的结构：Z 代表钢制柱式散热器，C 代表钢制翅片管对流散热器，B 代表钢制板型散热器；X3 代表钢制散热器的规格，如果是 2 就是指两柱，3 就是指 3 柱；X4 代表中心距，如常见的 600 就代表是 600 中心距。钢制散热器型号最后的 1.0，是指最大工作压力为 1.0MPa。

举例说明：标识为 PGZ2-600-1.0 的钢制散热器，是指某厂家钢制柱式散热器，两柱扁管，中心距为 600mm，最大工作压力为 1.0MPa。

钢制散热器规格型号不同主要体现在中心距、过水管径形状和大小、每组的片数上，这 3 个变数极大地影响每组散热器的散热量。钢制散热器中心距从 200～1800mm 不等，管径有椭圆管和圆管两种，椭圆管管径通常有 50×25 和 60×30 两种；每组片数从 2～25 片不等。

钢制散热器适合的水质范围是 pH＝10～12，而自来水的水质是中性水 pH＝7 左右，并且钢制是最怕氧腐蚀的，所以使用寿命会受到一定影响。

2. 铝制散热器

铝制散热器分为高压铸铝散热器和铝型材焊接散热器两种，铝制散热器最大的特点就是散热效率高，而且价格相对来说较便宜，非常适合家庭独立采暖使用。

因为铝材质的属性决定了其散热效率高，导流片的作用又能形成烟囱效应，从而能很快地实现整个室内空气的对流，所以铝制散热器的散热效果在所有散热器中是最好的。铸铝散热器的模块化组合，散热器可以方便地随意增减，这是其他所有散热器都不具备的。铝制散热器在所有散热器中重量最轻巧，搬运方便，适合现代高层建筑。

在目前的供暖状况和铝制散热器的模块化组合下，散热器出现问题时，如果是整体压铸的就得整个散热器换掉，而对于模块化组合的铝制散热器来说，哪一片坏了就换哪一片，其他的可以照常使用，优势明显。替用户节约了使用成本，也增加了散热器的使用寿命。

铝制散热器外形尺寸的选择余地大，中心距从 230~1800mm 可以任意选择。

铝制散热器最适合在自来水环境下运行，在碱性环境下也会发生腐蚀。因此，由于铝制散热器对水质的要求与钢制散热器不同，所以应避免铝制散热器与其他材料混合安装。另外，我国市场上销售的铝制散热器主要为焊接型，其焊接点强度不能保证，容易因出现问题而漏水。

3. 复合型散热器

复合型散热器分为铜铝复合散热器、钢铝复合散热器、不锈钢铝复合散热器。复合型散热器兼有各种散热器的优点，但缺点也十分明显。各种复合型散热器均利用铝材的散热优势达到散热快的特点，利用铜和不锈钢的耐腐蚀性增加散热器的使用寿命。其外观色彩和款式可以多样化，高度在 300~1800mm 范围，重量也比较轻。它最大的缺点是两种复合材料因为热膨胀系数的不同和共振效应而产生热阻，这样会因使用时间的增长而每年出现散热量递减的情况。

除了以上几种散热器外，还有铜管散热器、不锈钢散热器等。铜管散热器效果差，价格非常高，不适合家庭用户使用。钢制散热器比较适合大型别墅或大户型住宅使用，铝制散热器更适合中小户型家庭采暖，两种散热器采暖效果都很理想，绝大部分工程都采用这两种类型。

4. 散热器的布置

散热器布置在外墙窗下最为合理，经散热器加热的空气沿外窗上升，能阻止渗入的冷空气沿墙及外窗下降，防止冷空气直接进入室内工作区和生活区。散热器明装有利于其散热，装饰要求高的室内也可暗装或半暗装于窗下的壁龛内，外面用装饰面板围挡散热器，但要设置便于空气对流的通道。另外，在门斗，双层门的前室不宜设置散热器以防冻裂。

二、膨胀水箱

膨胀水箱在热水采暖系统中的作用是，容纳膨胀的水量。在机械循环热水采暖系统中还具有定压的作用；在自然循环热水采暖系统中有排气的作用。如图 7-30 所示为膨胀水箱及其配管情况。

水箱间要保持良好的通风和采光。水箱与墙面的距离，当水箱无配管时最小 0.3m，当有配管时，最小间距 0.7m，水箱外表面净距 0.7m，水箱至建筑物结构最低点不小于 0.6m。

1. 膨胀管

膨胀水箱设在系统最高处，系统的膨胀水通过膨胀管进入膨胀水箱。自然循环系统膨胀管接在供水总立管的上部；机械循环系统膨胀管接在回水干管循环水泵入口前。膨胀管不允许设置阀门，以免偶然关断使系统内压力增高，发生事故。

2. 循环管

为了防止水箱内的水冻结，膨胀水箱需设置循环管。在机械循环系统中，连接点与定压点应保持 1.5~3.0m 的距离，使热水能缓慢地在循环管、膨胀管和水箱之间流动。循环管上也不应设置阀门，以免水箱内的水冻结。

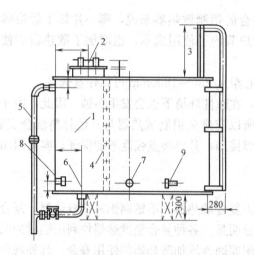

图 7-30　膨胀水箱配管位置（单位：mm）

1—箱体；2—人孔；3—外人梯；4—内人梯；5—溢水管；

6—排水管；7—循环管；8—膨胀管；9—检查管

3. 溢流管

用于控制系统的最高水位，当水的膨胀体积超过溢流管口时，水溢出就近排入排水设施中。溢流管上也不允许设置阀门，以免偶然关闭，水从人孔处溢出。

4. 信号管

用于检查膨胀水箱水位，决定系统是否需要补水。信号管控制系统的最低水位，应接至锅炉房内或人们容易观察的地方，信号管末端应设置阀门。

5. 排水管

用于清洗、检修时放空水箱用。可与溢流管一起就近接入排水设施，其上应安装阀门。

三、排气装置

用于排除采暖系统中的气体，防止管道被气体堵塞。自然循环采暖系统中，主要通过膨胀水箱排气；在机械循环采暖系统中，经常使用的排气装置有：手动集气罐、自动排气阀、手动放气阀等。

1. 集气罐

集气罐一般是用直径 $\phi 100 \sim 25mm$ 的钢管焊制而成的，分为立式和卧式两种，如图 7-31 所示。集气罐顶部连接直径 $\phi 15$ 的排气管，排气管应引至附近的排水设施处，排气管另一端装有阀门，排气阀应设在便于操作处。

集气罐一般设于系统供水干管末端的最高处，供水干管应向集气罐方向设上升坡度以使管中水流方向与空气气泡的浮升方向一致，有利于空气聚集到集气罐的上部，定期排除。当系统充水时，应打开排气阀，直至有水从管中流出，方可关闭排气阀；系统运行期间，应定期打开排气阀排除空气。

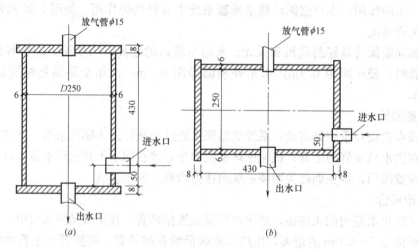

图 7-31　集气罐

2. 自动排气阀

如图 7-32 所示，自动排气阀是依靠水对浮漂的浮力，当排气阀中流入水，无气体时，浮漂受浮力作用漂浮起来，关闭出口，阻止水流出；当阀内气体增多，汇集在阀体上部，浮力减小，浮漂下落，排气口打开，排出气体，完成一个周期。然后反复工作，达到排气的目的。

即自动排气阀依靠水对浮体的浮力，通过自动阻气和排水机构，使排气孔自动打开或关闭，达到排气的目的。

3. 手动排气阀

手动排气阀又叫跑风或者冷风阀，如图 7-33 为手动排气阀。是一种安装在散热器上端（蒸汽采暖，安装在散热器的1/3处），定期打开，排除气体的装置。它适用于公称压

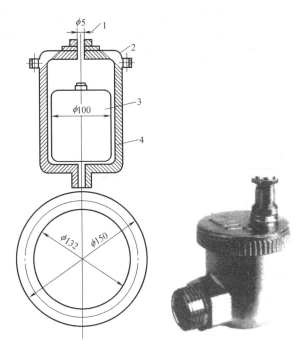

图 7-32　自动排气阀
1—排气孔；2—上盖；3—浮漂；4—外壳

力 P≤600 kPa，工作温度 t≤100℃的水或蒸汽采暖系统的散热器上。多用于水平式和下供下回式系统中，旋紧在散热器上部专设的丝孔上，以手动方式排除空气。

四、疏水器

疏水器是蒸汽采暖系统的专用器具，其作用是阻止蒸汽通过并自动排除凝结水，即作用是阻汽疏水。在蒸汽采暖系统中，用以自动排除系统中的凝结水，阻止蒸汽的泄漏。一般设于用汽设备后面，或立管下部，或室内凝水干管末端。

常用疏水器类型很多，有恒温型、机械型、热力型等。恒温式疏水器是利用蒸汽和凝结水的温度差引起恒温元件的膨胀变形而自动工作的，恒温式疏水器是低压蒸汽采暖系统常用的一种。热动力式疏水器适于高压蒸汽系统。使用中要根据蒸汽系统的压力和凝水回收方式来选择。

五、温控阀和热计量表

温控阀是装在散热器供水支管上，可以根据室内温度高低自动控制和调节散热器散热量的设备，如图 7-34 所示。它由两部分组成，即阀体部分和感温元件部分。当室内温度高于给定的温度值时，感温元件受热，其顶杆就压缩阀杆，将阀口关小，进入散热器的水流量减小，散热器散热量减少，室温下降。当室温下降至设定值时，感温元件开始收缩，其阀杆在弹簧的作用下抬起，阀孔开大，水流量增加，散热器散热量增加，室内温度升高，从而使室温保持在设定范围内波动。一般温控阀控温范围在 13～28℃ 之间，控温误差为±1℃。

热计量表类似于水表，用来计量用户消耗热量的多少。热计量表由积分仪、温度传感器、流量计三部分组成，如图 7-35 所示。温度传感器一组接在供水管上，一组接在回水

管上，将供回水温度的信号传入积分仪，流量计也将通过的流量值传给积分仪，通过积分仪计数表转变为不断显示的累计的热消耗量，同时也显示出供水温度、回水温度、累计工作小时数和总流量。热量表的流量传感器的安装位置应符合仪表安装要求，且宜安装在回水管上。

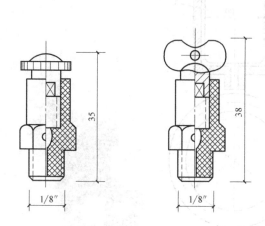

图 7-33　手动排气阀　　　　　　图 7-34　散热器温控阀（单位：mm）

新建和改扩建散热器室内供暖系统，应设置散热器恒温控制阀或其他自动温度控制阀进行室温调控。散热器恒温控制阀的选用和设置应符合下列规定：

（1）当室内供暖系统为垂直或水平双管系统时，应在每组散热器的供水支管上安装高阻恒温控制阀；超过5层的垂直双管系统宜采用有预设阻力调节功能的恒温控制阀；

（2）单管跨越式系统应采用低阻力两通恒温控制阀或三通恒温控制阀；

（3）当散热器有罩时，应采用温包外置式恒温控制阀；

（4）恒温控制阀应具有产品合格证、使用说明书和质量检测部门出具的性能测试报告，其调节性能等指标应符合现行国家标准《散热器恒温控制阀》GB/T 29414—2012的有关要求。

六、除污器

除污器是一种钢制筒体，它可用来截流、过滤管路中的杂质和污物，保证系统内水质洁净，减少阻力，防止堵塞调压板及管路。除污器一般应设置于采暖系统入口调压装置前、锅炉房循环水泵的吸入口前和热交换设备入口前。除污器形式分为立式直通、卧式直通和卧式角通三种。图7-36是采暖系统常用的立式直通除污器，当水从进水管3进入除污器内，因流速突然降低使水中的污物沉淀到筒底，较洁净的水经带有大量过滤小孔的出水管4流出。

七、调压板

当外网压力超过用户的允许压力时，可设置调压板来减少建筑物入口供水干管的压力，用于工作压力 $P_t \leqslant 1000kPa$ 的系统中。

选择调压板时孔口直径不应小于3mm，且调压板前应设置除污器或过滤器，以免杂质堵塞调压板孔口。调压板的厚度一般为2~3mm，它的材质，蒸汽采暖系统只能用不锈钢，热水采暖系统可以用铝合金或不锈钢。

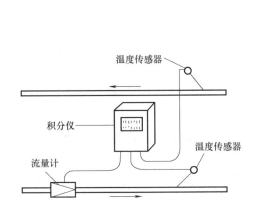

图 7-35　热计量表原理图

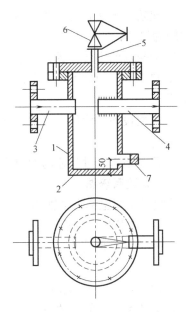

图 7-36　立式除污器构造图

1—筒体；2—底板；3—进水管；4—出水管；
5—排气管；6—截止阀；7—排污丝堵

7.7　建筑采暖施工图

采暖系统施工图是由平面图、系统图、详图三部分组成。施工图是设计者设计结果的具体体现，它体现出整个采暖工程。

一、常用采暖图例

建筑采暖施工图中的管道、散热设备及各种附件等都是用图例符号表示的，在识读施工图时，必须了解这些图例符号。现将常用的图例符号列于表 7-1 中。

常用采暖图例

表 7-1

序号	名称	图例	序号	名称	图例
1	采暖供水管	——————	8	固定支架	※
2	采暖回水管	- - - - - -	9	管道坡度	i=0.003
3	集气罐		10	过滤器	
4	散热器	▭	11	止回阀	
5	截止阀		12	自动集气罐	
6	闸阀		13	泄水丝堵	
7	锁闭阀		14	手动放气阀	

二、采暖平面图

采暖平面图表示建筑物各层采暖管道及设备的平面布置情况，一般包含如下的内容：

1. 建筑的平面布置，如房间、走廊、门、窗的位置，定位轴线的位置及编号，定位轴线间的尺寸；

2. 散热器的安装位置、片数及安装方式（明装、半暗装、暗装）；

3. 热力入口的位置，采暖供、回水干管位置，采暖立管的位置以及立管编号、支管的位置；

4. 主要设备和管件（支架、补偿器、膨胀水箱、集气罐、疏水器、减压阀）在平面上的位置；

5. 采暖地沟、过门地沟的位置。

三、采暖系统图

采暖系统图也称采暖轴测图，它与采暖平面图配合能清楚地表达整个采暖系统的空间情况。主要包括以下内容：

1. 采暖管道的走向、空间位置、坡度，管径及变径的位置，管道与管道之间连接方式；

2. 散热器与管道的连接方式；

3. 管路系统中阀门的位置、规格，集气罐的规格、安装形式（立式或卧式）；

4. 疏水器、减压阀的位置、规格及类型；

5. 立管编号。

四、采暖系统详图及设计说明

1. 详图

在采暖平面图和系统图中表达不清楚，而又无法用文字说明的地方，可用详图表示。详图是局部放大比例的施工图，能表示采暖系统节点与设备的详细构造及安装尺寸要求，包括节点图、大样图和标准图。

（1）节点图　能清楚地表示某一部分采暖管道的详细结构和尺寸，但管道仍然用单线条表示，只是将比例放大，使人能看清楚。例如，有的采暖入口处管道的交叉连接复杂，设备种类较多，在系统图不宜表达清楚，因此另画一张比例较大的详图，即节点图。

（2）大样图　管道用双线图表示，看上去有真实感。

（3）标准图　指具有通用性质的详图，一般由国家或有关部委出版标准图集，作为国家标准或部标准的一部分颁发。例如，散热器的安装，按 N112《采暖通风国家标准图集》施工，N112 就是散热器安装所采用的标准图号。

2. 设计说明

图纸无法表达的内容，一般采用设计说明表达。采暖系统的设计说明往往同给水排水说明一起写在一份图纸的首页或者直接写在图纸上（当系统比较小，需要说明的内容少时）。设计说明的主要内容有：

（1）建筑的采暖面积、热媒的热源、热媒参数、采暖系统总热负荷。

（2）系统形式、进出口压力差、散热器形式及安装方式、所用管材及连接方式、管道敷设方式、防腐、保温、水压试验。

（3）安装和调节运行时应遵循的标准和规范。

［例 7-1］　采暖施工图识读举例：图 7-37、图 7-38。

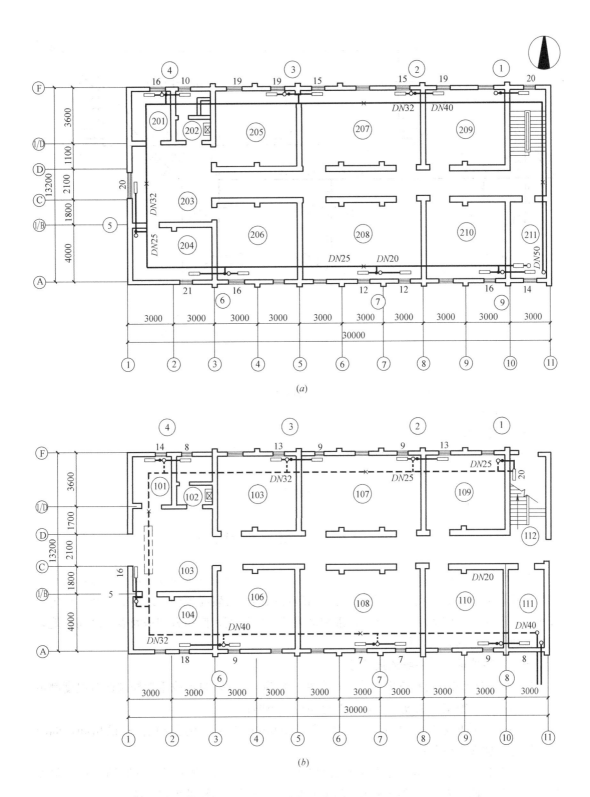

图 7-37 采暖管道平面图

(a) 二层采暖平面图；(b) 一层采暖平面图

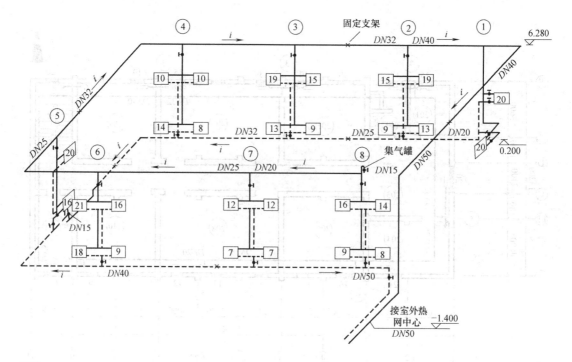

说明：

1. 全部立管管径均为 DN20；接散热器支管管径均为 DN15。

2. 管道坡度均为 i=0.002。

3. 回水管过门装置做法见 S14 暖通 2。

4. 散热器为四柱型，仅二层楼的散热器为有脚的，其余均为无脚的。

5. 管道刷一道醇酸底漆，两道银粉。

图 7-38　采暖管道系统图

7.8　毛细管网超薄地暖介绍

毛细管网超薄地暖是目前全球最先进的地暖系统，一般以水为介质输送能量，具有高效节能和高舒适度的特点。毛细管网可以与装饰层结合安装在顶棚、地面或墙面，均匀散布能量，就像皮肤中的毛细血管一样柔和地调节室内温度，使用者和房间表面之间的能量传递就通过辐射的方式进行。

一、普通地板采暖系统的局限性

1. 地板采暖地面先蓄热再散热，热惯性一般为4～6h，自动或手动控制调节温度都不能准确和及时调整室内温度，不能个性化和行为节能；

2. 安装了地板采暖的地面一般需要 120～140mm 垫层，不适合层高低的房间，同时给建筑物增加很大荷载；

3. 卫生间卫生洁具多，地面安装面积有限，同时一些卧室由于家具遮挡导致散热面积有限，普通地板采暖一般满足不了热负荷要求，需要增加辅助采暖设施；

4. 普通地板采暖的房间地面装饰材料受到限制，不宜安装实木地板等。

二、毛细管网超薄地暖的优点

加热迅速，即开即用。毛细管网地暖加热速度非常快，最多半小时地板表面温度即可达到所需要求，在关闭采暖系统时其反应速度亦比传统地面采暖快。

毛细管网内径特别细小，可通过水表面张力达到自动排气作用。其 10～20mm 的超薄混凝土蓄热层使地板温度和室温更加稳定；管道间隔小，地板温度更均匀。

换热面积大，毛细管网中流动的水是低温低压水，可有效避免高温高压带来的管路损坏，更节能；管路水阻小，能满足燃气壁挂炉水泵的扬程。

毛细管网超薄地暖具有高舒适度。由于毛细管网是由间距很小的平行毛细管均匀分布构成，热辐射交换面积特别大，地表基本没有温差，脚感更好。每个房间采用单独循环结构，故通过安装在房间内的温控器可单独控制各房间温度。

毛细管网轻薄、柔软、荷载小，方便与装饰层结合安装，不仅可以安装在地面，在地面遮挡率大的情况下可以考虑安装在墙面或顶棚。铺装毛细管网的房间不受房间地面装饰材料的限制，不影响安装实木地板等。

毛细管网设置位置在顶棚和墙面时，供回水温度宜采用 25～35℃；毛细管网设置位置在地面时，供回水温度宜采用 30～40℃；普通地暖供回水温度一般为 55～45℃，因此毛细管网比普通地暖节能 30% 以上，节能显著。特别适合同热泵配合使用，达到更节能的效果。

毛细管网超薄地暖系统占用建筑净空小，节省建筑空间，利于房屋设计和装修，大大降低了建筑的承重负荷和造价成本，比普通地暖增加了房间净高。

毛细管网使用闭路循环纯净水，可有效避免管路中产生水垢。

毛细管网采用预制生产，在每一片产品出厂前必须经过耐压测试，具有很高的可靠性，由 PPR 管构成的毛细管网的使用寿命至少达 50 年之久。

三、毛细管网超薄地暖的安装

在空调房间内找平后的吊顶下或墙面上先铺设毛细管网，如图 7-39 所示。然后抹上 5～10mm 厚的灰泥，形成辐射面即可。毛细管网的安装厚度小于 5mm。安装的灵活性使系统不仅适合于新建筑，还可在旧建筑原有基础上进行安装，而不必破坏原地面。

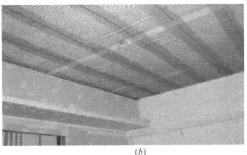

(a) (b)

图 7-39　毛细管网超薄地暖的施工及成品图

思 考 题

1. 热水采暖系统有哪些布置形式？各适用于什么情况？

2. 热水采暖系统为何要设置膨胀水箱？

3. 试述蒸汽采暖与热水采暖区别。

4. 膨胀水箱上面需要设置哪些配管？各个配管有何要求？

5. 采暖散热器有哪些类型？选择散热器应考虑哪些因素？散热器布置时应注意哪些事项？

6. 建筑采暖施工图是由哪几部分组成？各组成部分包含哪些内容？

7. 热水采暖系统为什么要排除空气？排气装置有哪些？如何设置？

第8章 室内热水与燃气系统

8.1 室内热水供应系统

热水供应系统的任务就是将冷水加热到设计的要求，通过管道输送到用户，满足人们生活和生产的要求，是水的加热、贮存和输配装置组成的系统的总称。

一、热水供应系统的分类

1. 依据供应范围大小分类

室内热水供应系统依据供应范围大小可分为局部热水供应系统、集中热水供应系统和区域热水供应系统。

（1）局部热水供应系统

供水范围较小，是在用水点处采用小型加热器（太阳能热水器、炉灶等）就地加热冷水的方式。该系统热水输送管道较短，系统简单，造价低，维护方便。适用于热水用水量小且分散的建筑，如理发店、饮食店等。

（2）集中热水供应系统

供水范围较大，常利用锅炉或换热器将冷水集中加热向一幢或几幢建筑物输送热水的方式。该系统热水输送管道较长，设备系统复杂，建设投资较高。适用于热水用水量大，用水点多且比较集中的建筑物，如医院、住宅等。

（3）区域热水供应系统

供水范围比集中热水供应系统还要大得多，常利用热电厂或区域锅炉房将冷水集中加热后，通过室外热水管网向建筑群供应热水。适用于建筑多且较集中的城镇住宅区和大型工业企业。

2. 按照是否有循环管分类

热水供应系统按照是否有循环管分为全循环系统、半循环系统和不循环系统。

（1）全循环热水系统

热水供应系统为了保证热水供应系统各个配水点的温度，将所有配水干管、立管、支管设回水管，称为全循环热水系统，如图8-1（a）所示。适合于建筑物要求较高的宾馆、医院和高级居住建筑等。

（2）半循环热水系统

只有配水的干管设有回水管的热水系统，称为半循环系统，如图8-1（b）所示。适用于支管和分支管较短，水温要求不太高的建筑物，如普通的住宅和集体宿舍等。

（3）不循环热水系统

配水管道不设有任何回水管的热水系统，称为不循环系统，这种系统适合于标准较低的建筑物。

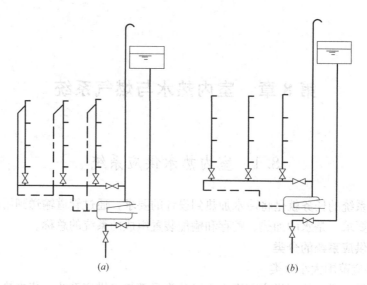

图 8-1 热水循环系统

(a) 全循环热水系统；(b) 半循环热水系统

二、热水供应系统的组成

热水供应系统主要由两个部分组成，如图 8-2 所示。由锅炉产生的热媒，经热媒管道输送到加热设备，在加热设备中，热媒将冷水加热，加热好的热水由配水管道输送到各个配水点；失去热量的热媒又回到锅炉里再次受热，这样不断循环，完成集中热水供应。

1. 第一循环系统：也叫热媒循环系统。由热源、水加热器和热媒管网组成。锅炉生产的蒸汽经热媒管送入加热器加热冷水后变成冷凝水，冷凝水靠余压排入凝结水池，再经凝结水泵的作用压入锅炉重新生成蒸汽，如此循环完成换热过程。

2. 第二循环系统：也叫热水循环系统，主要由换热器、供热水管道、循环加热管道、供冷水管道等组成。在加热器中被加热到所需温度的热水经配水管网送到各配水点使用，消耗的冷水由高位水箱或给水管网补给。各立管、水平干管处所设回水管，目的是使一定量的热水流回加热器重新加热，补偿配水管网的热损失，保证各配水点处的水温。

3. 附件：包括各种控制附件和配水附件，如疏水器、补偿器、闸阀、配水龙头等。

三、热水水质、用水定额和水温

1. 热水用水水质

对热水用水水质有如下要求：

(1) 生活热水水质的卫生标准，应符合现行国家标准《生活饮用水卫生标准》GB 5749—2006 要求；

(2) 生产用热水的水质，应根据生产工艺要求确定；

(3) 集中热水供应系统的原水的水处理，应根据水质、水量、水温、水加热设备的构造、使用要求等因素经技术经济比较后，根据具体条件确定。

2. 热水水温要求

生活用热水的水温一般为 25～60℃，综合考虑水加热器到配水点系统管路不可避免的热损失，水加热器的出水温度一般不应超过 75℃，但也不宜过低。水温过高，管道易

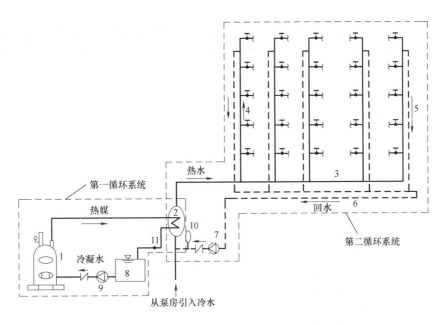

图 8-2　集中热水供应系统组成（图中箭头指水流方向）

1—蒸汽锅炉；2—水加热器（间接换热）；3—配水干管；4—配水立管；5—回水立管；6—回水干管；

7—循环水泵；8—凝结水池；9—冷凝水泵；10—膨胀罐；11—疏水器

结垢，易发生人体烫伤事故，水温过低则不经济。热水的水温与使用的要求与加热设备的热源和水质因素有关。热水供水温度是指热水供应设备的出口温度。最低供水温度一般不低于 55℃。最高供水温度一般不高于 75℃。

3. 热水用水定额

热水定额根据卫生器具完善程度和地区条件而定，按用水单位所消耗的热水量及所需水温而定。即每人每日水消耗量及水温，见表 8-1。

热水用水定额　　　　　　　　　　　　　　　表 8-1

序号	建筑物名称	单位	最高日用水定额（L）	使用时间（h）
1	住宅 有自备热水供应和沐浴设备 有集中热水供应和淋浴设备	每人每日	40～80 60～100	24
2	别墅	每人每日	70～110	24
3	酒店式公寓	每人每日	80～110	24
4	宿舍 Ⅰ、Ⅱ类 Ⅲ、Ⅳ类	每人每日	70～100 40～80	24 或定时供应
5	招待所、培训中心、普通旅馆 设公用盥洗室 设公用盥洗室、淋浴室 设公用盥洗室、淋浴室、洗衣室 设单独卫生间、公用洗衣室	 每人每日 每人每日 每人每日 每人每日	 25～40 40～60 50～80 60～100	24 或定时供应

续表

序号	建筑物名称	单位	最高日用水定额(L)	使用时间(h)
6	宾馆客房 旅客 员工	每床位每日 每人每日	120～160 40～50	24
7	医院住院部 设公用盥洗室 设公用盥洗室、淋浴室 设单独卫生间 医务人员 门诊部、诊疗所疗养院、休养所住房部	每床位每日 每床位每日 每床位每日 每人每班 每病人每日 每床位每日	60～100 70～130 110～200 70～130 7～13 100～160	24 8 24
8	养老院	每床位每日	50～70	24
9	幼儿园、托儿所 有住宿 无住宿	每儿童每日 每儿童每日	20～40 10～15	24 10
10	淋浴、浴盆公共浴室 淋浴 桑拿浴(淋浴、按摩池)	每顾客每次 每顾客每次 每顾客每次	40～60 60～80 70～100	12 10 10
11	理发室、美容院	每顾客每次	10～15	12
12	洗衣房	每千克干衣	15～30	8
13	餐饮厅 营业餐厅 快餐店、职工及学生食堂 酒吧、咖啡厅、茶座、卡拉 OK 房	每顾客每次 每顾客每次 每顾客每次	15～20 7～10 3～8	10～12 12～16 8～18
14	办公楼	每人每班	5～10	8
15	健身中心	每人每次	15～25	12
16	体育场(馆) 运动员淋浴	每人每次	7～26	4
17	会议厅	座位每次	2～3	4

注：1. 热水温度以 60℃计。
　　2. 表内所列用水定额均已包括在冷水用水定额中。
　　3. 本表以 60℃热水水温为计算温度。

四、常用加热、贮热设备

1. 加热方式

热水加热的方式分为直接加热和间接加热。热媒与冷水直接接触的加热方式，称为直接加热方式，如汽—水混合加热器加热。热媒与冷水不直接接触，就能使冷水温度升高的加热方式，称为间接加热，如容积式水加热器。

2. 常用加热设备

（1）直接加热设备

直接加热方式是将锅炉产生的蒸汽直接通入水中，将水加热，汽水混合，达到加热冷水的目的。常用的直接加热设备有汽—水混合加热器，如图 8-3 所示。

汽—水混合加热器是将热媒蒸汽直接与水混合制备热水的一种直接水加热器。汽—水混合加热器加热速度快，能在 1min 内使水温上升 20～30℃，具有换热效率高、设备简单、易维修、投资少的优点。但其贮热容积小，应设置灵敏度高、可靠性高的温控装置。且由于冷凝水不回收，故蒸汽中不能含有或混入危害人体健康的物质。

汽—水混合加热器可用于有可靠的蒸汽源、耗热量为 92000～1470000kJ/h（约 12～20 个淋浴器的耗热量）的民用及工矿企业公共浴室、洗衣房、对噪声要求不高的建筑中。

（2）间接加热设备

常用的间接加热方式有容积式水加热和快速式水加热。

容积式水加热器是内部设有热媒盘管的热水贮存容器。具有加热冷水和贮备热水两种功能，热媒为蒸汽或热水。有卧式、立式之分。图 8-4（a）为卧式容积式水加热器构造示意。

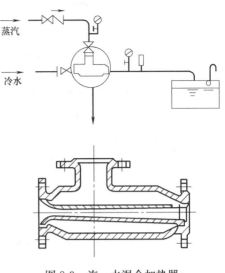

图 8-3　汽—水混合加热器

容积式水加热器加热适用于供水温度要求稳定、噪声低的建筑，如旅馆、医院、住宅、办公楼及耗热量大的公共浴室、洗衣房等。快速加热器加热为即热即用型，通过热媒与被加热水在流动过程中快速换热而生成热水，适用于用水量较大且均匀的工业企业和大型公共建筑。为了保证用热水需要，这种加热方式可与储水罐配套使用，以调节水量，稳定出水温度。容积式水加热器的优点是具有较大的贮存和调节能力，被加热水通过时压力损失较小，用水点处压力变化平稳，出水水量较为稳定。但该加热器中，被加热水流速缓慢，传热系数小，热交换效率低，且体积庞大占用过多的建筑空间，在热媒导管中心线以下约有 25% 的贮水容积是低于规定水温的常温水或冷水，所以贮罐的容积利用率也很低。

快速式水加热器就是热媒与被加热水通过快速的流动进行换热的一种间接加热设备。根据热媒的不同，快速式水加热器有汽—水和水—水两种类型，前者热媒为蒸汽，后者热媒为过热水。图 8-4（b）所示为汽—水快速式水加热器。快速式水加热器具有效率高，体积小，安装搬运方便的优点，缺点是贮水能力差，水头损失大，在热媒或被加热水压力不稳定时，出水温度波动较大，仅适用于用水量大，而且比较均匀的热水供应系统或建筑物热水采暖系统。

（3）局部热水供应设备

常用的局部热水供应设备有燃气热水器、太阳能热水器及电热水器。

太阳能热水器的主要部件为真空集热管，真空管内预先注入的冷水，经太阳光照射吸收热量，容重减小向上流动至上部水箱，水箱内冷水向下流入集热管。如此循环，温度逐渐上升。在有阳光的条件下，傍晚温度冬季可达 40℃ 以上，夏季可达 60℃ 以上，图 8-5 所示为太阳能热水器工作原理。水箱内胆为不锈钢或镀锌钢板，外包高效保温材料。如配置了自动温控电加热装置，则可实现夜晚或阴雨天用电辅助加热，是一种值得推广的节能环保型产品。

另有一种阳台壁挂式全自动太阳能热水器，悬挂于建筑物向阳的阳台或外墙的下方，解决了高层建筑和低层住房之屋顶无法安装等难题，水箱置于阳台地面或室内墙角，管道基本不在室外，冬季不怕冻坏。

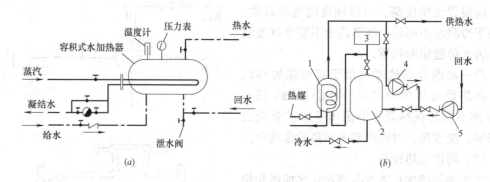

图 8-4　间接加热

（a）容积式水加热器加热；（b）快速水加热器加热

1—快速水加热器；2—储热罐；3—膨胀水箱；4—内循环泵；5—管网循环泵

（4）热泵机组

热泵机组是以水源或空气源为热源的加热设备，是由一个制冷循环组成，包括主机和冷凝器两部分，其中主机部分包括蒸发器、风扇、压缩机及膨胀阀；冷凝器为内放冷凝盘管的保温箱。热泵机组根据逆卡诺循环原理，通过运行吸收环境中的低温热能来制备热水或热媒。压缩机从蒸发器中吸入低温低压气体制冷剂，通过做功将制冷剂压缩成高温高压气体，高温高压气体进入冷凝器与水交换热量，在冷凝器中被冷凝成低温液体而释放出大量的热量，水吸收其释放出的热量而温度不断上升。被冷凝的高压低温液体经膨胀阀节流降压后，在蒸发器中通过风扇的作用吸收周围空气热量从而挥发成低压气体，又被吸入压缩机中压缩，这样反复循环制取热水。

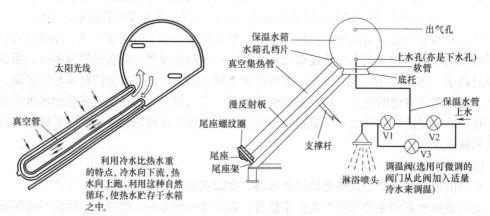

图 8-5　太阳能热水器

以水或添加防冻剂的水溶液为低温热源的热泵为水源热泵，如图 8-6 所示，它依靠循环水泵将常温或低温的水源引至蒸发器内，利用低温低压的冷媒带走其中蕴含的热能，再经由压缩机做功提升冷媒的温压后，由冷凝器将热能释放至水槽中予以储存。

按压缩机的形式水源热泵有离心式、螺杆式和活塞式 3 种形式。离心式热泵机组适于制热量 1054～28000kW 的系统；螺杆式热泵机组适于制热量 116～1758kW 的系统；活塞

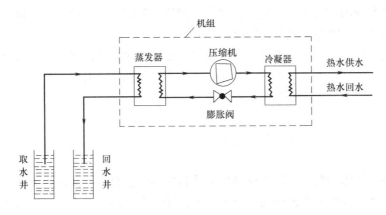

图 8-6 水源热泵机组工作原理

式热泵机组适于制热量小于 700kW 的系统。

以环境空气为低温热源的热泵为空气源热泵。空气源热泵是由风机引入空气至蒸发器内，依循以上相同的工作原理汲取热能并予以储存。压缩机形式一般为活塞式、涡旋式，适于小功率制热量的系统。

五、热水管材及布置敷设

热水供应管道系统常用管材，与室内给水管道有所区别，宜采用铜管、铝塑复合管及不锈钢管。热水供应管道系统根据卫生设备标准及美观要求，可明装也可暗装。

室内热水供应管道系统按照配水干管在建筑物内的布置位置可分为下行上给和上行下给两种方式。图 8-2 为下行上给式。下行上给式的水平干管可布置在室内地沟、地下室顶部。上行下给式的水平干管可布置在建筑物顶层或专用设备技术层内。

上行下给式系统配水干管最高点应设排气装置；下行上给式系统，应利用最高配水点放气。在这两种系统的最低点，均应装设泄水装置或利用最低配水点泄水；热水横管的坡度不应小于 0.003，便于放气和泄水。下行上给式系统设有循环管道时，其回水立管应在最高配水点以下（约 0.5 m）与配水立管连接；上行下给式系统中只需将循环管与各立管连接即可。

热水供应管道系统应有补偿管道伸缩的措施。立管与水平干管连接时，应设乙字弯，以消除伸缩应力的影响，如图 8-7 所示。

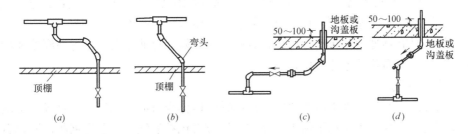

图 8-7 热水立管与水平干管的连接方式

热水立管应尽量设置在卫生间或管道竖井内，管道穿越墙壁和楼板应加设套管。楼板套管应高出地面 5～10mm，以防止上层地面水由管孔流到下层。在安装冷热水配合使用的双管系统中，从支管接往卫生器具的水嘴应注意左热右冷的设置原则。

为防止热水管内的流体在输运过程中发生倒流或串流，冷、热水压应接近，并应在水加热器或储水罐给水管道上设置止回阀。

对于较长的热水管道应考虑管道受热水温度影响的热伸缩问题，如干管立管应通过弯管连接，较长干管宜设置伸缩器等。另外，为减少散热损失，对于设置在地沟、竖井内及有可能冻结的管道、设备应采取保温措施。

8.2　室内燃气供应系统

燃气是一种气体燃料。气体燃料要比液体和固体燃料具有更高的热能利用率，燃烧后无灰无渣。燃气可以通过管道输送，便于调节、计量和控制，减少了环境污染。城市居民和工业用燃气是由几种气体组合而成的混合气体，其中含有的可燃气体有碳氢化合物、氢和一氧化碳等，含有的不可燃气体有二氧化碳、氮和氧等。燃气在利用过程中也存在对人体健康和安全有害的物质，如一氧化碳、硫化氢和烃类等物质，可使人产生窒息和中毒，并且当燃气在空气中达到一定浓度时，遇到明火可引起爆炸等。因此，燃气的生产、输配和使用中要严格按照国家有关规范、规程、标准等进行设计、施工和运行管理。

一、燃气的分类与特性

燃气的种类很多，主要有天然气、人工燃气、液化石油气、沼气等。

1. 天然气

天然气是指从钻井中开采出来的可燃气体。一般有如下几种：从气井中开采出来的气田气（也称纯天然气），随着石油一起开采出来的石油伴生气，从井下煤层抽出的煤矿矿井气等。天然气是优质气体燃料。它的主要成分是甲烷，因为它没有气味，在使用中通常加入某种无毒而有臭味的气体如乙硫醇，以便于检漏、防止发生中毒和爆炸等事故。

2. 人工燃气

人工燃气可以是以煤为原料制成的煤制气，也可以是以油为原料制成的油制气。以煤作原料制成的燃气有：固体燃料干馏煤气、固体燃料气化煤气、高炉煤气等。煤中含有碳、氧和少量硫、氮、磷等元素。当隔绝空气加热时，会分解生成气体（煤气）、液体（焦油和水）和固体（焦炭），这种热分解过程产生的煤气称为固体燃料干馏煤气，这种燃气甲烷和氧含量较多。以煤作燃料，采用纯氧和水蒸气为汽化剂，在 2～3 个标准大气压（1 标准大气压＝101325Pa）下获得的高压蒸汽氧鼓风煤气，称为固体燃料气化煤气，主要成分为氧和甲烷。冶金工厂炼铁时的副产气体称为高炉煤气，主要成分是一氧化碳和氮气。

人工煤气具有强烈的气味和毒性，含有硫化氢、氨、焦油等杂质，容易腐蚀和堵塞管道，因此需要加以净化后才能使用。

3. 液化石油气

在开采和炼制石油过程中所获得的一种可燃气体称为石油液化气，主要成分是碳氢化合物，如丙烷、丙烯、丁烷和丁烯等。目前，供应液化石油气大都采用钢瓶，液化石油气在石油炼厂产生后，可用管道、槽车等运输到储配站或灌瓶站后再用管道或钢瓶灌装，经供应站供给用户。它的特点是使用方便、适用性强。钢瓶规格分家庭用 10kg 及 15kg 装和工业及服务部门用 20kg 及 50kg 装两类四种规格。

在用钢瓶盛装液化石油气时，它的充满度最高不能超过钢瓶容积的 85%，因为液化石油气的体积随温度变化，当温度升高 10℃，体积会增加 3%～4%，如超装后温升再大，就会胀裂钢瓶发生爆炸。在装钢瓶时，要严格遵守操作规程，禁止乱扔乱甩及乱倒残液，以免发生事故。

瓶装液化石油气使用简单，在充满石油液化气的钢瓶出口上接好减压器，再用橡胶软管把燃气用具（如燃气灶）连在减压器上即可。

4. 沼气

各种有机物如蛋白质、纤维素、脂肪、淀粉等在隔绝空气条件下发酵，并在微生物的作用下产生的可燃气体叫沼气，其主要可燃成分是甲烷。

二、室内燃气管道系统

1. 管道系统

室内燃气管道由用户引入管、干管、立管、支管、燃气计量表、燃气用具及其连接管等组成。

室内燃气管道为低压管网，多采用水煤气输送钢管，管道采用螺纹连接，埋地部分应涂以防腐剂，明装管道最好采用镀锌钢管。室内燃气管道不允许有微量的漏气，安装时对严密性要求极高。

室内燃气管道一般为明装，为使用安全及布置合理，燃气管道应设在走廊的一端或在其他房屋角落处竖向安装，并在不影响装卸的情况下尽量靠近墙角。为了保证安全，燃气管道不得穿越卧室。立管上应设总阀门，阀门采用旋塞式（此阀门严密性好，占地小，启闭迅速），立管一般采用同一管径从底层直通上部各楼层。每层接出的水平支管通过燃气表后再配送至用气点。水平支管沿顶棚下安装，然后再折向各用气点。室内立支管的安装如图 8-8 所示。单元总立管在底层距地 1.5m 处应设旋塞阀，凡遇有阀门处必须设油任，其余安装尺寸如图 8-8 所示。

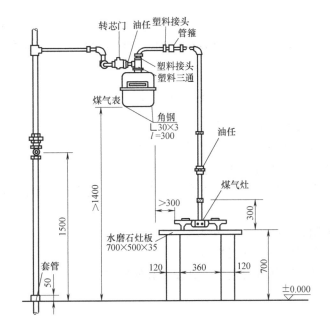

图 8-8　室内立支管的安装

2. 燃气表

燃气表是计量燃气用的仪表。我国常用的是皮膜式燃气流量表，中型流量燃气表上部两侧有短管，左接进气管，右接出气管如图 8-9 所示，流量规格为 2.5、6、10、20、$34m^3/h$ 五种。

住宅燃气表应一户一表，公共建筑至少每个用气单位放一个燃气表，燃气表一般挂在室内墙壁上。

图 8-9　干式皮膜式燃气计量表

三、燃气供应系统的试验

燃气供应系统的试验包括燃气管网的试验和燃气系统的试验。

1. 燃气管网的试验

试验范围从进户总阀门至燃具控制阀。进行管网压力试验时，燃气表和灶具与管网断开。

（1）强度试验

试验时，燃气表处以连通管接通，试验压力为 0.1MPa（表压），在试验压力下，用肥皂水检查全部接口，若有漏气处需进行修理，然后继续充气试验，直至全部接口不漏和压力无急剧下降的现象。

（2）气密性试验

试验压力为 7kPa（表压），在试验压力下观测 10min，如压力降不超过 0.2kPa 则为合格；若超过 0.2kPa，需再次用强度试验压力检查全部管网，尤其要注意阀门和活接头处有无漏气现象。修理后，继续进行气密性试验，直至实际压力降小于允许压力降。

2. 燃气系统气密性试验

接通燃气表，开启用具控制阀，进行室内燃气系统的气密性试验。试验压力为 3kPa（表压）观测 5min，若实际压力降不超过 0.2kPa，则认为室内燃气系统试验合格。

思 考 题

1. 热水供应系统有哪些分类形式？

2. 以集中热水供应系统为例，说说热水供应系统的基本组成。

3. 热水的水质有什么要求？什么是热水用水定额？

4. 热水加热的方式有哪些？对照书中的设备，观察生活实践中的热水都是以何种形式加热的。

5. 热水管道的敷设中要注意哪些要求？

6. 燃气有哪些种类？各有何特性？

7. 室内燃气管道由哪几部分组成？其设置有何要求？

第9章　通风与空调系统

9.1　通 风 系 统

各种生产活动都会产生一定程度的有害气体污染室内工作环境。人们在日常生活中不断地散热散湿和呼出二氧化碳，也会使室内空气污浊，影响人体健康和工作效率。这就要求采取有效的通风措施来改善室内的空气环境。

通风的任务就是将室内污浊的、被污染的空气直接或经净化处理后排至室外，将室外的新鲜空气直接或经净化加热处理后送至室内，以保证室内人员在卫生的空气环境中。

一、通风系统的分类

通风系统按其动力不同可分为自然通风和机械通风；按其作用范围可分为局部通风和全面通风。

1. 自然通风和机械通风

（1）自然通风

自然通风是指通过墙和屋顶上专设的孔口、风道而进行的通风换气方式。自然通风主要靠室外空气流动形成的风压（图 9-1）或室内外空气温度差造成的热压（图 9-2）来实现空气流动。

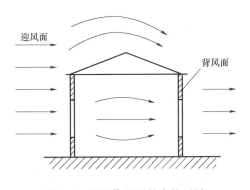

图 9-1　风压作用下的自然通风

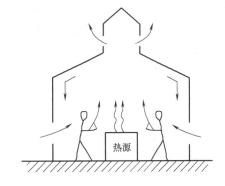

图 9-2　热压作用下的自然通风

依靠风压通风是指利用建筑物迎风面和背风面的风压差驱动实现室内外气流交换。依靠热压通风是指室内温度高于室外温度时，因室内热空气密度小而上升，使室外冷空气经下部门窗补充进来而实现室内外气流交换。

自然通风方式适合于我国大部分地区的气候条件，用于夏季和过渡季节室内的通风、换气及降温。对于夏季室外气温低于 30℃ 高于 15℃ 的累计时间大于 1500h 的地区宜优先考虑采用自然通风。

自然通风量的大小和很多因素有关，如室内外空气温度、室外空气流速和流向、门洞及窗洞的面积和高差等，因此通风换气量不是常数，而是随着气象条件变化而变化的。另一方面，随着工艺条件变化和室内外气象参数的变化，房间所需的通风量也不是常数，这就需要不断地调节通风量，即调节进排风门窗的开启度。

自然通风是一种不需机械动力、廉价的通风方式，在一定条件下可以得到很大的通风量。为了能形成"穿堂风"，迎风面和背风面的外墙开孔面积应占外墙总面积的 25％以上，而且室内空气流动所受的阻挡要少。

（2）机械通风

所谓机械通风即依靠通风机造成的压力迫使空气流通，进行室内外空气交换的方式。机械通风因有通风机的作用，其压力能克服较大的阻力，通过管道和送、排风口系统可将适当数量经过处理的空气送到房间的任意地点，也可将房间污浊的空气排出室外，或者送至净化装置处理合格后排入大气。

机械通风的优点是风量风压不受室外气象条件的影响，空气处理方便，风量调节也比较灵活，缺点是要消耗动力，投资较多。

2. 复合通风

复合通风系统是指自然通风和机械通风在一天的不同时刻或一年的不同季节里，在满足热舒适和室内空气质量的前提下交替或联合运行的通风系统。复合通风系统设置的目的是增加自然通风系统的可靠运行和保险系数，并提高机械通风系统的节能率。

复合通风适用场合包括净高大于 5m 且体积大于 $10000m^3$ 的大空间建筑及住宅、办公室、教室等易于在外墙上开窗并通过室内人员自行调节实现自然通风的房间。研究表明：复合通风系统通风效率高，通过自然通风与机械通风手段的结合，可节约风机和制冷能耗约 10％～50％，既带来较高的空气品质又有利于节能。复合通风在欧洲已经普遍采用，主要用于办公建筑、住宅、图书馆等建筑，目前在我国一些建筑中已有应用。复合通风系统应用时应注意协调好与消防系统的矛盾。

复合通风系统的主要形式包括 3 种：自然通风与机械通风交替运行、带辅助风机的自然通风、热压/风压强化的机械通风。

（1）自然通风与机械通风交替运行

该系统是指自然通风系统与机械通风系统并存，由控制策略实现自然通风与机械通风之间的切换。比如：在过渡时间启用自然通风，冬夏季则启用机械通风；或者在白天开启机械通风而夜晚开启自然通风。

（2）带辅助风机的自然通风

该系统是指以自然通风为主，且带有辅助送风机或排风机的系统。比如，当自然通风驱动力较小或室内负荷增加时，开启辅助送排风机。

（3）热压/风压强化的机械通风

该系统是指以机械通风为主，并利用自然通风辅助机械通风系统。比如，可选择压差较小的风机，而由自然通风的热压/风压驱动来承担一部分压差。

3. 局部通风和全面通风

（1）局部通风

分为局部排风和局部送风两大类。它们利用局部气流使局部工作地点不受有害物的污染，以形成良好的空气环境，如图 9-3 所示。当局部产生了污染，既需要排风又需要补充新鲜适宜的空气时，可以采取局部送排风系统。这种通风更具有针对性，相对全面送排风来说，降低了造价，减少了通风量，避免了流动中造成的沿程污染。

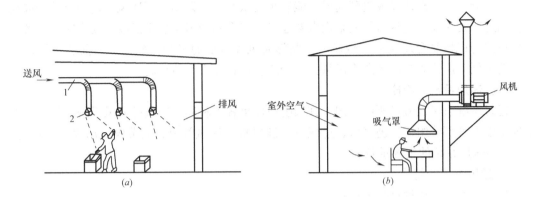

图 9-3　局部通风系统
(a) 局部送风系统；(b) 局部排风系统
1—风管；2—送风口

局部排风是在室内局部工作地点安装的排除局部空间范围内污浊空气的通风系统。当局部产生粉尘或有害气体时，可以通过局部排风系统直接抽吸出去，快速、有效地排除污染空气，同时减少了通风量。图 9-3 (b) 为厨房灶台的局部排风系统，排气罩将污染源灶台产生的油烟等吸入罩内，经罩内设置的金属过滤网过滤后，污染气体中大部分油烟被分离、净化，再用管道和风机送入室外大气。这种系统可以用较小的风量获得较好的通风效果。它适用于安装局部排风设备不影响工艺操作及污染源较小并且集中的场合。

局部送风是向局部工作地点送风，保证工作区有一良好空气环境，这种机械通风方式为局部送风。图 9-3 (a) 为某车间操作岗位的局部送风系统示意，室外空气首先经百叶窗进入空气处理机组，在机组内经过滤器除掉空气中的灰尘，再经加热器（在夏季用冷却器）将空气处理到送风温度，然后在通风机的作用下，经过空气淋浴喷头送往工作区。这种形式的机械通风所需风量小，操作人员首先呼吸到新鲜空气，效果较好。

（2）全面通风

全面通风要不断向室内供给新鲜空气，同时从室内排除污浊空气，使空气中有害物质降低到容许浓度以下。分为全面排风和全面送风两大类。

全面排风就是从整个室内全面均匀地排除污染气体。室内的污染空气经排气口吸入管内，进入空气净化设备，除掉空气中的污染物，然后再用风机经风帽排入大气。这种全面排风系统适用于室内污染源比较分散的场合。

全面送风就是向整个室内全面均匀地输送室外的新鲜空气，以冲淡和稀释室内污染物。所送的空气可以经过加热、降温或除尘处理，也可以不进行处理。采用这种方法，容易使排风口附近的空气比送风口附近的空气污浊。

全面通风的效果不仅与换气量有关，而且与通风的气流组织有关。常见的室内全面通风系统送、排风组合形式有：机械进风、自然排风，自然进风、机械排风，机械进风、机械排风。

通风方案的选择应根据室内卫生标准、生产工艺条件、生产工艺对空气环境的要求、污染物的性质、数量、室外气象参数等多方面的因素综合比较确定。

一般说来，在污染物已经污染某一空间的情况下，尽量优先考虑采用局部通风的措施，在不能设置局部通风或局部通风不能满足要求时，宜采用全面通风。由于自然通风初投资和运行费用少，应尽量优先采用自然通风。当自然通风不能满足技术要求时，应考虑采用自然与机械联合通风或机械通风。局部通风和全面通风相比较而言，前者所需风量小，造价低，应优先考虑者所需风量大，相应设备也庞大，造价高。

二、通风系统的组成

通风系统由于设置场所的不同，其系统组成也各不相同。以机械通风系统为例，一般主要由以下各部分组成：进气口、进气室、通风机、通风管道、调节阀、出风口等部分。图 9-4 为送风系统的组成示意。

1. 送风系统的组成

（1）进风口：也称百叶风口；

（2）进气室：进气室内设有过滤器和空气加热器，用过滤器滤掉灰尘，再由空气加热器将空气加热到所需温度；

（3）通风机：迫使空气流动的设备。它的作用是将处理的空气送入风道，并克服风道阻力而送入室内；

（4）通风管道：用来输送空气。为使室内空气分布均匀，分支管道上可设阀门；

（5）送风口：将空气送入室内。

上述为一般送风系统的组成，具体送风系统由哪几部分组成，应根据实际情况而定。

2. 排风系统的组成

排风系统一般由排气罩、通风管道、通风机、风帽组成，需除尘的设除尘器，如图 9-5 所示。

（1）排气罩：将污浊或有害的气体收集并吸入风管的部件。

（2）通风管道：用来输送污浊气体。

（3）通风机：迫使污浊空气流动。

（4）风帽：处于通风系统末端，将污浊气体排入大气。

三、除尘和净化

室内的有害气体不能直接排放到大气中去，需要设置除尘设备或吸收设备，将空气处理到符合标准再排放到室外。因此，在排风系统中经常会结合除尘系统的应用，图 9-6 为除尘系统示意。

除尘器是除尘系统的重要设备，用于把含尘量较大的空气经处理后排放到大气中。除尘器种类很多，需根据实际情况选用。各种常用除尘器的特点和适用范围见表 9-1。

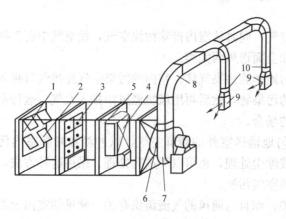

图 9-4 全面机械送风系统

1—百叶窗；2—保温阀；3—过滤器；4—空气加热器；5—旁通阀；
6—启动阀；7—风机；8—风道；9—送风口；10—调节阀

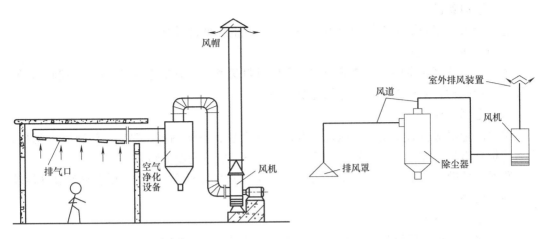

图 9-5 全面机械排风系统　　　　　图 9-6 除尘系统示意

常用除尘器的特点和适用范围　　　　　　　　　表 9-1

形式	种类	名称	适用范围					特点
			粉尘颗粒直径(um)	含尘浓度(gm³)	温度(℃)	效率(%)	净化程度	
干式	重力除尘	沉降室	＞50	不限	＜500	＜50	粗净化	结构简单、制作方便、除尘效率低、占地面积大、压损小
	离心除尘	旋风除尘	5～10	＜100	＜450	60～95	中净化	结构简单,占地小
	过滤除尘	布袋除尘器	＞0.1	5～50	60～300	90～98	精净化	效率高、稳定、大型设备动力消耗大、占地大、结构复杂
		电除尘器	＞0.1	＜10	＜450	90～98	精净化	效率高、动力消耗小、投资高、占地大、结构复杂
湿式		水浴除尘器	1～10	＜20	＜400	80～95	精净化	结构简单、占地小、效率高、腐蚀性气体设备需防腐
		湿式电除尘器	＞0.1	＜5	＜80	90～98	精净化	效率高、动力消耗小、结构复杂、占地大、设备需防腐

高温陶瓷除尘器目前被普遍认为是最有前途的高温除尘设备。陶瓷过滤器对高温燃气中的粉尘进行过滤,用砂砾层(颗粒层除尘器)或纤维层(布袋除尘器)对气体净化都基于同一过滤理论。陶瓷过滤器的过滤元件目前普遍采用高密度材料,制成的陶瓷过滤元件主要有棒式、管事、交叉流式 3 种。比如交叉流式陶瓷过滤器元件,它由薄的多空陶瓷板组成,通过烧结形成带有通道的肋状整体。含尘气体从短通道端进入过滤器,然后在每个通道过滤后进入通道较长的清洁气体端,清洁气体通道的一端封死,清洁气体流入清洁气体汇集箱,短通道内所捕集的尘粒通过反向脉冲气流定期清除。

9.2　通风管材及设备构件

在通风和空调系统中,通风管道(简称风道)用来送入或排出空气。在系统的始末端,设有进、排气的装置,为切断、打开或对系统进行调节,还需要在某些部位设置阀门。

一、通风管道

通风管道是用来输送空气的管道，是输送空气的主要部件之一。

1. 通风管道的管材

通风管道的管材主要有金属薄板和非金属材料两类。通风管道一般采用板材制作，但具体使用什么材料要根据输送气体的性质来确定。

（1）金属薄板

常用的金属薄板有普通薄壁钢板、镀锌薄壁钢板、不锈钢板、铝板、塑料复合钢板。金属薄板具有易于加工制作、安装方便、壁面光滑、能耐高温等特点。

普通的薄壁钢板易加工，有良好的结构强度，表面易生锈。其他金属管材耐腐蚀性较好，强度较高。

（2）非金属材料

非金属管材料有硬聚氯乙烯板、无机玻璃钢风管和保温玻璃钢风管。

（3）各种风管材料介绍如下：

1）一般采用普通钢板，又称为"黑铁皮"，它结构强度高，加工性能好，价格便宜，但表面易生锈，使用时应做防腐处理。

2）镀锌铁皮，又称为"白铁皮"，是由普通钢板表面镀锌而成。它具有普通钢板的特点同时耐腐蚀性能好，故被广泛使用。

3）不锈钢板具有防腐、耐酸、强度高、韧性大、表面光洁等优点，但价格高，常用在洁净度要求高或防腐要求高的通风系统。

4）铝板塑性好、易加工、耐腐蚀、摩擦时不产生火花，多用于洁净度要求高或有防爆要求的通风系统。

5）塑料复合板是在普通钢板上喷一层 0.2～0.4mm 厚的塑料层而成。它既有钢板强度大的性能，又有塑料的耐腐蚀性，多用于防腐要求高的通风系统。

6）玻璃钢板是由玻璃布和合成树脂形成的新型材料。它质轻、强度高、耐腐蚀、耐火，多用在纺织、印染等含腐蚀性气体或含大量水蒸气的排风系统。

7）砖、混凝土，由这两种建筑材料砌筑的风道常用在室外部分。有时也可将风道和建筑物本身的构造结合，用砖、加气混凝土块或钢筋混凝土砌筑在建筑物的内墙中。

2. 通风管道的断面形式

通风管道是通风、空调系统的重要组成部分，用于输送气体，一般呈圆形或矩形。当断面面积相同时，圆形节省材料，加工复杂，不易布置；而矩形风道易加工，更容易和建筑物配合，被普遍采用。矩形风管宽高比适宜在 3.0 以下。风管的截面尺寸应执行《通风与空调工程施工质量验收规范》GB 50243—2002 和《通风管道技术规程》JGJ 141 —2004 的规定。

圆形、矩形风管的形状有统一标准，在设计选用或加工制作时，均以国家制定的《通风管道统一规格》作依据。圆形风管用外径"ϕ"（尺寸中已计入相应的材料厚度）表示，范围 100～2000mm，共 26 种规格，如 $\phi100$、$\phi120$、$\phi140$，具体部分规格可参考表 9-2；矩形风管规格以外边长 $A \times B$ 表示，范围 120mm×120mm～2000mm×1250mm，如 120mm×120mm、160mm×120mm、160mm×160mm，具体部分规格可参考表 9-3。

圆形通风管道统一规格 表 9-2

外径 D(mm)		外径 D(mm)		外径 D(mm)		外径 D(mm)	
基本系列	辅助系列	基本系列	辅助系列	基本系列	辅助系列	基本系列	辅助系列
100	80 90	250	240 250	560	530 560	1250	1180 1250
120	110 120	280	260 280	630	600 630	1400	1320 1400
140	130 140	320	300 320	700	670 700	1600	1500 1600
160	150 160	360	340 360	800	750 800	1800	1700 1800
180	170 180	400	380 400	900	850 900	2000	1900 2000
200	190 200	450	420 450	1000	950 1000		
220	210 210	500	480 500	1120	1060 1120		

注：应优先选用基本系列。

矩形通风管道统一规格 表 9-3

外边长(mm) (长×宽)	外边长(mm) (长×宽)	外边长(mm) (长×宽)	外边长(mm) (长×宽)	外边长(mm) (长×宽)	外边长(mm) (长×宽)
120×120	160×160	200×160	250×120	250×200	320×160
160×120	200×120	200×200	250×160	250×250	320×200
320×250	500×250	630×500	1000×320	250×500	1600×1000
320×320	500×320	630×630	1000×400	1250×630	1600×1250
400×200	500×400	800×320	1000×500	1250×800	2000×800
400×250	500×500	800×400	1000×630	1250×1000	2000×1000
400×320	630×250	800×500	1000×800	1600×500	2000×1250
400×400	630×320	800×630	1000×1000	1600×630	
500×200	630×400	800×800	1250×400	1600×800	

3. 管件

通风管道除直管外，还有弯头、乙字弯、三通、四通和变径管等管件。

目前，我国通风管道和配件已经有了统一规格和标准，选用时应优先考虑，尽量避免选用非标。为减少系统阻力，降低能耗，矩形风管宽高比不宜大于 4，最大不应超过 10；曲率过小的弯头或直角弯头上设导流叶片；风管在变径处应做成渐扩或渐缩管，且每边扩大收缩角度不宜大于 30°；不应过多地使用矩形箱式管件代替弯头、渐扩管和三通等管件，当必须使用时，其断面风速不宜大于 1.5m/s。常用的通风管件如图 9-7 所示。

4. 新型风管—玻镁复合风管

玻镁复合风管是替代铁皮风管和玻璃纤维风管的新一代环保节能型风管。由两层高强度无机材料和一层保温材料为基材，采用胶粘技术和特殊的结构组合连接。因此，施工难度和强度都比其他风管降低了很多。该风管板采用机械化生产，表面光滑、平整，提高了空气输送的效率，漏风率仅为铁皮风管的 10%。玻镁复合风管不论在生产、制作、安装，还是在使用过程中，均不产生对环境有害的物质，不生锈、不发霉、不积尘，无玻璃纤维风管的粉尘及纤维，无异味；导热系数低，保温性能极佳；具有良好的隔声、吸声性能，无铁皮风管收缩和扩张时产生的噪声。不燃、抗折、耐压，使用寿命长达 20 年。被广泛应用于宾馆、饭店、大型商场、写字楼的空调工程以及矿井通风、工厂排烟、除尘等工程。在建筑工程、地下工程及工业厂房的通风中，它已经完全取代了不耐燃的有机玻璃钢通风管，并在逐步取代防腐性能差的镀锌铁皮通风管。尤其是在湿度大的地下工程和长江以南地区，它的优越性更为显著。

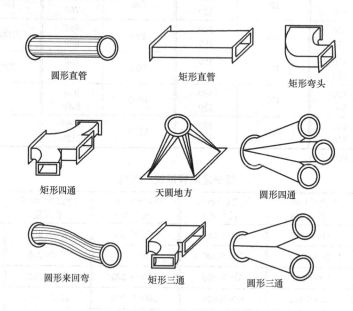

圆形直管　　　　　矩形直管　　　　　矩形弯头

矩形四通　　　　　天圆地方　　　　　圆形四通

圆形来回弯　　　　矩形三通　　　　　圆形三通

图 9-7　矩形、圆形风管及管件图

（1）分类

根据《机制玻镁复合板与风管》JC/T 301—2011 的规定，新型通风管道按使用范围分为：节能型通风空调风管，代号 G I；耐火型风管，代号 G II；洁净型通风空调风管，代号 G III；低温节能型通风空调风管，代号 GIV；普通型通风空调风管，代号 G V；防火型风管，代号 G VI；排烟型风管，代号 G VII。

（2）产品规格

新型通风管道的尺寸主要由设计单位根据工程需要的通风量进行设计，也可根据客户的具体要求设计。新型通风管道的外形分圆形和矩形两种截面。管道的长一般为 2～3m，如果圆形管直径和矩形管的边长大于 1.5m 时，管段长度可适当缩短。管段之间的连接方式有两种：一是法兰连接，一是承插式连接。保温风管多用在冷暖空调工程，其壁厚为保温层加结构厚度。保温层为聚苯乙烯泡沫板或聚氨酯泡沫塑料板，其厚度为 20～30mm。

（3）施工安装

新型通风管道可以手糊成型，也可机械化生产出板材后再裁切粘接成型，如图 9-8 所示。生产过程无有害气体排出，不污染环境，不影响工人健康。新型通风管道分为保温夹层结构管和不保温单层结构管两种。夹层保温管可一次在工厂造好，现场只需定位安装就可，不像镀锌铁皮风管那样，风管安装后，还要再在铁皮外包覆保温层，增加现场施工难度，延长工期。新型通风管道还可以在施工现场先拼接 2~3 节管，使其成一整体较长管，一次吊装，省时省工，安装的要求与其他风管要求无太大差异。玻镁复合风管安装整体效果如图 9-9 所示。

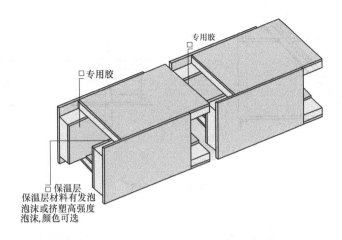

图 9-8 新型风管错位式无法兰连接示意图

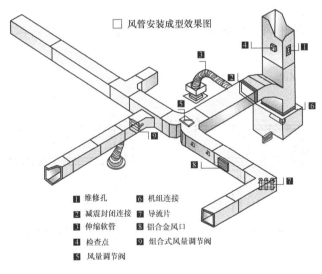

□ 维修孔 □ 机组连接
□ 减震封闭连接 □ 导流片
□ 伸缩软管 □ 铝合金风口
□ 检查点 □ 组合式风量调节阀
□ 风量调节阀

图 9-9 新型风管安装成型效果图

二、通风阀门

阀门通风系统是用于开关和调节风量大小的部件。常用的阀门有插板阀、蝶阀和防火阀、止回阀等。

插板阀一般用在风机出口或主干风道上做开关。通过拉动手柄来调整插板的位置，改变风道的空气流量，如图 9-10（a）所示。这种阀门的特点是严密性好，占地大。

蝶阀的构造如图 9-10（b）所示，多用于风道分支处或空气分布器前端及送风口之前，用来调节流量。可以转动阀瓣的角度来改变空气的流量。蝶阀靠改变阀板的转角来调节风量，操作简便但严密性较差，不宜做关闭用。

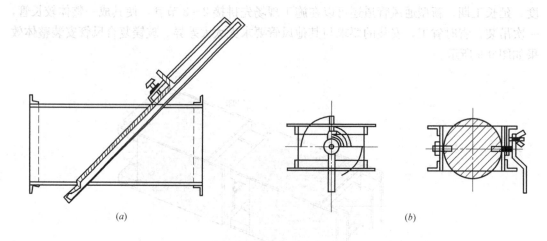

图 9-10　风阀图

(a) 插板阀；(b) 蝶阀

　　风管防火阀如图 9-11 所示，用于防火级别要求较高的通风系统中，是为防止房间在发生火灾时火焰窜入通风系统及其他房间而装置的阀门。其作用是当火灾发生时，能自动关闭管道，隔阻气流，防止火灾蔓延。其设置位置根据设计需要确定。当发生火警时，易熔片熔断，阀板靠自重下落，关闭管道。

　　止回阀的作用是防止风机停止运转时气流倒灌；防爆风阀用在易燃易爆的系统和场所。

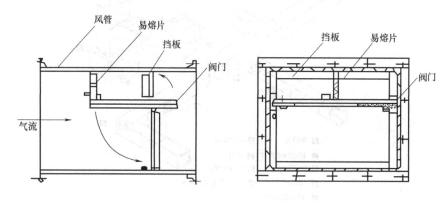

图 9-11　风管防火阀

三、室外进风口、排风口

　　根据使用部位的不同，进、排风口可分为室外和室内两种。

　　1. 室外进风口

　　室外进风口的作用是将室外新鲜空气收集起来，供送风系统使用。一般常用的室外进风口是百叶窗。根据设置的位置不同，可分为设于外围护结构墙的窗口型和独立设置的进气塔型，如图 9-12 所示。图 9-12 (a) 为窗口型，图 9-12 (b) 为进气塔型。

　　2. 室外排风口

　　室外排风口是排风管道的出口，它的作用是将室内污浊的空气排入大气。常设计成塔式安装于屋面。为避免排出的污秽空气污染周围环境，排风装置应高于屋面 1m 以上。如进、排风口都设在屋面时，其水平距离应大于 10m，并且排气口要高于进气口。

四、室内送风口

室内送风口用于将管道输送来的空气以适当的速度、数量和角度送到工作地区。室内送风口的作用，就是均匀地向室内送风。常用的送风口有以下几种：侧向送风百叶风口、散流器和孔板送风口。

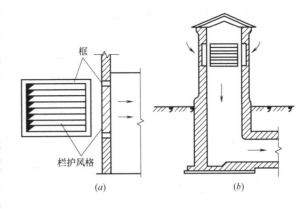

图 9-12 室外进风装置

(a) 窗口型；(b) 进气塔型

1. 百叶式送排风口

百叶式送排风口，如图 9-13 所示，是通风、空调工程中最常用的一种送排风口形式。外形美观，安装简单，可安装在风管上或镶入墙中与墙内管道连接，是一种侧送风百叶式送风口。百叶式送排风口可分为单层和双层百叶式送排风口，侧送风各风口风速不均匀，风量不宜调节控制，一般用于精度要求不高的空调工程。百叶式送排风口一般由铝合金制成，均可安装在风管上或镶入墙中与墙内管道连接。百叶风口是在风道侧壁上装设的矩形送风口，为了调节风量和控制气流方向，孔口可设挡板或插板。

2. 散流器

散流器是由上向下送风的送风口，一般安装在送风管道端部明装或安装于顶棚，如图 9-14 所示，可分为平送式和下送式两种。平送式是指气流从散流器出来后贴附着棚顶向四周流入室内，使射流与室内空气更好地混合后进入工作区。下送式是指气流直接向下扩散进入室内，使工作区被笼罩在送风气流中。

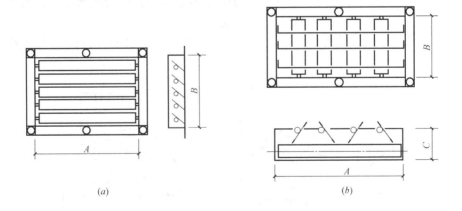

(a)   (b)

图 9-13 百叶式送风口

(a) 单层百叶风口；(b) 双层百叶风口

3. 孔板式送风口

孔板式送风口送风均匀，常安装于顶棚，将空气通过若干圆形或条缝形小孔的孔板送入室内。如图 9-15 所示为顶棚孔板送风口。

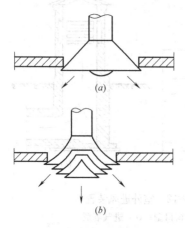

图 9-14　散流器
(a) 盘式；(b) 流线式

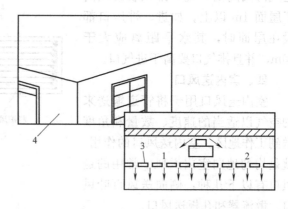

图 9-15　孔板式送风口
1—风管；2—静压室；3—孔板；4—空调机房

4. 空气分布器

在工业厂房中，通风量大时，常采用空气分布器作为送风口。如图 9-16 所示。

五、室内排（回）风口

室内排风口用于将一定数量的污染空气，以一定的速度排出。室内排风口通常多采用单层百叶式排风口，也有采用水平排风管道上的孔口排风形式。室内排（回）风口的作用是将室内空气吸入风道中去，常用的有以下几种：

1. 散点式排（回）风口，上部装有蘑菇形的罩，常设在影剧院的座席下，如图 9-17（a）所示；

2. 格栅式排（回）风口，一般做成与地面相平，如图 9-17（b）所示。

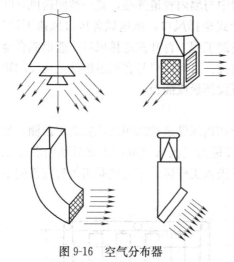

图 9-16　空气分布器

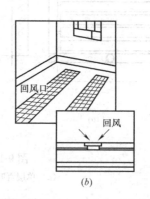

图 9-17　室内地面排（回）风口
(a) 散点式排（回）风口；(b) 格栅式排（回）风口

六、风机

风机是我国对气体压缩和气体输送机械的习惯简称，通常所说的风机包括通风机、鼓风机、压缩机以及罗茨鼓风机，但是不包括活塞压缩机等容积式鼓风机和压缩机。

气体压缩和气体输送机械是把旋转的机械能转换为气体压力能和动能，并将气体输送出去的机械。

1. 按工作原理分类

如图 9-18 所示。

2. 按气体出口压力（或升压）分类

（1）通风机指其在大气压为 0.101MPa、气温为 20℃时，出口全压值低于 0.115MPa；

（2）鼓风机指其出口压力为 0.115～0.35MPa；

（3）压缩机指其出口压力大于 0.35MPa。

3. 离心式通风机单台产品型号用形式和品种表示

（1）形式表示

如图 9-19 所示。

（2）品种表示

如图 9-20 所示。

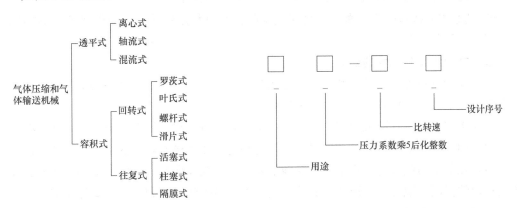

图 9-18　风机分类　　　　　　　　　　图 9-19　形式表示

1）风机产品用途代号按规定；

2）压力系数的 5 倍化整后采用一位数。个别前向叶轮的压力系数的 5 倍化整后大于 10 时，亦可用二位整数表示；

3）比转速采用两位整数。若用二叶轮并联结构，或单叶轮双吸入结构，则用 2 乘以转速表示；

4）若产品的型式中产生有重复代号或派生型时，则在比转速后注序号，采用罗马数字体 Ⅰ、Ⅱ 等表示；

5）设计序号用阿拉伯数字"1"、"2"等表示，供对该型产品有重大修改时用。若性能参数、外形尺寸、地基尺寸，易损件没有更动时，不应使用设计序号；

6）机号用叶轮直径的分米（dm）数表示。

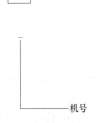

图 9-20　品种表示

9.3　通风管道的布置与敷设

一、风道的布置

风道的布置直接影响到通风与空调系统的总体布置,它与工艺、土建、电气、给水排水等专业密切配合、协调一致。

风道布置的原则:

① 风道布置应整齐、美观、便于检修和测试,并应考虑到其他管道的布置要求和各种管道的维护管理;

② 应考虑工艺和气流组织的要求,可采用架空明敷设,也可以暗敷设于地板下、内墙或顶棚中;

③ 风道的布置应力求顺直,避免复杂的局部管件。管件与风管的连接、支管与干管的连接要合理,以减少阻力和噪声;

④ 风管上应设置必要的调节和测量装置,调节和测量装置应设在便于操作和观察的地方;

⑤ 风道布置应最大限度地满足工艺需要,并且不妨碍生产操作;

⑥ 风道的形状和布置应密切结合建筑空间,并应利用建筑空间兼做风道。如排烟竖井、正压送风竖井等。

二、气流组织与风管的敷设

通过风管可将各个送风口和回风口连接起来,提供一个空气流动的渠道,风管的布置应在气流组织及风口位置确定下来以后进行。

气流组织是指对气流流向和均匀度按一定要求进行组织。所谓气流组织,就是在通风空调房间内合理地布置送风口和回风口,使得经过净化和热湿处理的空气,由送风口送入室内后,在扩散与混合的过程中,均匀地消除室内余热和余湿,从而使工作区形成比较均匀而稳定的温度、湿度、气流速度和洁净度,以满足生产工艺和人体舒适的要求。

布置风管要考虑以下因素:

① 尽量缩短管线,减少分支管线,避免复杂的局部构造件,以节省材料和减小系统阻力;

② 要便于施工和检修,恰当处理与空调水、消防水管道系统及其他管道系统在布置上可能遇到的矛盾。

房间内合理的气流组织主要取决于送风口的形式和位置。目前,常见的气流组织形式有:

1. 侧送风

侧送风如图 9-21 所示,侧送风是目前常用的气流组织形式。侧送风时风道位于房间上部,沿墙敷设,在风道的一侧或两侧开送风口。可以上送风、上回风,也可以上送风、下回风。

它的特点是风口应贴顶布置,形成贴附式射流,回风区进行热交换。回风口设在送风口的同侧,风速为 2~5m/s。冬季送热风时,调节百叶窗使气流向斜下方射出。

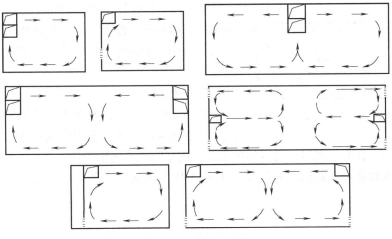

图 9-21 侧送风形式

2. 散流器送风

散流器送风可以进行平送和侧送，如图 9-22 所示。它也是在空气回流区进行热交换。射流和回流流程较短，通常沿顶棚形成贴附式射流时效果较好。它适用于设置顶棚的房间。

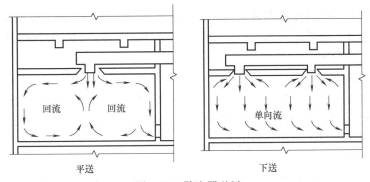

图 9-22 散流器送风

3. 条缝送风

通过条缝形送风口进行送风，其射程较短，如图 9-23 所示。温差和速度变化较快，适用于散热量较大只求降温的房间，如纺织厂、高级公共民用建筑等。

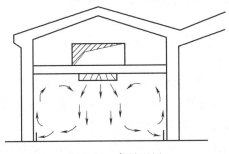

图 9-23 条缝送风

4. 喷口送风

经热、湿处理的空气由房间一侧的几个喷口高速喷出，经过一定的距离后返回，如图

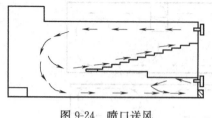

图9-24　喷口送风

9-24所示。工作区处于回流过程中，这种送风方式风速高，射程远，湿度、温度衰减缓慢，温度分布均匀。适用于大型体育馆、礼堂、剧院及高大厂房等公共建筑中。

5. 孔板送风

利用顶棚上面的空间作为静压箱。在压力的作用下，空气通过金属板上的小孔进入室内。回风口设在房间下部。孔板送风时，射流的扩散及室内空气混合速度较快，因此工作区内空气温度和流速都比较稳定，适用于对区域温差和工作区风速要求严格，室温允许波动较小的场合。

9.4　建筑防火排烟系统

现代化的高层民用建筑中，都有可燃的设备设施，为了防止火灾时产生的烟气造成的危害，根据我国现行的《建筑设计防火规范》GB 50016—2014 等，进行建筑的防排烟设计施工。

建筑防排烟有防烟和排烟两种。防烟是阻止火灾产生的烟气侵入疏散路线等区域内，保证疏散路线畅通；排烟是将火灾产生的烟气及时排除，防止烟气向防烟分区以外扩散。

一、建筑防火分区

1. 防火分区的概念

建筑物一旦发生火灾，为了防止火势蔓延扩大，需要将火灾控制在一定的范围内进行扑灭，尽量减轻火灾造成的损失。在建筑设计中，利用各种防火分隔设施，将建筑物的平面和空间分成若干个分区，称为防火分区。

2. 防火分区的划分

防火分区划分的目的是采取防火措施控制火灾蔓延，减少人员伤亡和经济损失。划分防火分区，应考虑水平方向的划分和垂直方向的划分。水平防火分区，即采用一定耐火极限的墙、楼板、门窗等防火分隔物按防火分区的面积进行分隔的空间。按垂直方向划分的防火分区也称竖向防火分区，可把火灾控制在一定的楼层范围内，防止火灾向其他楼层垂直蔓延，主要采用具有一定耐火极限的楼板做分隔构件。每个楼层可根据面积要求划分成多个防火分区，高层建筑在垂直方向应以每个楼层为单元划分防火分区，所有建筑物的地下室，在垂直方向应以每个楼层为单元划分防火分区。

3. 防火分区的划分方法

防火分区的划分方法是根据房间用途和性质的不同把建筑平面用防火墙，防火卷帘隔墙等划分为若干个防火单元，即所谓水平防火分区，也可在竖直方向进行防火分区，以楼板、防火门、防火窗、防火墙、防火分隔水幕等作为分界。

我国建筑设计防火规范规定：耐火等级为一、二级的高层民用建筑其防火分区最大允许面积为1500m²；耐火等级为一、二级的单、多层民用建筑其防火分区最大允许面积为2500m²；耐火等级为三级的单、多层民用建筑物其最大允许建筑面积为1200m²；耐火等级为四级的单、多层民用建筑其最大允许建筑面积为600m²；耐火等级为一级的地下或半地下建筑（室）其防火分区最大允许面积为 $500m^2$；对于体育馆、剧场的观众厅，防火分区的最大允许建筑面积可适当增加；设备用房的防火分区最大允许建筑面积不应大于 $1000m^2$。建筑物内如设有上、下层相连通的走廊，自动扶梯等开口部位，应按上、下连通层作为一个防火分区，其建筑面积之和也不宜超过上述规定。

楼梯间、电梯井、采光天井、通风管道井、电缆井、垃圾井等竖井串通各层的楼板，形成竖向连通孔洞，其烟囱效应十分危险。这些竖井应该单独设置，以防烟火在竖井内蔓延。否则烟火一旦侵入，就会形成火灾向上层蔓延的通道，其后果将不堪设想。

4. 防火阀

防火阀是在一定时间内能满足耐火稳定性和耐火完整性要求，用于管道内阻火的活动式封闭装置。空调、通风管道一旦窜入烟火，就会导致火灾大范围蔓延。因此，在风道贯通防火分区的部位（防火墙），必须设置防火阀。防火阀平时处于开启状态，发生火灾时，当管道内烟气温度达到 70℃ 时，易熔合金片就会熔断而防火阀自动关闭。

防火阀的设置部位：（1）穿越防火分区处。（2）穿越通风、空气调节机房的房间隔墙和楼板处。（3）穿越重要或火灾危险性大的房间隔墙和楼板处。（4）穿越防火分隔处的变形缝两侧。（5）竖向风管与每层水平风管交接处的水平管段上。但当建筑内每个防火分区的通风、空气调节系统均独立设置时，水平风管与竖向总管的交接处可不设置防火阀。（6）公共建筑的浴室、卫生间和厨房的竖向排风管，应采取防止回流措施或在支管上设置公称动作温度为 70℃ 的防火阀。公共建筑内厨房的排油烟管道宜按防火分区设置，且在与竖向排风管连接的支管处应设置公称动作温度为 150℃ 的防火阀。

防火阀的设置要求：（1）防火阀宜靠近防火分隔处设置。（2）防火阀暗装时，应在安装部位设置方便维护的检修口。（3）在防火阀两侧各 2.0m 范围内的风管及其绝热材料应采用不燃材料。（4）防火阀应符合现行国家标准《建筑通风和排烟系统用防火阀门》GB 15930—2007 的规定。

二、建筑防烟分区

1. 防烟分区的概念

为了将烟气控制在一定的范围内，利用防烟隔断将一个防火分区划分成多个小区，称为防烟分区；防烟分区是对防火分区的细分；防烟分区的作用是有效地控制火灾产生的烟气流动；它无法防止火灾的扩散。

2. 防排烟设施的作用

（1）就地排烟。通风降低烟气浓度，将火灾产生的烟气在着火房间就地及时排除，在需要部位适当补充人员逃生所需空气；（2）防止烟气扩散。控制烟气流动方向，防止烟气扩散到疏散通道和减少向其他区域蔓延；（3）保证人员安全疏散。保证疏散补救用的防烟楼梯及消防电梯间内无烟，使着火层人员迅速疏散，为消防队员灭火扑救创造有利条件。

3. 防烟分区面积划分

设置排烟系统的场所或部位应划分防烟分区。防烟分区不宜大于 $2000m^2$，长边不应大于 60m。当室内高度超过 6m，且具有对流条件时，长边不应大于 75m。

设置防烟分区应满足以下要求：

（1）防烟分区应采用挡烟垂壁、隔墙、结构梁等划分；

(2) 防烟分区不应跨越防火分区；

(3) 每个防烟分区的建筑面积不宜超过规范要求；

(4) 采用隔墙等形成封闭的分隔空间时，该空间宜作为一个防烟分区；

(5) 储烟仓高度不应小于空间净高的10％，且不应小于500mm，同时应保证疏散所需的清晰高度，最小清晰高度，应由计算确定；

(6) 有特殊用途的场所应单独划分防烟分区。

4. 防烟分区分隔措施

当建筑横梁的高度超过50cm时，该横梁可作为挡烟设施使用。挡烟垂壁是用不燃材料制成（如钢板、夹丝玻璃、钢化玻璃等），垂直安装在建筑顶棚、横梁或吊顶下，能在火灾时形成一定的蓄烟空间的挡烟分隔设施。

挡烟垂壁常设置在烟气扩散流动的路线上烟气控制区域的分界处，和排烟设备配合进行有效的排烟。其从顶棚下垂的高度一般应距顶棚面50cm以上，称为有效高度。当室内发生火灾时，所产生的烟气由于浮力作用而积聚在顶棚下，只要烟层的厚度小于挡烟垂壁的有效高度，烟气就不会向其他场所扩散。

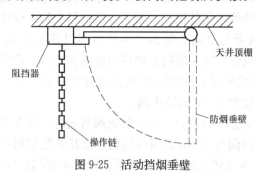

图 9-25　活动挡烟垂壁

挡烟垂壁分固定式和活动式两种。固定式挡烟垂壁和活动式挡烟垂壁的不同点是固定式的固定安装的；而活动式的则是从初始位置自动运行至挡烟工作位置的。其共同点则是都能满足设定挡烟高度的挡烟垂壁。图9-25是活动式挡烟垂壁示意，可以由烟感探测器或手动控制。其下缘距地坪间距应大于1.8m，以便留下人们通过的必要高度。

三、建筑防排烟的方式

高层建筑的排烟设施应分为机械排烟设施和可开启外窗的自然排烟设施。

1. 自然排烟方式

自然排烟是依靠火灾时所产生的热压作用将室内烟气通过可开启的外窗排烟口、室外阳台、屋顶天窗等排至室外。自然排烟不需动力，但受室外风力影响较大。靠外墙的防烟楼梯间及其前室、消防电梯间前室和合用前室，宜采用自然排烟。防烟楼梯间前室或合用前室，利用敞开的阳台、凹廊或前室内有不同朝向的可开启外窗自然排烟时，该楼梯间可不设防烟设施。

2. 机械排烟方式

机械排烟是用排烟风机将烟气通过排烟风口、排烟风道排至室外。机械排烟不受室外风力影响，烟气能及时有组织地排至室外，使火灾温度的影响范围大大降低。但这种方式投资较多，耗用动力，且管道井要占用一定的面积。

排烟口应设在顶棚上或靠近顶棚的墙面上。设在顶棚上的排烟口，距可燃构件或可燃物的距离不应小于1.00m。排烟口平时关闭，并应设有手动和自动开启装置。防烟分区内的排烟口距最远点的水平距离不应超过30m。在排烟支管上应设有烟气温度超过280℃时能自关闭的排烟防火阀。

3. 机械加压送风防烟

机械加压送风系统由加压送风机、送风道、加压送风口及自控装置等组成。依靠加压风机将不经任何处理的室外空气压入防烟楼梯间及其前室，使这些部位的压力高于火灾房间的压力，从而阻止烟气侵入，保证疏散通路的安全。

4. 排烟防火阀

排烟防火阀是安装在排烟系统管道上起隔烟、阻火作用的阀门。它在一定时间内能满足耐火稳定性和耐火完整性的要求，具有手动和自动功能。当管道内的烟气达到280℃时排烟防火阀自动关闭。排烟防火阀一般设置于下列场所：排烟管进入排风机房处；穿越防火分区的排烟管道上；排烟系统的支管上。

9.5 空 调 系 统

一、空气调节的任务及对空气参数的要求

空气调节简称空调，是指在某一空间内，对空气温度、湿度、空气流动速度及清洁度等空气参数进行人工调节，来满足人体舒适和工艺生产过程需要的技术。

以满足人的舒适需要为主的空调称为"舒适性空调"；应用于工业及科学实验的空调称为"工艺性空调"。不同形式的空调，对参数的要求也各不相同，如舒适性空调，侧重于保证室内的空气温度、湿度和流速；而工艺性空调则根据不同的生产工艺各有侧重，例如电子工业中侧重于空气的清洁度，纺织工业中则侧重于空气的相对湿度。

大多数空调房间，主要是控制空气温度和相对湿度。对温度和湿度的要求，常用"空调基数"和"空调精度"来表示。空调基数是指空调区域内所必须保持的空气基准温度和基准相对湿度，空调精度是允许工作区内控制点实际参数偏离基准参数最大的差值。例如，温度 $t_n = 20℃ \pm 0.5℃$ 和 $\Phi_n = 50\% \pm 5\%$，这两组指标完整地表达了室内空气参数的要求。

二、空调系统的分类

空调系统根据不同的分类方法，可分成如下几类：

1. 按空气处理设备的设置情况分

（1）集中式空调系统

此系统的所有空气处理设备均设在一个集中的空调机房内，处理后的空气利用风道输送到各空调房间。此系统处理空气量大，有集中的冷源和热源，运行可靠，便于管理和维修，但机房占地面积大。

（2）半集中式空调系统

此系统除设有集中空调机房外，还设有分散在空调房间内的二次空气处理装置（又称末端装置），如风机盘管、诱导器等。系统中由于设有末端装置，可满足不同空调房间的使用者对空气温、湿度的不同要求。

（3）全分散空调系统

此系统又称为局部或局部机组，它的特点是将冷（热）源、空气处理设备和空气输送装置都集中设在一个空调机内。按照需要，灵活、方便地布置在空调房间里，常用的有窗式空调器、立柜式空调器、壁挂式空调器等。此系统使用灵活，安装方便，节省风道。

2. 按负担室内负荷所采用的介质分

（1）空气系统

是指空调房间内的所有冷热负荷全部由空气来承担的空调系统。由于所用介质空气的比热小，导致吸收余热的空气量很大，此系统的风道截面大，占用空间多。

（2）全水系统

是指空调房间内的所有冷热负荷全部由水来承担的空调系统。相比全空气空调系统，由于水的比热比空气大得多，从而可节省建筑空间，但它不能解决通风换气问题，通常不单独使用。

（3）空气—水系统

是指空调房间内的所有冷、热负荷由空气和水共同承担的空调系统。此系统综合了全空气和全水系统的优点，有效地解决了全空气系统占用建筑空间大和全水系统中空调房间通风换气的问题。

（4）冷剂系统

是指空调房间内的负荷由制冷剂来承担的空调系统。这种系统冷、热源利用率高，占用建筑空间少，可根据不同的空调要求选择制冷或供热，常用于局部空调机组，如家用空调。

3. 根据集中式空调系统处理的空气来源分

（1）封闭式系统

封闭式系统也称全循环式系统。此系统所处理的空气全部来自空调房间，没有室外新风的补充，所以卫生效果差。

（2）直流式系统

直流式系统也称全新风系统。此系统所处理的空气全部来自室外，室外空气经处理后送入室内，然后全部排至室外。常用于不允许回风的场合，如放射性实验室、散发大量有害物的车间等。

（3）混合式系统

混合式系统也称有回风式系统。此系统综合了上述两者的利弊，采用混合一部分回风的做法，既满足了卫生要求又经济合理，故应用最广。

4. 按风道中空气流速分

（1）高速空调系统

此系统主风道中的流速可达 $20\sim30\text{m/s}$，由于风速大，风道断面尺寸可减少许多，多用于层高受限，风道布置困难的建筑物中。

（2）低速空调系统

此系统风道中的流速不超过 $8\sim12\text{m/s}$，风道断面较大，占用较大建筑空间。

三、空调系统的设备

空调系统中有许多设备，选择的系统不同，其设备也不完全相同。

1. 组合式空气处理设备——空调机组

主要由新风口、回风口、过滤器、消声器、喷淋室、加热器（冷却器）和送风口等组成。新风口引入室外新鲜空气；回风口引入空调房间部分回风；过滤器除去空气中的灰尘；消声器消除空气流动时产生的噪声；喷淋室主要用于加湿空气；加热器（冷却器）将空气加热（冷却）到所需温度；送风口将处理后的符合空调要求的空气经空调管道送至空调房间。

空调机也称中央空气处理机。它是将空气处理所需的各种设备集中安装在空调箱内组成，它有金属和非金属两种。多数空调机是厂家已经加工好，用户采用即可；少数较大空调机，需要在现场制作。标准的空调机有回风段、混合段、预热段、过滤段、表冷段、喷水段、加湿段、送风段、消声段和中间段等，如图9-26所示。

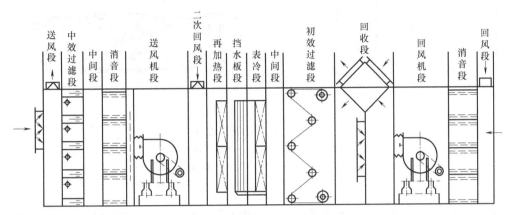

图 9-26　装配式空调箱的结构图

2. 风机盘管

如图9-27所示，为风机盘管系统，是一种应用较广泛的半集中式空调系统。风机盘管内部的电机多为单相电容调速电机，可以通过调节电机输入电压使风量分为高、中、低三档，因而可以相应地调节风机盘管的供冷（热）量。冷水机组和冷水水泵是用来供给风机盘管需要的低温水，室内空气由风机盘管内的低温水得以降温；锅炉或热水机组是用来供给风机盘管制热所需要的热水，室内空气通过风机盘管得到加热；水泵的作用是为冷热水循环提供动力。

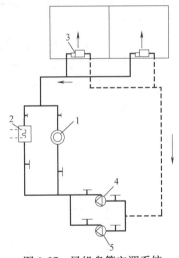

图 9-27　风机盘管空调系统
1—热水锅炉；2—水冷却器；3—风机盘管；
4—冬季用水泵；5—夏季用水泵

风机盘管机组简称风机盘管，主要由盘管（换热器）和风机组成。风机盘管机组是安装在空调系统末端的一种装置，它由风机、盘管（换热器）、电动机、空气过滤器、室温调节器和箱体组成，如图9-28所示。当空气经过风机盘管时得到加热或冷却，保证了室内所需的温度、湿度，风机盘管具有调节风量的装置，使室内空气的冷热和噪声都得以调控。

风机盘管的形式很多，有立式明装、立式暗装、吊顶安装等。图9-28所示为一种吊顶安装的风机盘管结构图。

风机盘管的冷热水管有四管制、三管制和二管制三种。室内温度通过温度传感器来控制进入盘管的水量，进行自动调节；也可通过盘管的旁通门调节。

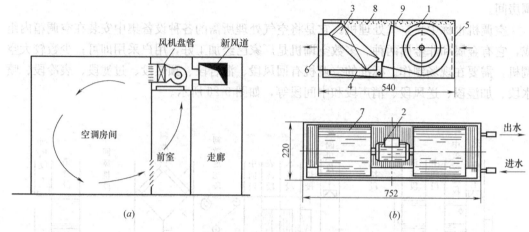

图 9-28　风机盘管构造图

(a) 风机盘管空调系统；(b) 卧式风机盘管结构

1—离心式风机；2—低噪声电动机；3—盘管；4—凝水盘；

5—空气过滤器；6—出风格栅；7—控制器；8—吸声材料；9—箱体

　　风机盘管系统的优点是冷源和热量集中，便于维护和管理，布置灵活，各房间能独立调节，互不影响，机组定型化、规格化，易于选择和安装。缺点是维护工作量大，由于风机转速不能过高造成气流分布受限制等。

　　3. 诱导器

　　诱导器是用于空调房间送风的一种特殊设备，主要由静压箱、喷嘴和二次盘管组成，结构如图 9-29 所示。诱导器系统属于半集中式空调系统。经过集中处理的一次风首先进入诱导器的静压箱，然后以很高的速度（20～30m/s）自喷嘴喷出。由于喷出气流的引射作用，在诱导器内形成负压，室内回风（称为二次风）就被引入，然后一次风与二次风混

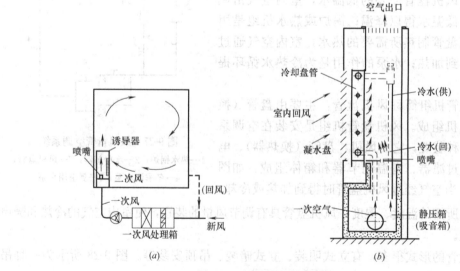

图 9-29　诱导器空调系统

(a) 诱导器空调系统；(b) 诱导器结构

合构成了房间的送风，一次风和室内空气混合后经二次盘管的处理后送入空调房间。送入诱导器的一次风通常是新风，必要时也可使用部分回风。由于诱导器系统空气输送动力消耗大，末端噪声不易控制，调节不够灵活等缺点，目前已不常用。

四、消声与减振

空调系统的风机、水泵、制冷压缩机等在运行时很容易产生噪声和振动，并通过管道和其他结构物传到空调房间。当系统运行产生的噪声超过一定允许值后，将影响人员的正常工作、学习、休息，甚至影响人们的身体健康，因此应采取适当的消声和减振措施。

噪声主要有空气流动噪声和机械运动噪声，前者是由于气流在风管和设备中的流速和压力波动而产生的，后者是设备本身或物体振动产生的。要消除这些噪声，措施有两个方面：一是设法减少噪声的产生，二是在系统中设置消声器。

减少噪声的产生可采取如下措施：首先选择低噪声、高效率风机，风机与电动机的传动方式最好采用直联和联轴器；适当降低风管中的空气流速，有一般消声要求的系统，主风管中的流速不宜超过 8m/s，有严格消声要求的系统，不宜超过 5m/s；通风机进出口与风管之间采用柔性连接，其长度一般为 100～150mm，以减少风管的振动和传声；风机出口避免急转弯；在空调机房内和风管中粘贴吸声材料，以及将风机安装在减振基础上或设在有局部隔声措施的小室内。

1. 消声器的选择和设置

消声器的选择和设置主要由设计计算决定。消声器的构造形式很多，常用的有阻性消声器、抗性消声器、共振性消声器等，如图 9-30 所示。

阻性消声器是用多孔松软的吸声材料制成，当声波传播时，将激发材料孔隙中的分子振动，由于摩擦阻力作用，使声能转化为热能而消失，起到消减噪声的作用，如图 9-30 (a) 所示。

共振性消声器使小孔处的空气柱和共振腔内的空气构成一个弹性振动系统，属于抗性消声器的范畴。当外界噪声的振动频率与该弹性振动系统的振动频率相同时，引起小孔处的空气柱强烈共振，空气柱与孔壁发生剧烈摩擦，声能因克服摩擦阻力而消耗，如图9-30 (b) 所示。

抗性消声器能使气流通过截面积突然改变的风管时，将使沿风管传播的声波向声源方向反射回去而起到消声作用。这种消声器对消除低频噪声有一定效果，如图 9-30 (c) 所示。

以上各种消声器的性能构造尺寸可查阅《暖通专业标准设计图集通风与排烟工程》L13N5。

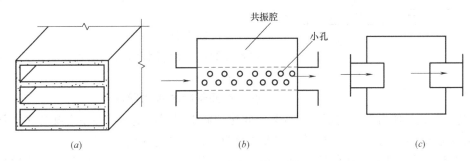

图 9-30 消声器构造示意

(a) 阻性消声器；(b) 共振性消声器；(c) 抗性消声器

2. 减振设备

通风机在运行时，除了产生噪声外，由于离心力的作用将引起设备振动，这种振动直接传给风机的支撑结构和基础，影响某些工艺生产和建筑物安全，因此必须采取减振措施。

风机基础常用的减振方法是设置减振基础和减振设备。

减振设备用于减低空调设备（如风机、制冷压缩机等）运行时产生的振动。常用的设备是减振器。减振器的种类很多，常用的有弹簧隔振器、橡胶隔振器和橡胶隔振垫。

（1）弹簧隔振器

弹簧隔振器是用金属弹簧做成的隔振设备，如图 9-31 所示。隔振器配有地脚螺栓，可固定在支撑结构上。

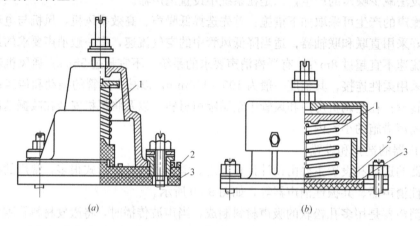

图 9-31 弹簧隔振器结构图

（a）TJ-1-10；（b）TJ-1-14

1—弹簧；2—底盘；3—橡胶垫板

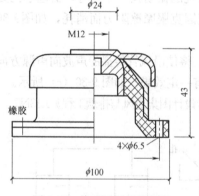

图 9-32 橡胶隔振器结构图

（2）橡胶隔振器

橡胶隔振器是用橡胶做成的隔振设备，如图 9-32 所示。此种橡胶隔振器是用丁腈橡胶经硫化处理成圆锥体，粘结在内外的金属环上，外部套有橡胶防护罩。隔振器上部中心设有小孔，以便用螺栓和设备基座相连。下部设有四个螺栓孔，用于把隔振器和基座相连。

（3）橡胶隔振垫

橡胶隔振垫是用橡胶做成的垫片，有单面和双面两种，如图 9-33 所示。

五、空调制冷的基本原理

"制冷"就是使自然界的某物体或某空间达到低于周围环境温度并使之维持这个温度。实现制冷可通过两种途径：一种是利用天然冷源；另一种是采用人工制冷。

人工制冷是以消耗一定的能量为代价，实现使低温物体的热量向高温物体转移的一种技术，人工制冷的设备称为冷水机组。制冷机有压缩式、吸收式和喷射式等，在空调中应

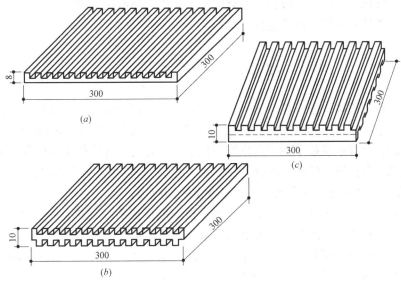

图 9-33　橡胶隔振垫图

用最广泛的是压缩式和吸收式。

压缩式制冷机是利用液体在低温下气化吸热的性质来实现制冷的，如图 9-34 所示。制冷装置中所用的工作物质称为制冷剂，制冷剂液体在低温下气化时能吸收很多热量，因而制冷剂是人工制冷不可缺少的物质。在大气压力下，氨的汽化温度为—33.4℃，氟利昂的汽化温度为—40.8℃，对于空调和一般制冷要求均能满足。氨价格低廉，易于获得，但有刺激性气味、有毒、易燃和有爆炸危险，并对铜及其合金有腐蚀作用。氟利昂无毒、无气味、不燃烧、无爆炸危险、对金属不腐蚀，但其渗透性强，泄漏时不易发现，价格较贵。

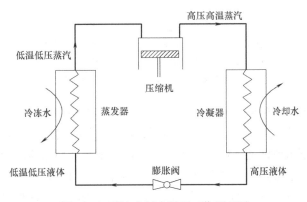

图 9-34　压缩式制冷循环工作原理图

压缩式制冷机主要由压缩机、冷凝器、膨胀阀和蒸发器四个关键性设备所组成，并用管道连接形成一个封闭系统。其工作过程如下：压缩机将蒸发器内产生的低压低温制冷剂蒸气吸入气缸，经压缩后压力提高，排入冷凝器，冷凝器内的高压制冷剂蒸气在定压下把热量传给冷却水或空气，从而凝结成液体。然后该高压液体经过膨胀阀节流减压进入蒸发器，在蒸发器内吸收冷媒的热量而气化，再被压缩机吸走。制冷剂在系统中经历了压缩、冷凝、节流和气化这四个连续过程，也就形成了制冷机制冷循环的工作过程。由此实现了热量从低温物体传向高温物体的过程。

9.6 地源热泵工作原理与设备

热泵是一种利用高位能（煤、油、燃气和电）使热量从低位热源能流向高位热源的节能装置。可以把不能直接利用的低位热能（如空气、土壤和水中所含的热能）转换为可以利用的高位能。地源热泵技术使"高位能—供暖—废弃物"这种传统的单向采暖模式转变为"再生能源＋高位能—供暖—废弃物（火力发电时）—再生能源"的节能循环模式。20世纪80年代后，这项技术在我国得到了高度重视和应用。

地源热泵包括使用土壤、地下水和地表水作为低位热源（或热汇）的热泵空调系统，即以土壤为热源和热汇的热泵系统称之为土壤耦合热泵系统，也称地下埋管换热器地源热泵系统；以地下水为热源和热汇的热泵系统称之为地下水热泵系统。我国目前应用比较广泛的是地下水源热泵技术，图9-35为典型地下水源热泵系统。

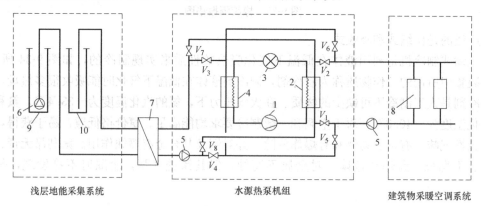

图 9-35　地下水源热泵系统

1—制冷压缩机；2—冷凝器；3—节流机构；4—蒸发器；

5—循环水泵；6—深井泵；7—板式换热器；8—热用户；

9—抽水井；10—回灌井；$V_1 \sim V_8$—阀门

地源热泵技术属可再生能源利用技术。由于地源热泵是利用了地球表面浅层地热资源（通常小于400m深）作为冷热源，进行能量转换。地表浅层地热资源可以称之为地能，是指地表土壤、地下水或河流、湖泊中吸收太阳能、地热能而蕴藏的低温位热能。地表浅层是一个巨大的太阳能集热器，收集了47％的太阳能量，比人类每年利用能量的500倍还多。它不受地域、资源等限制，真正是量大面广、无处不在。这种储存于地表浅层近乎无限的可再生能源，使得地能也成为清洁的可再生能源的一种形式。

地源热泵环境效益显著。其装置的运行没有任何污染，可以建造在居民区内，没有燃烧，没有排烟，也没有废弃物，不需要堆放燃料废物的场地，且不用远距离输送热量。地源热泵应用范围广，可供采暖、空调，还可供生活热水，一机多用，一套系统可以替换原来的锅炉加空调的两套装置或系统。可应用于宾馆、商场、办公楼、学校等建筑，更适合于别墅住宅的采暖和空调。

9.7 室内通风空调系统施工图

在通风空调施工图中，为简化图纸，和采暖施工图一样，常用一些通用图例、符号来代表一定的内容，具体表示按照国家标准图集《暖通空调制图标准》GB/T 50114—2010 绘制。

一、通风空调施工图内容

通风空调系统施工图包括目录、设计施工说明、平面图、剖面图、系统图、详图及主要设备材料表等。较大型工程应有图纸目录，方便查找和阅读。图纸目录包括图纸的组成、名称、张数、图纸顺序等。

1. 平面图

平面图表示通风空调设备、管道的平面布置及与建筑物的尺寸关系，一般表达以下内容，如图 9-36 所示：

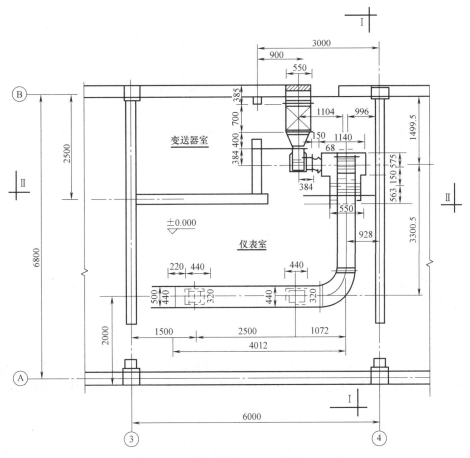

图 9-36 空调平面图 1：200（单位：mm）

① 风机、电动机等设备的位置、形状轮廓及设备型号；

② 空调箱、风管、风口、调节阀等设备与部件的平面位置、与建筑轴线或墙面的距离，用符号注明送、回风口的空气流动方向；

③ 剖面图的剖切位置及其编号。

2. 剖面图

剖面图主要反映管道及设备在垂直方向的布置及尺寸关系，横纵向管道的连接，管道、附件和设备的标高等，如图 9-37 所示。

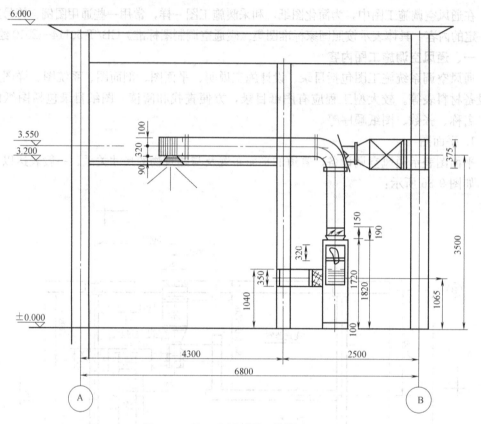

图 9-37　Ⅰ—Ⅰ剖面图（单位：mm）

3. 系统图

系统图主要表示管道在空间的布置及交叉情况，它可以直观地反映它们的上下、前后、左右关系。图中应注有通风空调系统的编号、管道断面尺寸、设备名称及规格型号等。

4. 详图

详图主要表示管道、构件的加工制作及设备的安装要求等，如通风空调管件的展开下料，调节阀、检查门等构件的加工，风机减振基础等设备的安装。常可选用国家标准图和设计院标准图。

二、施工图的读识

一般通风空调系统可按空气性质及流动路线来划分管路。如通风空调系统可分为进风段、空气处理段和排风段，按平面图、剖面图、系统图顺序依次读识。此外还应结合建筑施工图一起识读，搞清楚通风空调管道与土建结构的关系，管道走向与建筑构件如梁、柱、墙、楼板等的位置关系，安装方法及安装管道与土建施工的关系等。读识步骤如下：

① 先看设计施工说明，了解通风空调系统概况、技术要求，图纸是否齐全，图纸编

号与图名是否相符，采用了哪些标准图；

② 看通风空调系统平面图、剖面图、详图，了解设备、管道的平面布置、管道的走向、连接方式、部件位置及管底标高等，通过粗略识图了解全貌；

③ 细读管道设备、附件及阀类的规格、变径、安装设置位置，支架类型、管底离地面的高度等。

三、施工图实例

图 9-36～图 9-39 所示为一个仪表车间的空调施工图。

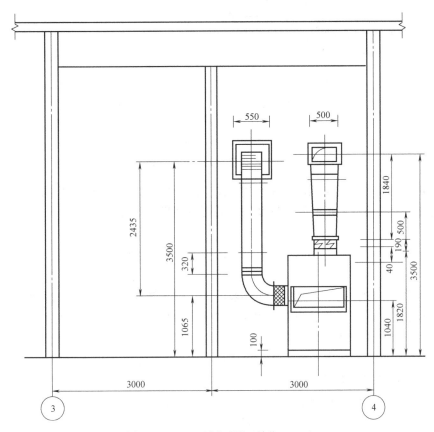

图 9-38　Ⅱ—Ⅱ剖面图（单位：mm）

由图可见，该空调系统设在一层，空调机房设在仪表室北面独立小室。新风进风口由建筑北墙外 3.5m 标高处引入。仪表室的送、回风管均设在机房和仪表室的隔墙上，送风管标高为 3.55m，回风管标高为 1.04m。回风进入立柜式空调机组。

新风通过单层百叶风口、初效过滤器进入立柜式空调机组，和进入的回风一起进行集中处理，处理后的空气由送风管道并通过设在仪表室标高为 3.2m 的两个散流器均匀送入室内。

平面图上可以看出两个剖面图的剖切位置，Ⅰ—Ⅰ剖面位于建筑 4 号轴线西侧，由东向西可以看出送风管、回风口、新风管和送风口的设置情况、管道标高等；Ⅱ—Ⅱ剖面位于机房和仪表室隔墙北侧，由南向北可以看出送风管、新风管设置情况、管道标高等。

空调系统图可以直观地反映出空调管道、设备和附件的设置情况及全貌。为降低系统噪声，新风管道、回风管道和送风管道与空调箱均采用软管连接。

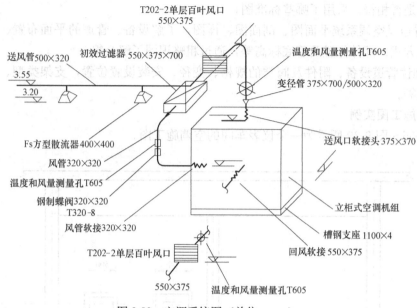

图 9-39　空调系统图（单位：mm）

为监测空调系统的工作状况，系统送风、回风和新风管道上还设有温度和风量测量孔，空调自控装置可以根据监测数据及用户需要不断进行即时调节。

9.8　家用中央空调系统

随着生活水平的提高，人们对居住环境的要求越来越高，以前传统的大型中央空调机组应用于比较高档的写字楼、宾馆、酒店，而传统的房间空调器（如窗机、分体机、柜机）则多用于家庭住宅和档次不高的办公楼等，两者互不牵连。现在随着房地产业的发展，人们的居住面积和档次不断提高，家用小型中央空调系统发展迅猛。

一、家用中央空调概述及优势

家用中央空调的概念起源于美国，是商用空调中的一类产品。家用中央空调，实际上是一台主机带多台终端设备，可以同时调节多个房间温度的空调设备。它是一种介于大型中央空调与普通家用壁挂机、柜式机中的一种小型中央空调。

家用中央空调将全部居室空间的空气调节和生活品质改善作为整体来实现，克服了分体式壁挂和柜式空调对分割室的局部处理和不均匀的空气气流等不足之处。家用中央空调相对于分体式壁挂和柜式空调主要具有以下优点：

1. 室外美观性比较

前者有 1～2 个专门的室外机平台，不可随意外挂，外立面更美观，现多用于中高档小区；后者没有专门的室外机平台，室外机可随意外挂，外立面美观性差，多用于房龄较高老式小区或是中低档小区。

2. 室内美观性比较

前者室内机形式比较多样，装潢比较高档，室内机安装在吊顶内，隐蔽性好，不占室内空间；后者室内机形式单一，装潢比较朴素，室内机要占用室内空间。

3. 气流分布比较

家用中央空调更好的兼顾公用空间，空调整体舒适性更好；并更能灵活对应如更衣室、卫生间、厨房等小空间。

二、家用小型中央空调的类型

现在市场上家用小型中央空调的制冷量一般都要求控制在 $8\sim50kW$ ，所采用的技术类型主要有三种：风系统、氟系统、水系统。

1. 风系统

风系统是以美国为技术代表，室外机组与室内机组通过氟立昂管连接，室内机通过风管把处理过的空气送到各房间内，以达到降漏的目的。常见的品牌有约克、雷诺士等。所以这种风管式的系统对人体来说是比较舒适的，而且可以方便地引入新风、室内不存在漏水等问题。

这种系统各房间内没有风机，噪声也较小。室内机的噪声一般在 $50dB$（A）左右。有些厂家在室内机上增加了过滤和温膜加温的功能，大大提高了该系统的舒适性。但是该系统要求有较高的安装空间，这就要求增加房屋的层高，相应的楼与楼之间的采光间距也要相应增加。另外尤其是国内的建筑外围结构的保温性能很差，这样系统的风量会更大。同时，各房间的风量也不便调节，这样住户的行为节能能力就很小，造成浪费。在系统的设计上要求处理好送回风管同建筑的配合问题。这种系统的风管多是采用复合材料的风管。

2. 氟系统

氟系统是以日本的 VRV 变冷媒系统为代表，常见的品牌有大金、三菱、东芝，国内品牌有美的的 MDV 智能变频中央空调、海尔的 MRV 超级变频一拖多等，但是该系统的一些核心技术均掌握在国外厂商手中。该系统其实早就存在，只是近两三年更多的与户式中央空调联系在一起。该系统的最大长处是在它的控制系统，包括对室内机的单台控制和室外机组的变频调节等，但是价格较贵。随着市场的竞争，国产设备该系统的造价大约能做到 350 元/m^2，进口设备大约在 500 元/m^2。如果要求设置新风系统的话，需另设专门的新风机，造价会更高。

3. 水系统

国内目前一般采用的是水路系统，实际上就是小型的风冷冷水机组加风机盘管系统，国内厂商以清华同方、麦克维尔等为代表，国外的厂商有开利、麦克维尔等。该系统的室外机已包含了循环水泵和膨胀水箱，安装相对还是比较简单的。房间内安装的是风机盘管，走的是水管系统，便于同建筑配合安装。各房间内的风盘可独立的控制调节，现在有的厂家专门研制的户式超薄风机盘管高度仅为 $190mm$，比常规风机盘管的 $250mm$ 小了许多，增加了设备安装的灵活性。但该系统要求处理好冷凝水的排放问题，以免给日后的运行、使用留下隐患。

三、传统中央空调与户式中央空调的原理图，如图 9-40、图 9-41 所示。

四、家用中央空调的安装流程，如图 9-42 所示。

五、家用中央空调的工程案例

广州某工程项目，本项户式空调工程为一栋别墅空调工程。

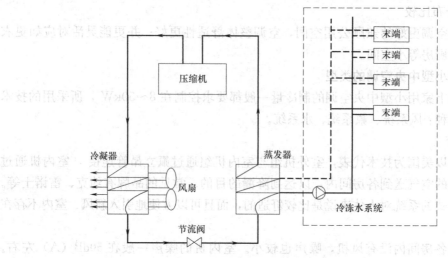

图 9-40 户式中央空调系统原理图

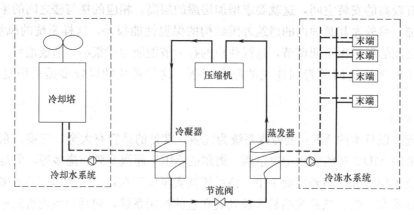

图 9-41 传统中央空调系统原理图

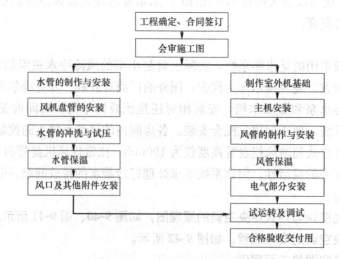

图 9-42 户式中央空调安装流程

1. 空调方案选型

业主提出的空调方案要求有：

（1）只要求供冷，不要求供热；

（2）运行费用要低；

（3）初期工程投资也要低。

2. 根据以上业主的要求，将目前市场上流行的家用中央空调系统主要三种形式加以比较：

（1）氟系统：这是一种冷剂直接膨胀式系统，系统中循环的工质是氟利昂。此系统可以满足运行费用低的要求，但是初投资比较大；

（2）风（管式）系统：风管式系统是由室外机、室内机和风管组成。由于该系统属于一种只能全部开启的系统，不能按需求部位开启，所以运行费用较高，不能满足运行费用低的要求；

（3）水（管式）系统：是由制冷主机、风机盘管、水管和附件组成，系统中循环的是水，运行费用较低。

通过以上分析比较，水管式系统是本工程最佳方案。

3. 空调设计

（1）室内设计参数

（2）风机盘管设计选型

家用中央空调的风机盘管选择与大型中央空调选择不同，大型中央空调使用率较高，几乎所有末端设备均同时开启。而家用空调由于使用对象是家庭，再加上在我国人们节能意识较高，所以，在某一时间内并非所有房间都开。所以使用率一般都低。

4. 水系统设计

一般户式中央空调管路比较短，阻力小，所以都采用异程管。由于建设单位要求材料为绿色环保材料，根据目前有关规范，确定采用 PP-R 管，这种材料是公认的绿色、环保材料。

5. 主机选型

别墅建筑的特点是居住空调较多，入住的家庭成员较少，同时使用率较低，但有时又会有很多朋友在家聚会，即时使用率偏高。所以主机选型很重要，主机选型过大，会造成前期投资偏高；主机选小，又使主机长期处于运转状态，影响主机寿命。

6. 系统设计

（1）定压装置：制冷机组内附装一密闭式膨胀罐。膨胀罐一方面对系统起定压作用，另一方而又可对水系统中水的热胀冷缩起到补偿作用。

（2）排气装置：在系统的最高点设置自动排气阀。

（3）控制系统：风机盘管控制器（温控）、缺水控制（压差旁通阀）、系统连锁。

（4）运行效果：空调系统自 2002 年调试以来，运行情况良好、均达到室内设计温度而且噪声较低、用户完全可以接受。

7. 空调系统材料清单

户式中央空调，目前正在逐渐流行。设计时对于空调房间的风口等设备的布置，还应考虑合理的气流组织，否则室内温度会达不到设计要求。

空调系统材料清单   表 9-4

序号	名称	单位	序号	名称	单位
空调主机系统					
1	户式空调机组	台	2	空调末端	台
空调水系统材料					
1	水泵	台	2	膨胀水箱	个
3	风机盘管用双位电动二通阀	个	4	比例调节电动二通阀	个
5	压差控制电动旁通阀	个	6	橡胶软接头	个
7	Y型过滤器	个	8	止回阀	个
9	水流开关	个	10	自动排气阀	个
11	压力表	个	12	温度计	个
13	风机盘管用软接头	个	14	电动蝶阀	个
15	水路蝶阀	个	16	水路闸阀	个
17	木托	个	18	镀锌钢管	M
19	保温棉管	M	20	法兰片	个
21	冷凝水管	M	22	冷凝水管保温棉	M
空调风系统材料					
1	消声静压箱	个	2	镀锌钢板	M²
3	保温棉	M²	4	送风口	个
5	回风口	个	6	防雨新风百叶	个
7	保温胶水	KG	8	保温胶带	M
9	保温胶钉	个			

工程图纸如图 9-43 所示。

思 考 题

1. 什么是通风？通风的分类？
2. 自然通风系统和机械通风系统的作用原理各是什么？
3. 什么是局部通风，什么是全面通风？
4. 通风系统的常用管材有哪些？
5. 空调系统有哪几种类型？各自有哪些基本组成？
6. 简述集中式空调系统和半集中式空调系统的特点和适用范围。
7. 空调系统中常用的空气处理设备有哪些？各自的作用是什么？
8. 空调系统为何要进行消声和减振？常采用什么方法进行消声和减振？
9. 通风空调系统施工图通常要表达哪些内容？

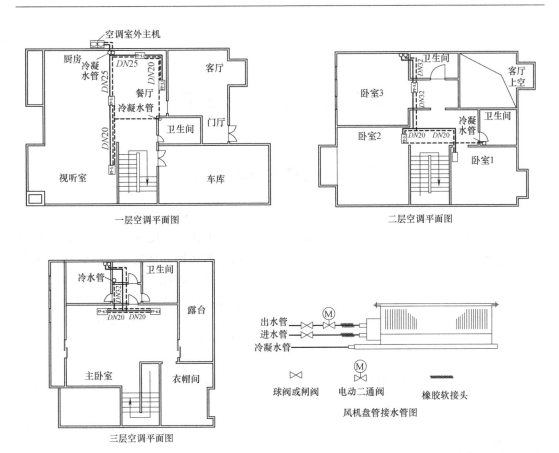

图 9-43 户式中央空调图

第10章　电气基本知识

10.1　电路的基本知识

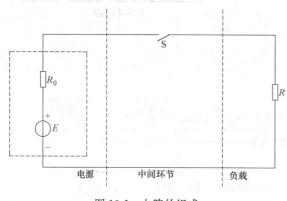

图 10-1　电路的组成

一、电路的组成

电路就是电流流通的路径，不论电路的结构如何复杂，但就其作用来说，可以归纳为三个基本组成部分：电源、负载（负荷）及中间环节（导线、开关）等基本部分组成，如图10-1所示。

1. 电源

电源是一种将非电能转化为电能的装置，常用的电源有干电池、蓄电池和发电机等，它们分别将化学能和机械能转化为电能。

2. 负载

即用电设备，它是消耗电能的装置，其作用是将电能转化为非电能（如机械能、热能、光能等）。负载的大小是以在单位时间内耗电量的多少来衡量的。

3. 中间环节

它包括连接导线及其测量控制保护装置，其作用是将电能从电源安全可靠地输送和分配到负载。

电路中由负载和连接导线等组成的部分称为外电路，而电源内部的通路则称为内电路。

二、电路的状态

电路通常有三种状态：通路、开路和短路。短路时，电源向导线提供电流比正常时高十至几百倍，因而不允许短路。

1. 通路：电路中的开关闭合，负载中有电流通过，这种状态一般称为正常工作状态。

2. 开路：也称为断路，是指电路中某处断开或电路中开关打开，负载（电路）中无电流通过。

3. 短路：电源两端的导线由于某种事故，而直接相连，使负载中无电流通过。

三、电路的基本物理量

1. 电流

表示电流大小的物理量称作电流强度，简称电流，用符号 I 表示，其数值等于单位时间内通过导体截面的电量。电流是电荷的定向流动。电流的方向规定为从电源正极流向负极。

电流分成直流电流和交流电流两大类。直流电流是指电流的方向不随时间变化的电流，如图 10-2 所示；交流电流是指电流的大小和方向随时间作周期性变化的电流，如图 10-3 所示。最常见的是正弦交流电。

在国际单位制中，电流强度的单位是安培（A），简称安。计算微小电流时以毫安（mA）或微安（μA）为单位，它们的关系是：

$$1A = 10^3 \, mA; \quad 1mA = 10^3 \, \mu A$$

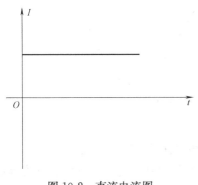 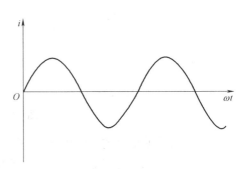

图 10-2　直流电流图　　　　　　　　　　　　图 10-3　交流电流图

2. 电阻

电阻表示导体阻碍电流通过的作用，用 R 表示，单位是欧姆（Ω）。

在实际应用中，还常用到千欧（kΩ）和兆欧（MΩ），它们的换算关系是：

$$1k\Omega = 1000\Omega = 10^3 \, \Omega; \quad 1M\Omega = 1000000\Omega = 10^6 \, \Omega$$

导体电阻是客观存在的，各种材料的电阻是不同的，通常把电阻较小的金属材料，称为导体。导体电阻的大小除了与导体材料本身有关外，还与导体的温度有关，一般金属材料，温度升高导体电阻亦增加。

3. 电压

电路中要有电流，必须先产生电位差，电流才能从电路的高电位点流向低电位点。在电路中，任意两点之间的电位差称为这两点的电压，用符号 U 表示，电压常用的单位是伏特（V），简称伏。有时也用毫伏（mV）、微伏（μV）和千伏（kV）作单位。

其换算关系为：1kV $=$ 1000V，1V $=$ 1000mV，1mV $=$ 1000μV。

电压的方向规定由高电位指向低电位，即沿着电位降低的方向。电流的方向与电压的方向一致。如果在电路中两点电位差为零，就没有电流在这两点间流过。我们把电位相等的点称为等电位，等电位是高压带电作业的理论基础。

四、欧姆定律

欧姆定律：沿着一段导体流动的电流 I 与导体两端的电压成正比，与导体的电阻成反比，即：

$$I = \frac{U}{R} \tag{10-1}$$

五、正弦交流电

正弦交流电在生产和生活中具有极大的实用价值。与直流电相比，它具有两个重要的优点：一方面，交流电可以用变压器改变电压，不仅便于输送，而且损失较小；另一方面，交流电机比直流电机构造简单，造价便宜，而且运行也较为可靠。

如图 10-4 所示，正弦交流电有三个基本特征：大小、变化速度和变化起点。其中正弦交流电的大小用它的有效值来代表；代表变化速度的是正弦交流电的频率；代表变化起点的称为初相。

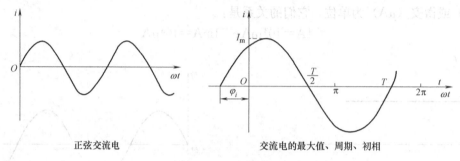

正弦交流电　　　　　　　　交流电的最大值、周期、初相

图 10-4　正弦交流电

通常所说照明电路的电源电压 220V、电动机的电源电压为 380V 以及用电表测量出来的电流、电压都是指有效值。一切交流电器、电机等产品铭牌上的额定电压、电流等也是指有效值。

六、三相交流电

1. 三相交流电的基本特点

三相交流电源是由三个频率相同、最大值相等、相位差为 120°的正弦电动势组成的电源。与单相交流电相比，三相交流电具有以下优点：

（1）三相发电机、变压器较单相电气设备节省材料、性能可靠。

（2）在传输相同功率的情况下，三相输电线路可节省约 25％的金属材料。

（3）三相电动机较单相电动机结构简单，便于维护而且使用较为方便。以上优点决定了三相交流电源必然得到广泛应用，目前的电力系统都采用三相系统。

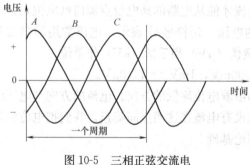

图 10-5　三相正弦交流电

实际应用中的交流电，是由三相发电机产生的三相交流电。将发电机三个独立的绕组首端用 A、B、C 表示，末端用 a、b、c 表示，分别称为 A 相、B 相、C 相绕组。如图 10-5 所示，发出的三个正弦交流电的电动势，分别用 e_A、e_B、e_C 表示，其最大值相等、频率相同、相位不同，彼此之间的相位差为 120°。

2. 三相电源的连接

（1）三相电源的星形接法

三相电源的星形接法也称 Y 形接法，是从发电机绕组的三个首端 A、B、C 引出三根输电线，称为端线或相线，俗称火线；末端 a、b、c 接在一起引出一根输电线，接点称为中性点或中线，通常与大地相接，俗称零线，用 N 表示。这种输电方式采用三根相线和一根中线，叫做三相四线，如图 10-6 所示。三相电源输出分别为相电压和线电压。

相电压是每相绕组两端的电压，其有效值也可用 U_A、U_B、U_C 表示。在 Y 形接法中，相电压即端线（火线）与中线（零线）之间的电压。线电压是任意两端线（火线）之间的电压。其有效值也可用 U_{AB}、U_{BC}、U_{CA} 表示。星形接法相电压和线电压不同。在星形接法时，线电压有效值是相电压的 $\sqrt{3}$ 倍。

通常所说照明电源的电压为 220V，电动机的电压为 380V，就是相电压和线电压之间的区别（$220 \times \sqrt{3} \approx 380V$）。

（2）三相电源的三角形接法

三相电源的三角形接法也称 △ 接法，是把发电机

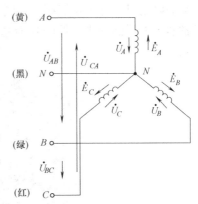

图 10-6　发电机绕组的星形接法

三个绕组线圈首尾相接，并由三个接点引出三根端线。这种输电方式只采用三根端线，叫做三相三线制。三相电源的三角形接法的优点是能节省一根导线。但由于其线电压等于相电压，故只能输出一种电压，而且无法进行接地保护；三相交流发电机通常很难输出标准的正弦波形，所以此种接法应用很少。

3. 三相负载的连接

在三相四线制供电的交流电路中，负载有单相和三相之分。单相负载只用两根电源线（也可以是一根相线一根中线）供电的电气设备，如电灯、民用电炉、单相电动机等。

星形接法是将三相负载的一端分别接在端线 A、B、C 上，另一端一同接在 N 线上，如图 10-7 所示。此时加于各相负载两端的电压为电源的相电压。三角形接法是将三相负载的一端分别接在端线 A、B、C 上，另一端接在另一端线上，如图 10-8 所示。此时加于各相负载两端的电压为电源的线电压。

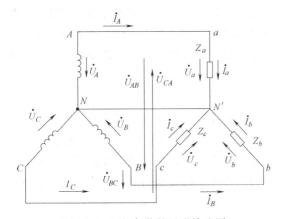

图 10-7　三相负载的星形接法图

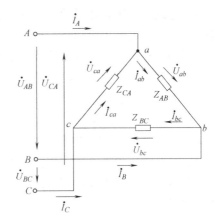

图 10-8　三相负载的三角形接法图

10.2　常用低压电器

一、低压断路器

低压断路器也称为自动空气开关，可用来接通和分断负载电路，也可用来控制不频繁

起动的电动机。它的功能相当于闸刀开关、过电流继电器、失压继电器、热继电器及漏电保护器等电器部分或全部的功能总和，是低压配电网中一种重要的保护电器，如图 10-9所示。

图 10-9 断路器实物图

低压断路器具有多种保护功能（过载、短路、欠电压保护等）、动作值可调、分断能力高、操作方便、安全等优点，所以目前被广泛应用。低压断路器由操作机构、触点、保护装置（各种脱扣器）、灭弧系统等组成。

断路器自由脱扣：断路器在合闸过程中的任何时刻，若是保护动作接通跳闸回路，断路器完全能可靠地断开，这就叫自由脱扣。带有自由脱扣的断路器，可以保证断路器合闸短路故障时，能迅速断开，可以避免扩大事故的范围。低压断路器的主触点是靠手动操作或电动合闸的。主触点闭合后，自由脱扣机构将主触点锁在合闸位置上。过电流脱扣器的线圈和热脱扣器的热元件与主电路串联，欠电压脱扣器的线圈和电源并联。当电路发生短路或严重过载时，过电流脱扣器的衔铁吸合，使自由脱扣机构动作，主触点断开主电路。当电路过载时，热脱扣器的热元件发热使双金属片上弯曲，推动自由脱扣机构动作。当电路欠电压时，欠电压脱扣器的衔铁释放，也使自由脱扣机构动作。分励脱扣器则作为远距离控制用，在正常工作时，其线圈是断电的，在需要距离控制时，按下起动按钮，使线圈通电，衔铁带动自由脱扣机构动作，使主触点断开。

1. 低压断路器分类

断路器按其使用范围分为高压断路器和低压断路器，高低压界线划分比较模糊，一般将 1kV 以上的称为高压电器。按操作方式分：有电动操作、储能操作和手动操作；按结构分：有万能式和塑壳式；按使用类别分：有选择型和非选择型；按动作速度分：有快速型和普通型；按极数分：有单极、二极、三极和四极等；按安装方式分：有插入式、固定式和抽屉式等。

一般来说，具有过载长延时、短路短延时和短路瞬动三段保护功能的断路器，能实现选择性保护，大多数主干线（包括变压器的出线端）都采用它作主保护开关。不具备短路短延时功能的断路器（仅有过载长延时和短路瞬动二段保护），不能作选择性保护，它们只能使用于支路。

断路器是一种基本的低压电器，具有过载、短路和欠电压保护功能，有保护线路和电源的能力。主要技术指标是额定电压、额定电流。断路器根据不同的应用具有不同的功能、品种、规格很多，具体的技术指标也很多。

2. 低压断路器的接线方式

断路器的接线方式有板前、板后、插入式、抽屉式，板前接线是常见的接线方式。

（1）板后接线方式

板后接线最大的特点是，在更换或维修断路器时不必重新接线，只需将前级电源断开。由于该结构特殊，产品出厂时已按设计要求配置了专用安装板和安装螺钉及接线螺钉，需要特别注意的是由于大容量断路器接触的可靠性将直接影响断路器的正常使用，因此安装时必须引起重视，严格按制造厂要求进行安装。

（2）插入式接线

在成套装置的安装板上，先安装一个断路器的安装座，安装座上 6 个插头，断路器的连接板上有 6 个插座。安装座的面上有连接板或安装座后有螺栓，安装座预先接上电源线和负载线。使用时，将断路器直接插进安装座。如果断路器坏了，只要拔出坏的，换上一只好的即可。它的更换时间比板前、板后接线要短，且方便。由于插拔需要一定的人力，因此目前中国的插入式产品，其壳架电流限制在最大为 400A。插入式断路器在安装时应检查断路器的插头是否压紧，并应将断路器安全紧固，以减少接触电阻，提高可靠性。

（3）抽屉式接线

断路器的进出抽屉是由摇杆顺时针或逆时针转动，在主回路和二次回路中均采用了插入式结构，省略了固定式所必须的隔离器，做到一机二用，提高了使用的经济性，同时给操作与维护带来了很大的方便，增加了安全性、可靠性。特别是抽屉座的主回路触刀座，可与 NT 型熔断路器触刀座通用，这样在应急状态下可直接插入熔断器供电。

3. 发展方向

随着真空技术、灭弧室技术的发展及采用新工艺、新材料、新的操动技术，今后断路器会向着专用型、多功能、低过电压、智能化等方向发展。具体来说，各厂家样本提供的断路器尺寸均较老产品小，分断指标都有进步，保护功能齐全，外观较以前有较大改进，有新奇美观的特征。各部件的模块化设计，使产品的通用性提高，经济实用，便于实行大规模专业化生产。还可根据用户的需要，灵活选用，以达到最佳效果。脱扣器系列的模块有经济型、高性能型；二次接插件的模块化设计，则可根据不同的需要增减回路数；触头系统和灭弧室的模块化设计，使四极及大规格断路器设计和加工本钱大大降低。

断路器在向小型化、模块化发展的同时，更注重安全性和可靠性的进步。比如：操纵机构指示上，法国施耐德公司和德国西门子公司都增加了储能后答应合闸和储能后不答应合闸的 2 种指示标志，以进步机构寿命，防止机构空打受损；增加机构操纵次数的显示，使可靠性得以进步。增加反映断路器实时状况的触点，满足断路器合分状况远程监控的需要。

增加脱扣器与断路器本体的连锁，脱扣器若没有正常安装，则断路器不能进行操纵，避免发生误动作。抽屉式断路器增加 3 个位置的连锁指示，方便用户安全、正确地使用；增加插进式触头的锁，进一步提高安全性；面板上，增加对操纵机构的锁、对脱扣器的锁，以避免对断路器的误操纵。

二、低压熔断器

熔断器也被称为保险丝，也可定义为"熔断体"。它是一种安装在电路中，保证电路安全运行的电器元件。熔断器广泛应用于高低压配电系统和控制系统，以及用电设备中，作为短路和过电流的保护器，是应用最普遍的保护器件之一，如图 10-10 所示。

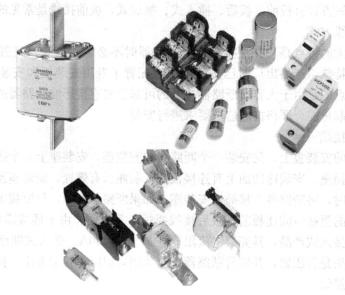

图 10-10　熔断器实物图

　　熔断器是一种过电流保护电器。熔断器主要由熔体和熔管两个部分及外加填料等组成，使用时，将熔断器串联于被保护电路中，当被保护电路的电流超过规定值，并经过一定时间后，由熔体自身产生的热量熔断熔体，使电路断开，起到保护的作用。

　　熔断器是以金属导体作为熔体而分断电路的电器。串联于电路中，当过载或短路电流通过熔体时，熔体自身将发热而熔断，从而对电力系统、各种电工设备及家用电器起到保护作用。具有反时延特性，当过载电流小时，熔断时间长；过载电流大时，熔断时间短。因此，在一定过载电流范围内至电流恢复正常，熔断器不会熔断，可以继续使用。熔断器主要由熔体、外壳和支座 3 部分组成，其中熔体是控制熔断特性的关键元件。

　　低压熔断器的分类如下：

　　（1）插入式熔断器：它常用于 380V 及以下电压等级的线路末端，作为配电支线或电气设备的短路保护用；

　　（2）螺旋式熔断器：熔体上的上端盖有一熔断指示器，一旦熔体熔断，指示器马上弹出，可透过瓷帽上的玻璃孔观察到，它常用于机床电气控制设备中。分断电流较大，可用于电压等级 500V 及其以下、电流等级 200A 以下的电路中作短路保护；

　　（3）封闭式熔断器：封闭式熔断器分有填料熔断器和无填料熔断器两种，有填料熔断器一般用方形瓷管，内装石英砂及熔体，分断能力强，用于电压等级 500V 以下、电流等级 1kA 以下的电路中。无填料密闭式熔断器将熔体装入密闭式圆筒中，分断能力稍小，用于 500V 以下，600A 以下电力网或配电设备中；

　　（4）快速熔断器：快速熔断器主要用于半导体整流元件或整流装置的短路保护。由于半导体元件的过载能力很低。只能在极短时间内承受较大的过载电流，因此要求短路保护具有快速熔断的能力。快速熔断器的结构和有填料封闭式熔断器基本相同，但熔体材料和形状不同，它是以银片冲制的有 V 形深槽的变截面熔体；

（5）自复熔断器：采用金属钠作熔体，在常温下具有高电导率。当电路发生短路故障时，短路电流产生高温使钠迅速汽化，汽态钠呈现高阻态，从而限制了短路电流。当短路电流消失后，温度下降，金属钠恢复原来的良好导电性能。自复熔断器只能限制短路电流，不能真正分断电路。其优点是不必更换熔体，能重复使用。

三、熔断器与断路器的区别

他们相同点是都能实现短路保护，熔断器的原理是利用电流流经导体会使导体发热，达到导体的熔点后导体融断，所以断开电路，保护用电器和线路不被烧坏。它是热量的一个累积，所以也可以实现过载保护，一旦熔体烧毁就要更换熔体。

断路器也可以实现线路的短路和过载保护，不过原理不一样，它是通过电流的磁效应（电磁脱扣器）实现断路保护，通过电流的热效应实现过载保护（不是熔断，多不用更换器件）。

具体到实际中，当电路中的用电负荷长时间接近于所用熔断器的负荷时，熔断器会逐渐加热，直至熔断。像上面说的，熔断器的熔断是电流和时间共同作用的结果，起到对线路进行保护的作用，它是一次性的。而断路器是电路中的电流突然加大、超过断路器的负荷时，会自动断开，它是对电路一个瞬间电流加大的保护，例如当漏电很大时，或短路时，或瞬间电流很大时的保护。当查明原因，可以合闸继续使用。总之，熔断器的熔断是电流和时间共同作用的结果，而断路器，只要电流一过其设定值就会跳闸，时间作用几乎可以不用考虑。断路器是现在低压配电常用的元件。

10.3　建筑供配电系统

建筑供配电系统是建筑电气的最基本系统，它对电能起着接受、变换和分配的作用，向各种用电设备提供电能。

一、电压等级

在电力系统中，直接供电给用户的线路称为配电线路，用户电压如果是 380/220V，则称为低压配电线路。把电压降为 380/220V 的用户变压器称为用户配电变压器。如果用户是高压电气设备，这时的供电线路称为高压配电线路；连接用户配电变压器及其前级变电所的线路也称为高压配电线路。

以上所指的低压，是指 1kV 以下的电压；1kV 及以上的电压称为高压。一般还把 3kV、6kV、10kV 等级的电压称为配电电压，把高压变为这些等级的降压变压器称为配电变压器；接在 35kV 及其以上电压等级的变压器称为主变压器。因此，配电网是由 10kV 及以下的配电线路和配电变压器所组成的，它的作用是将电力分配到各类用户。

二、用电负荷的分类

电力网上的用电设备所消耗的功率称为用户的用电负荷或电力负荷，用户供电的可靠性程度是由用电负荷的性质来决定的。划分负荷等级需根据建筑物的类别和用电负荷的性质，按《民用建筑电气设计规范》JGJ 16—2008 将用电负荷等级划为 3 类，划分的标准是：

1. 一级负荷

（1）中断供电将造成人员伤亡者；

(2) 中断供电将造成重大政治影响者；

(3) 中断供电将造成重大经济损失者；

(4) 中断供电将造成公共场所的秩序严重混乱者。

对一级负荷需采用两个以上的独立电源供电。独立电源是指：两个电源之间无联系；或两个电源之间虽有联系，但在任一个电源发生故障时，另一个电源不致损坏。如一路市电和自备发电机；一路市电和自备蓄电池逆变器组；两路市电，但来自两个发电厂或来自枢纽变电站的不同母线段。

2. 二级负荷

(1) 中断供电将造成较大政治影响者；

(2) 中断供电将造成较大经济损失者；

(3) 中断供电将造成公共场所秩序混乱者。

对二级负荷需采用两个电源供电，但要求条件可以放宽。如两路市电可来自负荷变电站或低压变电所的不同母线段；又如当地区供电条件困难或负荷较小时，可由一路 6kV 及以上电压的专线供电。

3. 三级负荷

凡不属一级和二级负荷者。三级负荷对供电无特殊要求。

三、建筑低压配电系统

建筑低压配电系统适用于民用建筑工频交流电压 1000V 及以下的低压配电系统。

1. 多层公共建筑及住宅的低压配电系统应符合下列规定：

(1) 照明、电力、消防及其他防灾用电负荷，应分别自成配电系统；

(2) 电源可采用电缆埋地或架空进线，进线处应设置电源箱，箱内应设置总开关电器；电源箱宜设在室内，当设在室外时，应选用室外型箱体；

(3) 当用电负荷容量较大或用电负荷较重要时，应设置低压配电室，对容量较大和较重要的用电负荷宜从低压配电室以放射式配电；

(4) 由低压配电室至各层配电箱或分配电箱，宜采用树干式或放射与树干相结合的混合式配电；

(5) 多层住宅的垂直配电干线，宜采用三相配电系统。

2. 高层公共建筑及住宅的低压配电系统应符合下列规定：

(1) 高层公共建筑的低压配电系统，应将照明、电力、消防及其他防灾用电负荷分别自成系统；

(2) 对于容量较大的用电负荷或重要用电负荷，宜从配电室以放射式配电；

(3) 高层公共建筑的垂直供电干线，可根据负荷重要程度、负荷大小及分布情况，采用下列方式供电：

1) 可采用封闭式母线槽供电的树干式配电；

2) 可采用电缆干线供电的放射式或树干式配电；当为树干式配电时，宜采用电缆 T 接端子方式或预制分支电缆引至各层配电箱；

3) 可采用分区树干式配电。

(4) 高层住宅的垂直配电干线，应采用三相配电系统。

10.4 室内配电线路布置

一、照明供电线路的组成

对于一般建筑物的电气照明供电，通常都采用 380/220V 三相四线制供电系统。即由配电变压器的低压侧引出三根相线（L_1、L_2、L_3）和一根零线（N）。

这样的供电方式，最大优点是可以同时提供两种不同的电源电压。对于动力负载可以使用 380 V 的线电压；对于照明负载可使用 220V 的相电压。

照明供电系统一般由以下几部分组成：

1. 进户线

从低压架空线上接到建筑物外墙上，并引入线支架上的一段引线称为架空接户线。由进户点引入到建筑物内的总配电箱一段线路称为进户线。

2. 配电箱

配电箱是接受和分配电能的装置。对于用电量小的建筑物，可以只安装一只配电箱；对于用电负荷大的建筑物，如多层建筑可以在某层设置总配电箱，而在其他楼层设置分配电箱。在配电箱中应装有用来接通和切断电路的开关以及防止短路故障的熔断器和计算耗电量的电度表等。

3. 干线和支线

从总配电箱到分配电箱的一段线路称为干线。从分配电箱引至灯具及其他用电器的一段线路称为支线。支线的供电范围一般不超过 20～30m，支线截面不宜过大，一般应在 1.0～4.0mm² 范围之内。若单相支线电流超过 15A 时，应改为三相或分成多条支线较为合理。

照明供电系统可以用图 10-11 示意。

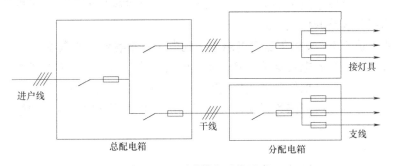

进户线　　总配电箱　　干线　　分配电箱　　接灯具　　支线

图 10-11　照明供电系统示意

在图 10-12 中导线只用一根线条表示，线条上的斜短线数（或数字）表示导线的根数。如进户线上有四根斜短线，就是表示有四根导线（三根火线和一根零线）。由图中还可以清楚看出，进户线将电能引入总配电箱，从总配电箱分出几组干线，每组干线接至分配电箱，再由分配电箱引出若干组支线，电灯、插座及其他用电器就接在支线上。

二、照明供电线路的布置

室内照明线路布置的原则，应力求线路短，以节约导线。但对于明敷导线要考虑整齐美观，必须沿墙面、顶棚作直线走向。对于同一走向的导线，即使长度要略为增加，仍应

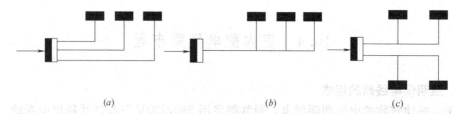

(a)　　　　　　　　　　　(b)　　　　　　　　　　　(c)

图 10-12　照明供电线路的三种布置方式

(a) 放射式；(b) 树干式；(c) 混合式

采取同一线路合并敷设。

1. 进户线

进户点的位置关系到建筑物的立面美观，以及供电工程费用和安全问题。应根据供电电源的位置、建筑物大小和用电设备的布置情况综合考虑确定。一般应尽量从建筑物的侧面和背面进户。进户点的数量不宜过多，建筑物的长度在 60m 以内者，都采用一处进线；超过 60m 的可根据需要采用两处进线。进户线距室内地平面不得低于 3.5m，对于多层建筑物，一般可以由二层进户。

2. 干线的布置

干线的布置方式有三种：放射式、树干式和混合式，如图 10-12 所示。

若需要提高照明供电的可靠性，可采用放射式布置；若为了节省导线和有关电气设备，降低工程造价，可以采用树干式布置；有时考虑到具体情况，如建筑物内某些重要部分要有相当可靠的照明供电，而又要考虑到节约投资，就可以采用混合式的布置方式。

3. 支线的布置

布置支线时，应先将电灯、插座或其他用电设备进行分组，并尽可能地均匀分成几组，每一组由一条支线供电，每一条支线连接的电灯数不要超过 20 盏。一些较在房间的照明，如阅览室、绘图室等应采用专用回路，走廊、楼梯的照明也宜用独立的支线供电。插座是线路中最容易发生故障的地方，如需要安装较多的插座时，可以考虑专设一条支线供电，以提高照明线路的供电可靠性。

三、民用建筑 10kV 及以下室内绝缘电线配电线路布线系统的敷设

金属导管、可挠金属电线保护套管、刚性塑料导管（槽）及金属线槽等布线，应采用绝缘电线和电缆。在同一根导管或线槽内有两个或两个以上回路时，所有绝缘电线和电缆均应具有与最高标称电压回路绝缘相同的绝缘等级。布线用塑料导管、线槽及附件应采用非火焰蔓延类制品。

1. 直敷布线

建筑物顶棚内、墙体及顶棚的抹灰层、保温层及装饰面板内，严禁采用直敷布线。直敷布线应采用护套绝缘电线，其截面不宜大于 6mm²。直敷布线的护套绝缘电线，应采用线卡沿墙体、顶棚或建筑物构件表面直接敷设。直敷布线在室内敷设时，电线水平敷设至地面的距离不应小于 2.5m，垂直敷设至地面低于 1.8m 部分应穿导管保护。护套绝缘电线与接地导体及不发热的管道紧贴交叉时，宜加绝缘导管保护，敷设在易受机械损伤的场所应用钢导管保护。

2. 金属导管布线

金属导管布线宜用于室内、外场所，不宜用于对金属导管有严重腐蚀的场所。明敷于

潮湿场所或埋地敷设的金属导管，应采用管壁厚度不小于 2.0mm 的钢导管。明敷或暗敷于干燥场所的金属导管宜采用管壁厚度不小于 1.5mm 的电线管。穿导管的绝缘电线（两根除外），其总截面积（包括外护层）不应超过导管内截面积的 40%。穿金属导管的交流线路，应将同一回路的所有相导体和中性导体穿于同一根导管内。

除下列情况外，不同回路的线路不宜穿于同一根金属导管内：

（1）标称电压为 50V 及以下的回路；

（2）同一设备或同一联动系统设备的主回路和无电磁兼容要求的控制回路；

（3）同一照明灯具的几个回路。

当金属导管布线的管路较长或转弯较多时，宜加装拉线盒（箱），也可加大管径。暗敷于地下的管路不宜穿过设备基础，当穿过建筑物基础时，应加保护管保护；当穿过建筑物变形缝时，应设补偿装置。绝缘电线不宜穿金属导管在室外直接埋地敷设。必要时，对于次要负荷且线路长度小于 15m 的，可采用穿金属导管敷设，但应采用壁厚不小于 2mm 的钢导管并采取可靠的防水、防腐蚀措施。

3. 刚性塑料导管（槽）布线

（1）刚性塑料导管（槽）布线宜用于室内场所和有酸碱腐蚀性介质的场所，在高温和易受机械损伤的场所不宜采用明敷设；

（2）暗敷于墙内或混凝土内的刚性塑料导管，应选用中型及以上管材；

（3）当采用刚性塑料导管布线时，穿导管的绝缘电线（两根除外），其总截面积（包括外护层）不应超过导管内截面积的 40%；

（4）同一路径的无电磁兼容要求的配电线路，可敷设于同一线槽内。线槽内电线或电缆的总截面积（包括外护层）不应超过线槽内截面的 20%，载流导体不宜超过 30 根。控制与信号线路的电线或电缆的总截面不应超过线槽内截面的 50%，电线或电缆根数不限；

（5）不同回路的线路不宜穿于同一根刚性塑料导管内；

（6）电线、电缆在塑料线槽内不得有接头，分支接头应在接线盒内进行；

（7）刚性塑料导管暗敷或埋地敷设时，引出地（楼）面的管路应采取防止机械损伤的措施；

（8）当刚性塑料导管布线的管路较长或转弯较多时，宜加装拉线盒（箱）或加大管径；

（9）沿建筑的表面或在支架上敷设的刚性塑料导管（槽），宜在线路直线段部分每隔 30m 加装伸缩接头或其他温度补偿装置；

（10）刚性塑料导管（槽）在穿过建筑物变形缝时，应装设补偿装置；

（11）刚性塑料导管（槽）布线，在线路连接、转角、分支及终端处应采用专用附件。

思　考　题

1. 照明供电系统一般由哪几部分组成？

2. 室内照明供电线路有哪些敷设方式？各适用于哪些场所？

3. 照明电路的基本形式有几种？

4. 民用建筑用电负荷是如何规定的？

第11章　建筑照明系统

11.1　照明的基本知识

一、光的基本概念

光是属于一定波长范围内的一种电磁波。而电磁波的波长范围很广，短的如 γ 射线，波长小到如同原子的直径；长的如通信用无线电波，波长可达数万米，而可见光的波长在 380～780nm 之间。在可见光谱范围内，不同波长的电磁波引起人的颜色视觉各有不同，如：700nm 为红色、580nm 为黄色、510nm 为绿色、470nm 为蓝色。紫外线波长在100～380nm 之间，人眼看不见，红外线波长在 780nm～1mm 之间。太阳是天然的红外线发射源，白炽灯一般可发射波长在 500nm 之内的红外线。

1. 光通量（Q）：是指光源在单位时间内，向周围空间辐射出的使人眼产生光感的辐射能，其单位是 lm（流明）；

2. 光强度（I）：是使光源向周围空间某一方向立体角度内辐射的光通量，其单位为 cd（坎德拉）；

3. 照度（E）：受照物体单位面积上接受的光通量，其单位为 lx（勒克司，lm/m^2）；

4. 亮度（L）：发光体在特定方向单位立体角内单位面积的光通量，其单位为 nt（尼脱，cd/m^2）。

二、照明的方式

照明方式可分为：一般照明、局部照明、混合照明和重点照明。

1. 一般照明

一般照明的特点是光线分布比较均匀，能使空间显得明亮宽敞。一般照明适用于观众厅、会议厅和办公厅等场所。为照亮整个场所，均应采用一般照明。同一场所的不同区域有不同照度要求时，为节约能源，贯彻照度该高则高、该低则低的原则，应采用分区一般照明。

2. 局部照明

局部照明是指局限于特定工作部位的固定或移动照明。其特点是能为特定的工作面提供更为集中的光线，并能形成有特点的气氛和意境。客厅、书房、卧室、餐厅、展览厅和舞台等使用的壁灯、台灯、投光等，都属于局部照明。在一个工作场所内，如果只采用局部照明会造成亮度分布不均匀，从而影响视觉作业，故不应只采用局部照明。

3. 混合照明

一般照明与局部照明共同组成的照明，称为混合照明。混合照明实质上是在一般照明的基础上，在需要另外提供光线的地方布置特殊的照明灯具。这种照明方式在装饰照明中应用很普遍，商店、办公楼和展览厅等，大都采用这种照明方式。

对于部分作业面照度要求高，但作业面密度又不大的场所，若只采用一般照明，会大大增加安装功率，因而是不合理的，应采用混合照明方式，即增加局部照明来提高作业面照度，以节约能源，这样做在技术经济方面是合理的。

4. 重点照明

在商场建筑、博物馆建筑、美术馆建筑等一些场所，需要突出显示某些特定的目标或提高该目标的照度时，采用重点照明。

三、照明的种类

1. 正常照明

正常照明是指在正常工作时使用的照明。它一般可单独使用，也可与事故照明、值班照明同时使用，但控制线必须分开。

2. 应急照明

应急照明包括备用照明、疏散照明和安全照明。

（1）备用照明：备用照明是在当正常照明因电源失效后，可能会造成爆炸、火灾和人身伤亡等严重事故的场所，或停止工作将造成很大影响或经济损失的场所而设的继续工作用的照明，或在发生火灾时为了保证消防作用能正常进行而设置的照明。

（2）疏散照明：疏散照明是在正常照明因电源失效后，为了避免发生意外事故，而需要对人员进行安全疏散时，在出口和通道设置的指示出口位置及方向的疏散标志灯和为照亮疏散通道而设置的照明。

（3）安全照明：指正常照明突然中断时，为确保处于潜在危险的人员安全而设置的照明，如使用圆盘锯等作业场所。

3. 警卫照明

在重要的厂区、库区等有警戒任务的场所，为了防范的需要，应根据警戒范围的要求设置警卫照明。

4. 障碍照明

在飞行区域建设的高楼、烟囱、水塔以及在飞机起飞和降落的航道上等，对飞机的安全起降可能构成威胁，应按民航部门的规定，装设障碍标志灯；船舶在夜间航行时航道两侧或中间的建筑物、构筑物等，可能危及航行安全，应按交通部门有关规定，在有关建筑物、构筑物或障碍物上装设障碍标志灯。

5. 值班照明

值班照明是在非工作时间里，为需要夜间值守或巡视值班的车间、商店营业厅、展厅等场所提供的照明。它对照度要求不高，可以利用工作照明中能单独控制的一部分，也可利用应急照明，对其电源没有特殊要求。

6. 装饰照明

为美化装饰某一特定空间而设置的照明称为装饰照明。装饰照明可为正常照明和局部照明的一部分。

四、照明质量

评价房间照明质量的好坏，主要有以下几个方面。

1. 照度合理

为了保护视力、提高工作效率，各种不同类别的房屋在工作面上的照度不能低于给定的推荐值。过低的照度，由于没有良好的视觉条件，则会影响正常的工作与学习，而过高的照度又不利于节约用电。

2. 照度均匀

如果在工作面上照度不均匀，则当人的眼睛从一个表面转移到另一个表面时，就需要经过一个适应过程，从而容易导致视觉的疲劳。为了达到室内照度的均匀，在进行照度计算时，必须合理地布置灯具。在室内作一般照明时，若室内最小照度与平均照度之比不小于 0.7 就可以认为是室内的照度基本均匀。

3. 限制眩光

在人的视野内有极高亮度的光源出现，使光源亮度分布不均匀或者亮度变化幅度太大，人的眼睛就会感到不快，这种对人眼的刺激现象称为眩光。为了限制眩光，可以采用限制光源的亮度；降低灯具表面的亮度；也可以正确地选择照明器，合理布置照明器位置并确定适当的悬挂高度，当照明器悬挂高度增加，就可以大大减少眩光作用。

4. 光源显色性

在采用电气照明时，如果一切物体表面的颜色基本上保持原来的色彩，这种光源的显色性就好。反之，在光源照射下，物体颜色发生了很大的变化，这种光源的显色性就不好。在需要正确辨别色彩的场所，应采用显色性好的光源。可见光源的显色性能也是衡量照明质量好坏的一个因素。如白炽灯、日光灯都是显色性好的光源，而高压水银灯显色性差。为了改善光色有时可以采用两种光源混合使用。

照明质量的好坏，除上述诸因素外，还需考虑照度的稳定性，消除频闪效应等。

5. 频闪

气体放电光源工作时，发出的光通量将随着交流电压和电流作周期性变化，这一现象称为频闪，它使得电源出现闪烁感。一般来说，作为功能性照明的气体放电光源产生的频闪现象是有害的，长时间在这样的光源下工作和学习，容易引起视觉的疲劳；高速旋转的物体在具有频闪的光源照射下，会使人产生"物体是静止"的错觉，因此，在有旋转物体的车间厂房内，一般不宜单独采用此类电光源进行照明，以免留下事故隐患。

照明质量的好坏，不能靠一两项参数或指标来判定，必须根据具体要求与环境进行综合判定，有取有舍，创造一个合理的、经济的、较为完善的舒适照明环境。

11.2　照明电光源、灯具及其选用

一、常见的电光源

1. 热辐射光源

热辐射光源的发光原理是金属在高温下会辐射出可见光，温度越高，在其总辐射量中，可见光所占的比例越大。典型的热辐射光源有白炽灯和卤钨灯等。

（1）白炽灯

普通白炽灯是最常见的一种光源，普遍用于家庭、商店及其他场所。发光的方法是电流通过一根细金属丝，通常是钨丝。其优点是开始使用时费用较低，光色优良，易于进行光学控制，适用于需要调光、要求显色性高、迅速点燃、频繁开关及需要避免对测试设备产生高频干扰的地方和屏蔽室等。因其体积较小，规格齐全，同时易于控光、没有附件、

光色宜人等,特别适用于艺术照明和装饰照明。小功率投光灯还适用于橱窗展示照明和美术馆陈列照明等。但其光效低、寿命短、电能消耗大、维护费用高,使用时间长的工厂车间照明不宜采用。

(2) 卤钨灯

图 11-1 所示为卤钨灯,是在传统白炽灯里加入卤素而成,它们所发出的光强度远远高于白炽灯,可使物体的颜色更加光彩夺目。卤素灯体积小巧且品种规格齐全,既可用于狭窄的局部照明,又可用于宽阔的外墙布光,例如家居、办公室、建筑物外立面和交易会等场合。卤素灯的使用寿命是传统白炽灯的 4 倍。

卤钨灯是白炽灯的改进产品,比白炽灯光效稍高,但和现在的高效光源——荧光灯、陶瓷金属卤化物灯、发光二极管灯等相比,其光效仍很低,因此,不能广泛使用。可应用于商场中高档商品的重点照明(其显色性、定向性、光谱特性等条件优于其他光源)外,不应在旅馆客房的酒吧、床头、卫生间以及宾馆走廊、餐厅、电梯厅、大堂、电梯轿厢、厕所等场所应用。

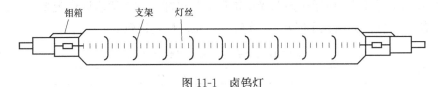

图 11-1 卤钨灯

2. 半导体发光光源

发光二极管,简称 LED (Light Emitting Diode),是由数层很薄的掺杂半导体材料制成,一层带过量的电子,另一层因缺乏电子而形成带正电的空穴。当有电流通过时,电子和空穴复合,释放过剩的能量产生可见光。这种利用注入式电致发光原理制作的二极管称为发光二极管,通称 LED,如图 11-2 所示。

LED 光源的特点如下:

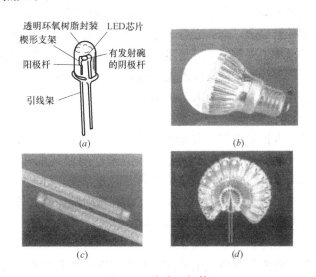

图 11-2 发光二极管

(a) 发光二极管原理;(b) LED 泡球灯;(c) LED 日光灯;(d) LED 景观灯

(1) LED 使用低压电源,供电电压在 6～24V 之间,根据产品不同而异,所以它比使用高压电源的光源更安全，特别适用于公共场所。

（2）消耗能量较同光效的白炽灯减少 80%。

（3）寿命长，达到 10 万 h，光衰为初始的 50%。

（4）响应时间短，白炽灯的响应时间为毫秒级，LED 灯的响应时间为纳秒级。

（5）可结合计算机、网络通信和图像处理等技术，通过软件编程，可利用红、绿、蓝三基色原理产生 1600 多万种颜色。例如，LED 灯为国家游泳中心等奥运场馆营造出了变幻莫测的光影奇观。

（6）对环境无有害金属汞污染。

各种光色的 LED 在交通信号灯、大面积显示屏、手机显示屏和车灯中都得到了广泛应用。近几年来，随着人们对半导体发光材料研究的不断深入，LED 制造工艺的不断进步和新材料的开发和应用，各种颜色的超高亮度 LED 取得了突破性进展，其发光效率提高了近 1000 倍，色度方面已实现了可见光波段的所有颜色，其中最重要的是超高亮度白光 LED 的出现，使 LED 应用于照明光源市场成为可能。它将逐步取代荧光灯、紧凑型节能荧光灯泡。表 11-1 为白光 LED 与荧光灯、白炽灯性能比较。

白光 LED 与荧光灯、白炽灯性能比较　　　　　　　　　表 11-1

照明方式	特　点
白光 LED	具有发热量低、耗电量少（白炽灯泡的 1/8，荧光灯泡的 1/2），寿命长（数万小时以上，是荧光灯的 10 倍）、反应速度快、体积小可平面封装等优点，易开发成轻薄短小的产品，是被业界看好在未来 10 年内，成为替代传统照明器具的潜力商品
荧光灯	荧光灯省电，但废弃物有汞污染、易碎等问题
白炽灯	低效率、高耗电、寿命短、易碎

3. 低压气体放电光源

气体放电光源的发光原理是：利用电流通过灯内的气体或蒸汽时发光的原理制成，蒸汽的弧光放电或非金属电离激发而发出可见光。该灯需要利用镇流器起辉并调节其运作。低压气体放电光源的种类很多，如荧光灯、紧凑型荧光灯、低压钠灯和新型的无极灯等，其共同的特点是发光效率高、寿命长、耐振性好等，代表着新型电光源的发展方向。此外，它们的外形紧凑，因此光线能集中准确地照射到指定区域。正确合理地选用气体放电光源，对于节能和美化室内外环境有着重要意义。

（1）荧光灯

荧光灯是一种低压水银放电灯，其光效极好（可达到 100lm/W），耗能少，其电能消耗只是白炽灯的 1/5，寿命比白炽灯大大延长。荧光灯的低耗电和长寿命有利于环境保护，此外，其循环利用率高，也是环境保护的另一因素。荧光灯工作时需要镇流器以使灯起辉并调节其运作。至于该灯发光的颜色取决于在灯管内侧的磷光体涂层。三基色荧光灯的显色指数甚佳，可应用于化妆室和小型演播室。

（2）高频无极灯

高频无极灯是基于荧光灯气体放电和高频电磁感应两个人们所熟知的原理相结合的一种新型电光源。由于它没有常规电光源所必需的灯丝或电极，故名无极灯。通常，低压气体高频无极灯所使用的工作频率为 2.5～3.0MHz，也就是说，高频无极灯的工作频率比普通白炽灯和日常使用的电感式日光灯、金卤灯、高压钠灯等的工作频率（50Hz）高出 5

万～6万倍，比普通节能灯或电子镇流器的工作频率（30～60kHz）高出约250倍。图11-3是低压气体高频无极灯的工作原理示意，其工作频率2.65MHz。

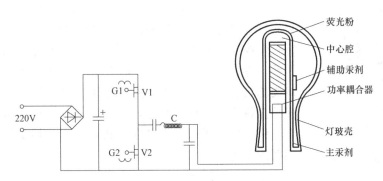

图11-3 低压气体高频无极灯工作原理示意

高频无极灯作为电光源的换代产品已被越来越多的人所认可，并已在许多领域得到应用。它的主要特点如下：

1）寿命长。一般的白炽灯、日光灯、节能灯及其他气体放电灯都有灯丝或电极，而灯丝或电极的溅射效应恰恰是限制灯使用寿命的关键组件。高频无极灯没有电极，是靠电磁感应原理与荧光放电原理相结合而发光，所以它不存在限制寿命的关键组件。使用寿命仅决定于电子元器件的质量等级、电路设计和泡体的制造工艺，一般使用寿命可达5万～10万h。

2）节能。与白炽灯相比，节能达75%左右，85W的高频无极灯的光通量与450W白炽灯光通量大致相当。

3）环保。它使用了固体汞剂，即使打破也不会对环境造成污染，有99%以上的可回收率，是真正的环保绿色光源。

4）无频闪。由于它的工作频率高，所以被视为"完全没有频闪效应"，不会造成眼睛疲劳，保护眼睛健康。

5）显色性好。显色指数大于80，光色柔和，呈现被照物体的自然色泽。

6）色温可选。色温从2700～6500K，由用户根据需要选择，而且可制成彩色灯泡，用于园林装饰。

7）可见光比例高。在发出的光线中，可见光比例达80%以上，视觉效果好。

8）不需预热。可立即启动和再启动，多次开关不会有普通带电极放电灯中的光衰退现象。

9）在电源电压大范围变动（160～265V）下能恒压供电，输出稳定的光通量。功率因数高，电流谐波低，输入端的净化电路和防辐射处理使电磁兼容性符合检测标准。

10）安装可适应性。可在任意方位上安装，不受限制。

由于高频无极灯有上述独特的优点，它的综合性能是其他任何一种电光源所不能比拟的，它几乎汇集了所有不同类型电光源的优点。而今后荧光灯不再必须做成长细型，它将被外形与白炽灯相似的无极灯所取代。高频无极灯可广泛应用于工业、商业、公共场所和公共设施照明，尤其是用于照明范围大、照明时间长、更换灯泡困难、维护成本高的场所。如高空、广场、街道、桥梁、隧道、港口、码头、机场、车站、高速公路、名胜古迹、城市光彩工程和运动场等室外照明以及厂房、生产流水线、大型超市、商场、学校教室、体育馆（场）、博物馆、图书馆、礼堂、大厅、展览馆和地铁站等室内照明。

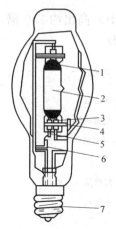

图 11-4 金属卤化物灯
1—保温膜；2—放电管；
3—主电极；4—消气剂；
5—启动电极；6—启
动电阻；7—灯头

4. 高压气体放电光源

(1) 金属卤化物灯

金属卤化物灯光效很好（达到 115lm/W），并能发出一种具有良好显色性的清晰的白光，如图 11-4 所示。该灯较易进行化学控制，可用于优秀照明设施，如泛光照明、运动场所照明、零售店、饭店大厅及商业和公共场所等。金属卤化物灯类的最新产品是陶瓷金属卤化物灯（CMH），这些新型灯的光呈金属卤化物灯的颜色，光效好，其颜色调节性好，使得金属卤化物灯得以扩大其在零售店、商业场所以及在居民区照明的用途。

(2) 高压钠灯

高压钠灯光效很高，能产生极柔和的金黄色光，非常适合于大面积照明，用于道路照明、泛光照明、办公室、商场、接待宾客场地、公园、工作生产及其他商业照明，该灯有一种豪华感，其显色性更好。

(3) 高压汞灯

高压汞灯又称为高压水银荧光灯，高压汞灯是灯类中最古老的一种。这种灯尽管在光效方面不如金属卤化物灯，但仍有广泛的用途，如道路照明、保安照明、景点照明。

(4) 管型氙灯

它是在石英玻璃里充入几个或几十个大气压的氙气，电极间的距离为几毫米至几十毫米，并通过专用触发器产生 20～30kV 高频脉冲高压来点燃。点燃后产生很强的接近于太阳光的连续光谱，故有"小太阳"之称。它是一种高亮度的点光源，光效可达 40～60lm/W。

因其辐射强紫外线，所以安装高度不宜低于 20m。

二、灯具的分类

照明灯具是将电光源发出的光在空间进行重新调整以得到舒适的照明环境的器具，它包括除光源外所有用于固定和保护光源所需的全部零部件，以及与电源连接的线路附件。照明灯具的种类繁多，形状各异，各具特色，可以按不同的方式加以分类。

1. 按使用的光源进行分类

灯具按使用的光源可分为白炽灯、LED灯和高压、低压气体放电灯等。

2. 按灯具的作用分类

按灯具所起的主要作用，可将灯具分为功能性灯具和装饰性灯具。功能性灯具以满足高光效、高显色性、低眩光等要求为主，兼顾装饰方面的要求；而装饰性灯具一般由装饰性零件围绕光源组合而成，以美化空间环境、渲染照明气氛为主。

3. 按照明灯具的配光曲线分类

按配光曲线分类是以灯具上半球和下半球发出光通量的百分比来区分的。一般划分为五类：直接型照明灯具、半直接型照明灯具、漫射型照明灯具、半间接型照明灯具和间接型照明灯具，见表 11-2。

照明灯具的配光曲线　　　　　　　　　　　　　　表 11-2

类型		直接型	半直接型	漫射型	半间接型	间接型
光通量	上半球	0～10%	10%～40%	40%～60%	60%～90%	90%～100%
	下半球	100%～90%	90%～60%	60%～40%	40%～10%	10%～0
特点		光线集中,工作面可获得充分照度,易产生眩光和阴影,有较强的明暗对比,光效高	光线能集中在工作面上,空间也能得到适当照度,此直接型眩光小,阴影小,明暗对比不强	空间各方向光强基本一致,比半直接型眩光小,较柔和	增加了反射光的作用,使光线比较均匀柔和,无眩光,无阴影	扩散性好,光线均匀柔和,避免了眩光和阴影,但光的利用率低
实例						
灯具材料		反光性能良好,不透明的搪瓷、铝、镀银面	半透明、下面开口式玻璃菱形罩、碗形罩	上半部透明,下半部漫射透光材料制成封闭式	与半直接型相反	与直接型相反

4. 按照安装方式分类

（1）吸顶式

吸顶式灯是在顶棚上直接安装的照明器，适用于顶棚比较低的房间作直接照明。其优点是顶棚比较亮，可构成全空间的明亮感。缺点是容易产生眩光，照明效率低。

（2）嵌入顶棚式

嵌入顶棚式灯是嵌入顶棚内安装的，从外部看不到灯具。其适用于顶棚低，要求眩光少的房间。其缺点是顶棚有阴影感，照明效率低。

1）筒灯

装饰设计中常将筒灯按一定格式嵌入顶棚内，并与房间吊顶共同组成所要求的花纹，使之成为一个完美的建筑艺术图案。因此，顶棚的造型极为重要，否则将达不到预想的艺术效果。嵌入式筒灯常用于面积较大的会堂和餐厅等场所。

2）光盒和光带

光盒和光带的光源通常为单列或多列布置的荧光灯管，其透光面可以采用磨砂玻璃、有机玻璃或栅格结构。光盒和光带能够创造良好的照明，可以构成各种图案使房间的建筑构图不至于单调。光盒是嵌于顶棚内的散光面积较大的矩形照明装置。当光盒连续布置成一条线时，得到很长的带状照明装置即为光带。光盒和光带的特点是嵌装在顶棚内，在设计和安装时需要和土建配合。

为了使光盒（带）亮度均匀，断面内灯管的数量应符合要求，一般灯间距离与灯距透射面的距离之比不应超过 2.4。在光盒（带）内最好采用线光源，例如荧光灯管。对于光带，为使沿光带长度亮度均匀，应将光带内成单列或多列布置的荧光灯端部错开。

（3）悬挂式

悬挂式是用软线、链子和管子等将灯具从顶棚吊下来的安装方式。这是在建筑照明中应用较多的一种形式。其装饰效果较好，在与建筑装饰相协调下造成比较富丽堂皇的气氛，能突出中心，色调温暖明亮，有豪华感，光色美观。悬挂式灯具要求房间的高度较高，并且能耗较大。

（4）墙壁式

墙壁式是用托架将灯具直接安装在墙上。这种壁灯主要用于室内装饰，是一种辅助照明器，在墙上能得到美观的光线，重点突出，可表现出室内的宽阔。壁灯有多种形式，如简式壁灯、单（双）叉壁灯、镜前灯和投射壁灯等。其缺点是照明效率较低。

（5）可移动式

可移动式灯具可以自由移动，是一种适用于局部照明的辅助照明器。可以根据室内家具的布置需要，灵活选择式样和摆放位置。例如台灯、床头灯和落地灯都有很强的装饰性。

在装饰装修领域中，灯具作为艺术组成的一部分，有多种多样的造型和各种安装形式，可根据装饰风格及使用要求，科学合理地选用。例如，可以利用各种艺术壁灯来渲染装饰墙面或柱面；对于喷泉水池，可以用各种色彩的水底灯来映照水景，使之更加艳丽多彩；对于宽敞豪华的大堂，选用造型各异的水晶花灯，可使大堂更加豪华明亮。此外，还可根据光源的折射、透射、反射原理进行巧妙的艺术处理。例如，使用各种颜色的灯光纸通过透射而改变灯光色彩，营造出灯光变幻的感觉；利用发光槽、发光板、影壁等，使暗藏的灯光通过折射、反射而打出间接灯光，使发出的光均匀柔和。

三、照明和照明控制

一般照明光源的电源电压在 220V、1500W 及以上的高强度气体放电灯的电源电压宜采用 380V。正常照明单相分支回路的电流不宜大于 16A，所接光源数或发光二极管灯具数不宜超过 25 个；当连接建筑装饰性组合灯具时，回路电流不宜大于 25A，光源数不宜超过 60 个（当采用 LED 光源时除外）；连接高强度气体放电灯的单相分支回路的电流不宜大于 25A。电源插座不宜和普通照明灯接在同一分支回路，当插座为单独回路时，每一回路插座数量不宜超过 10 个（组），用于计算机电源的插座数量不宜超过 5 个（组），并应采用 A 型剩余电流动作保护装置。

在照明控制方面，旅馆的每间（套）客房应设置节能控制型总开关；楼梯间、走道的照明，除应急疏散照明外，宜采用自动调节照度等节能措施。住宅建筑共用部位的照明，应采用延时自动熄灭或自动降低照度等节能措施。当应急疏散照明采用节能自熄开关时，应采取消防时强制点亮的措施。除设置单个灯具的房间外，每个房间照明控制开关不宜少于 2 个。

当照明回路采用遥控方式时，应同时具有解除遥控和手动控制的功能。备用照明、疏散照明的回路上不应设置插座。住宅（公寓）的公共走道、走廊、楼梯间应设人工照明，除高层住宅（公寓）的电梯厅和火灾应急照明外，均应安装节能型自熄开关或设带指示灯（或自发光装置）的双控延时开关。高级住宅（公寓）的客厅、通道和卫生间，宜采用带指示灯的跷板式开关。

四、照明灯具选择

灯具的选择应根据具体房间的功能而定，宜采用直接照明和开启式灯具，并宜选用节能型灯具。住宅（公寓）照明宜选用细管径直管荧光灯或紧凑型荧光灯。当因装饰需要选用白炽灯时，宜选用双螺旋白炽灯。起居室的照明宜满足多功能使用要求，除应设置一般照明外，还宜设置装饰台灯、落地灯等。高级公寓的起居厅照明宜采用可调光方式。卫生间、浴室等潮湿且易污场所，宜采用防潮易清洁的灯具。卫生间的灯具位置应避免安装在便器或浴缸的上面及其背后，开关宜设于卫生间门外。

11.3 照明电器装置的安装和线路敷设

灯具及配电设备在安装时应力求安全可靠，操作简单，维修方便，符合质量要求，遵守操作规程，注意人身安全。

一、固定灯具的方法

灯具安装时，先用电钻将木台的出线孔钻好，木台应比灯具的固定部分大 40mm，塑料台不需钻孔，可直接固定灯具。对于吸顶灯采用木制底的台灯，应在灯具与底台中间铺垫石棉板或石棉布，其灯具固定应牢固可靠，在砌体和混凝土结构上严禁使用木楔、尼龙塞或塑料塞固定。

吸顶或墙面上安装的灯具，固定用的螺栓或螺钉不应少于 2 个。对于白炽灯泡的吸顶灯具，灯泡与绝缘台之间的距离小于 5mm 时，灯泡与绝缘台之间应采用隔热措施。

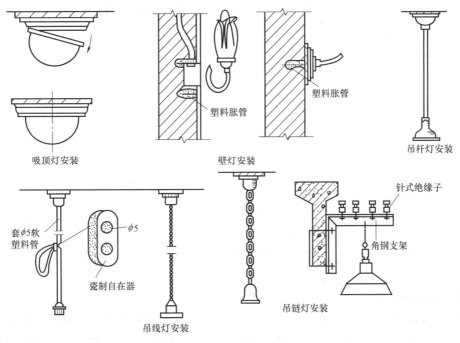

图 11-5 灯具常用的安装方法

二、灯具常用安装方式

灯具安装主要包括普通灯具安装、装饰灯具安装、工厂灯具及防水、防尘灯具安装、医院灯具安装和路灯灯具安装等。常用安装方式有悬吊式、壁装式、吸顶式、嵌入式等。

LED 灯具安装应符合下列规定：灯具安装应牢固可靠，饰面不应使用胶类粘贴；灯具安装位置应有较好的散热条件，且不宜安装在潮湿场所；灯具用的金属防水接头密封圈应齐全、完好；灯具的驱动电源、电子控制装置室外安装时，应置于金属箱（盒）内；金属箱（盒）的 IP 防护等级和散热应符合设计要求，驱动电源的极性标记应清晰、完整。如图 11-5 所示是灯具常用的安装方式。

三、开关的安装

开关按安装方式可分为明装开关和暗装开关两种；按操作方式分为拉线开关、扳把开关、跷板开关、声光控开关等；按控制方式分为单控开关和双控开关；按开关面板上的开关数量可分为单联开关、双联开关、三联开关和四联开关等。

开关安装位置应便于操作，开关边缘距门框的距离宜为 0.15～0.2m；照明开关安装高度应符合设计要求，相同型号并列安装高度宜一致，并列安装的拉线开关的相邻间距不宜小于 20mm。为了美观，安装在同一建筑物、构筑物内的开关，宜采用同一系列的产品，单控开关的通断位置应一致，且操作灵活、接触可靠。相线应经开关控制。

跷板式开关只能暗装，扳把开关可以明装也可暗装，但不允许横装。跷板式开关的通断位置如图 11-6 所示。

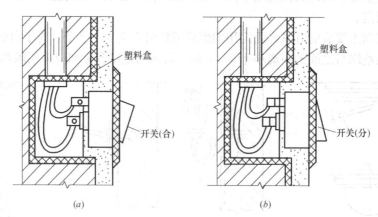

图 11-6 跷板开关通断位置
（a）开关处在合闸位置；（b）开关处在断开位置

一般按钮常用在控制电路中，可应用于磁力启动器、接触器、继电器及其他电器的控制之中，带指示灯式按钮还适用于灯光信号指示的场合。按钮的安装分为明装和暗装。

一般按钮的安装程序是：测位、划线、打眼、预埋螺栓、清扫盒子、上木台、缠钢丝弹簧垫、装按钮、接线、装盖。

四、插座的安装

插座是各种移动电器的电源接取口。插座可分为单相两孔插座、单相三孔插座、三相四孔插座、三相五孔插座、防爆插座、地插座、安全型插座等。插座的安装分为明装和暗装。

插座的安装程序是：测位、划线、打眼、预埋螺栓、清扫盒子、上木台、缠钢丝弹簧垫、装插座、接线、装盖。《建筑电气工程施工质量验收规范》GB 50303—2015 对插座的安装有下列规定：

1. 暗装的插座盒或开关盒应与饰面平齐，盒内干净整洁，无锈蚀，绝缘导线不得裸露在装饰层内；面板应紧贴饰面、四周无缝隙、安装牢固，表面光滑、无碎裂、划伤，装饰帽（板）齐全。

2. 插座安装高度应符合设计要求，同一室内相同规格并列安装的插座高度宜一致。

3. 地面插座应紧贴饰面，盖板应固定牢固、密封良好。

4. 当交流、直流或不同电压等级的插座安装在同一场所时，应有明显的区别，插座不得互换；配套的插头应按交流、直流或不同电压等级区别使用。

5. 每户电源插座的设置数量不应少于表 11-3 的规定。

每户电源插座的设置数量　　　　　　　　　　　　　　表 11-3

部位 插座类型	起居室 （厅）	卧室	厨房	卫生间	洗衣机、冰箱、排风机、 空调器等安装位置
二、三孔双联插座（组）	3	2	2	—	—
防溅水型二、三孔双联插座（组）	—	—	—	1	—
三孔插座（个）	—	—	—	—	各1

6. 住宅内电热水器、柜式空调宜选用三孔 15A 插座；空调、排油烟机宜选用三孔 10A 插座；其他宜选用二、三孔 10A 插座；洗衣机插座、空调及电热水器插座宜选用带开关控制的插座；厨房、卫生间应选用防溅水型插座。

7. 住宅分户箱内应配置有过电流保护的照明供电回路、一般电源插座回路、空调插座回路、电炊具及电热水器等专用电源插座回路。厨房电源插座和卫生间电源插座不宜同一回路。除壁挂式空调器的电源插座回路外，其他电源插座回路均应设置剩余电流动作保护器。

8. 电源插座底边距地低于 1.8m 时，应选用安全型插座。

9. 插座的接线应符合下列要求：

（1）单相两孔插座，面对插座的右孔或上孔应与相线连接，左孔或下孔应与中性导线（N）连接；单相三孔插座，面对插座的右孔应与相线连接，左孔与中性导线（N）连接。

（2）单相三孔、三相四孔及三相五孔插座的保护接地导体（PE）应接在上孔；插座的保护接地导体端子不得与中性导体端子连接；同一场所的三项插座，其接线的相序应一致。

（3）保护接地导体（PE）在插座之间不得串联连接。

（4）相线与中性导体（N）不应利用插座本体的接线端子转接供电。

面对插座接线如图 11-7 所示，PE 线在插座端子处"串联"与"不串联"连接的做法如图 11-8 所示。

图 11-7　面对插座接线图
1—零线；2—相线；3—PE 线

五、配电箱的安装

配电箱按用途不同可分为动力配电箱和照明配电箱两种；根据安装方式不同可分为悬挂式（明装）、嵌入式（暗装）以及落地式配电箱；根据制作材料可分为铁质、木质及塑

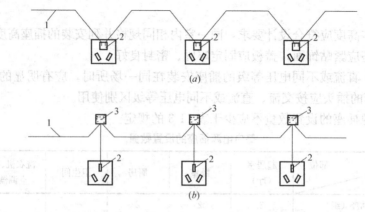

图 11-8 PE线在插座端子处"串联"与"不串联"连接的做法

(a) PE串联连接的做法；(b) PE不串联连接的做法

1—PE绝缘导线；2—PE插孔；3—导线连接器

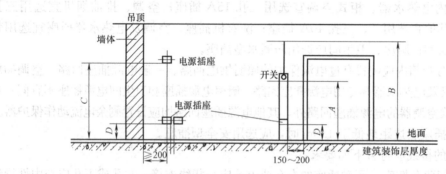

图 11-9 开关插座安装要求示意（单位：mm）

料制配电箱，施工现场应用较多的是铁制配电箱。另外，配电箱按产品还可划分为成套配电箱和非成套配电箱。成套配电箱是由工厂成套生产组装的，非成套配电箱则根据实际需要来设计制作。

《建筑电气工程施工质量验收规范》GB 50303—2015 对照明配电箱（盘）的安装有明确要求：

（1）箱（盘）内配线应整齐、无铰接现象；导线连接应紧密、不伤线芯、不断股；垫圈下螺丝两侧压的导线截面积应相同，同一电器器件端子上的导线连接不应多于2根，防松垫圈等零件应齐全；

（2）箱（盘）内开关动作应灵活可靠；

（3）箱（盘）内宜分别设置中性导体（N）和保护接地导体（PE）汇流排，汇流排上同一端子不应连接不同回路的N或PE；

（4）柜、台、箱相互间或与基础型钢间应用镀锌螺栓连接，且防松零件应齐全；当设计有防火要求时，柜、台、箱的进出口应做防火封堵，并应封堵严密。

（5）箱体开孔应与导管管径适配，暗装配电箱箱盖应紧贴墙面，箱（盘）涂层应完整；

（6）箱（盘）内回路编号应齐全，标识应正确；

（7）箱（盘）应采用不燃材料制作；箱（盘）应安装牢固、位置正确、部件齐全，安装高度应符合设计要求，垂直度允许偏差不应大于 1.5‰；

（8）每户应配置一块电能表、一个配电箱（分户箱）。每户电能表宜集中安装于电表箱内（预付费、远传计量的电能表可除外），电能表出线端应装设保护电器。电能表的安装位置应符合当地供电部门的要求；

（9）住宅配电箱（分户箱）的进线端应装设短路、过负荷和过、欠电压保护电器。分户箱宜设在住户走廊或门厅内便于检修、维护的地方。

施工现场常使用的是成套配电箱，其安装程序是：预埋—管与箱体连接—安装盘面—装盖板。

11.4 建筑装饰照明

室内外装饰照明既是照明系统的一部分，又是展现室内外装饰效果的重要手段，其设计与施工既要符合国家现行的电气照明规范标准，又要满足室内外装饰艺术方面的要求，因而装饰照明是电气照明技术与建筑装饰艺术的有机结合。

一、建筑装饰照明的作用

在建筑装饰设计中，对光源特性掌握及运用的好坏将直接影响装修的艺术效果。一个完美的装饰设计，一是要靠流畅的空间划分、合理的功能布局、严密的装饰语言设计，更重要的是靠五彩缤纷的灯光效果及艺术照明来映托空间、强化装饰语言，将艺术效果和装饰风格通过灯光反映出来，并展现给人们。建筑装饰照明设计的任务就是如何根据灯光光源的特性，考虑不同空间环境、不同使用功能和不同艺术风格来科学合理地选择运用光源及灯具。

1. 创造并烘托环境气氛

通过装饰性灯具的各种光色和艺术表现力，创造并控制室内外空间的照明气氛和舒适环境，突出重点部位的装饰效果，是建筑装饰设计与施工中必须考虑的重要因素。营造适宜的空间环境气氛，首先应选择合适的电光源的光色，如宾馆的门厅、宴情厅和卧室等处，宜采用暖色调光源，以给人带来温暖舒适、热情亲切的感觉，而在阅览室、教室、病房等处，则适宜采用冷色调光源，从而产生宁静、轻松和安详的效果。此外，还应考虑不同光色产生的空间距离感。一般而言，暖色光具有使空间缩小和接近的感觉，因 而暖色光也称为近色，而冷色光则易使人产生空间放大和疏远的感觉，所以冷色光也称为远色。根据光色的这一视感作用，在狭小的空间内宜采用冷色调光源，而在宽大的室内空间中，可采用暖色调光源。

2. 运用光影使空间产生变化和层次感

合理运用光和影、亮和暗的分布与平衡，有利于突出空间的深度和层次，在装饰照明设计中，应充分利用装饰灯具丰富的表现力，以形成生动的光影效果和明暗对比效果，从而加强空间的变化和层次感。根据建筑物内各个部位的重要性程度，通过空间亮度分布的处理，将重要的部位加以突出，形成一个（或多个）视觉注视中心。

二、建筑装饰照明的表现形式

建筑化照明是指将照明装置与建筑物的某一部分融为一体的照明处理方式，主要形式有：

1. 光梁和光带

光梁是将一定造型的灯具突出顶棚表面而形成的带状发光体（图 11-10）。光带是将光源嵌入顶棚，其发光面与顶棚齐平（图 11-11）。光梁和光带的光源通常为单列或多列布置的荧光灯管，其透光面可以采用磨砂玻璃、有机玻璃或栅格结构。光梁和光带可以做成在顶棚下维护或在顶棚上（上人夹层）维护的形式。在顶棚上维护时，光梁或光带的反射罩应做成可揭开的，灯座和透光面则固定安装。为了在夹层中进行工作，应在夹层中装设少量灯具；当光梁或光带在顶棚下维护时，应将透光面做成可拆卸的以便更换灯管或拆修其他元件。

光梁和光带形成的光照效果可使室内清晰明朗，使得空间具有一定的长度感、宽度感和通透感。采用光带时，顶棚简洁平整，给人以舒适开朗的感觉。

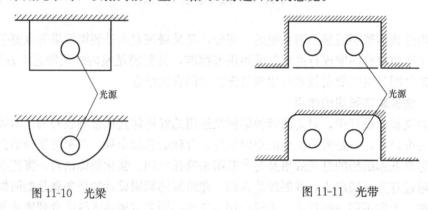

图 11-10　光梁　　　　　　　　　　　　　　　　图 11-11　光带

2. 发光顶棚

发光顶棚是一种常用的发光装置，它利用有扩散性的介质如磨砂玻璃、半透明有机玻璃、棱镜、格栅等制作。光源装设在这些大片安装的介质之上，介质将光源的光通量重新分配而照亮房间，将嵌入顶棚的光带或电光源连成一片而形成。如图 11-12 所示。

为提高发光天棚的效率，可在光源上加反光灯罩，并选用透光性适当的透光材料。在满足室内照度要求的前提下，应注意发光天棚上亮度的均匀性，亮度不均匀的发光天棚，会出现令人不舒适的光斑，影响到室内的美观和装饰效果。实践表明，当光源之间的距离 l 与光源到发光面的距离 h 之比小于或等于 1.5～2.0 时（当天棚内有空调通风管道时，这一比值应适当减小），可避免出现发光天棚上亮度的不均匀。

发光天棚的发光面多采用半透明的材料（如乳白色或毛玻璃），因而大面积的发光天棚发出的漫射光柔和均匀，可在室内模拟出自然光的光照效果。

这种照明形式的特点是发光表面亮度低而面积大，所以能得到质量很高的照明，即照度均匀、无强烈阴影、无直射眩光和反射眩光，常用于各种展览厅和会议室。

3. 光檐和光龛照明

光檐是将光源隐蔽在房间四周墙与顶棚交界处，室内光线主要来源于顶棚的反射，如图 11-13 所示。

光檐布置如图 11-14（a）所示，它是在房间内的上部沿墙建筑檐边，在檐内装设光源，光源从檐口射向顶棚反射而照亮房间。光檐所创造的照明与发光顶棚相似，在照明均

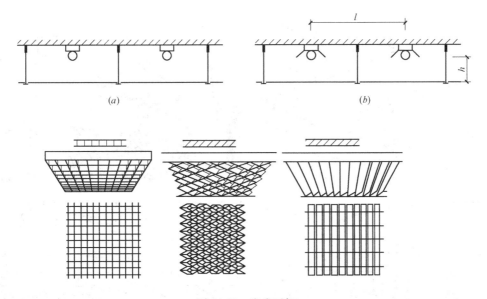

图 11-12 发光天棚

(a) 无灯罩；(b) 有灯罩

匀性方面比发光顶棚更好些，因为在光檐发光场合几乎全部顶棚及一部分墙壁都有较大的亮度。

光龛如图 11-14（b）所示，它是在顶棚或墙上做出凹槽，将光源隐蔽安装在凹槽中的檐边内，借凹槽表面的反射而将光线投射到房间。光檐的一些建造规则也适应于光龛。

光檐和光龛都属于间接照明，其缺点是效率比较低。这是一种常用的艺术照明方式，能充分表现建筑物的空间感、体积感，取得照明、装饰双重效果，光线柔和，顶棚明亮。适用于艺术场所照明，如剧场、观众厅、舞厅等，如图 11-15 所示。

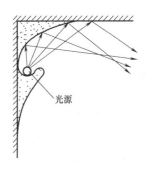

图 11-13 光檐

光梁、光带和光檐形成的光照效果可使室内清晰明朗，使得空间具有一定的长度感、宽度感和透视感。采用光带时，顶棚简洁平整，给人以舒适开

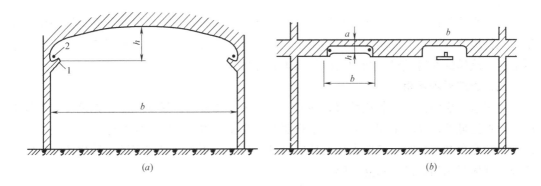

图 11-14 光檐与光龛示意

(a) 光檐；(b) 光龛

1—光檐；2—光源

图 11-15　光檐照明效果

朗的感觉。

4. 点光源嵌入式直射照明

这种照明方式是将点光源灯具按一定格式嵌入顶棚内,并与房间吊顶共同组成所要求的花纹,使之成为一个完美的建筑艺术图案。因此,顶棚的造型极为重要,否则将达不到预想的艺术效果。常用于较大面积的会堂和餐厅等场所。

5. 空间枝形网状照明

这种照明是将相当数量的光源与金属管架构成各种形状的灯具网络,它在空间以建筑的装饰形式出现。有的按照建筑要求在顶棚上以图案形式展开照明,有的则在室内空间以树枝形状分布。

这种照明的特点是具有活跃气氛的光照环境,灯具的精心制作更能起到装饰作用,体现建筑物风格。大规模的网状照明适用于大型厅堂、商店、舞厅等,小规模的网状照明也可适用于旅馆的客房或建筑物的楼梯间和走廊等处。

三、建筑景观照明

建筑景观照明设计应服从城市景观照明设计的总体要求。景观亮度、光色及光影效果应与所在区域整体光环境相协调。当景观照明涉及文物古建、航空航海标志等,或将照明设施安装在公共区域时,应取得相关部门批准。景观照明的设置应表现建筑物或构筑物的特征,并应显示出建筑艺术立体感。

建筑物泛光照明应考虑整体效果。光线的主投射方向宜与主视线方向构成 30°~70° 夹角,不应单独使用色温高于 6000K 的光源。应根据受照面的材料表面反射比及颜色选配灯具以确定安装位置,并应使建筑物上半部的平均亮度高于下半部。当建筑表面反射比低于 0.2 时，不宜采用投射光照明方式。可采用在建筑自身或在相邻建筑物上设置灯具的布灯方式或将两种方式结合，也可将灯具设置在地面绿化带中。在建筑物自身上设置照明灯具时，应使窗墙形成均匀的光幕效果。采用投射光照明的被照景物平均亮度水平宜符合表 11-4 的规定。

对体形较大且具有较丰富轮廓线的建筑，可采用轮廓装饰照明。当同时设置轮廓装饰照明和投射光照明时，投射光照明应保持在较低的亮度水平。对体形高大且具有较大平整立面的建筑，可在立面上设置由多组霓虹灯、彩色荧光灯或彩色 LED 灯构成的大型灯组。

被照景物亮度水平表　　　　　　　　　　　　　表 11-4

被照景物所处区域	亮度范围(cd/m²)
城市中心商业区、娱乐区、大型广场	<15
一般城市街区、边缘商业区、城镇中心区	<10
居住区、城市郊区、较大面积的园林景区	<5

采用玻璃幕墙或外墙开窗面积较大的办公、商业、文化娱乐建筑，宜采用以内透光照明为主的景观照明方式。喷水照明的设置应使灯具的主要光束集中于水柱和喷水端部的水花，当使用彩色滤光片时，应根据不同的透射比正确选择光源功率。当采用安装于行人水平视线以下位置的照明灯具时，应避免出现眩光。景观照明的灯具安装位置，应避免在白天对建筑外观产生不利的影响。

思　考　题

1. 什么是光通量、光强度、照度和亮度？
2. 简述开关安装的方法。
3. 简述安装插座时的注意事项。
4. 简述固定灯具的方法。
5. 怎样评价照明的质量？包含哪些因素？
6. 什么是电光源的三种基本类型？各有什么特点？
7. 如何理解照明在建筑物中的功能作用和装饰作用？
8. 简述工程中常用的灯具种类及其照明、装饰效果应注意哪些问题？
9. 建筑装饰照明常见的表现形式有哪些？

第 12 章　安全用电与建筑防雷

12.1　安全用电

一、安全用电基本知识

1. 安全电压

安全电压是以人体允许电流与人体电阻的乘积为依据而确定的。《特低电压（ELV）限值》GB/T 3805—2008 规定的交流电安全电压等级：

（1）42V（空载上限小于 50V），可供有触电危险的场所使用的手持式电动工具等场合下使用；

（2）36V（空载上限小于 43V），可在矿井、多导电粉尘等场所使用的行灯等场合下使用；

（3）24V、12V、6V（空载上限分别小于 29V、15V、8V）三档可供某些人体可能偶然触及的带电体的设备选用。在大型锅炉内工作、金属容器内工作或者发生器内工作，为了确保人身安全一定要用 12V 或 6V 低压行灯。

当电气设备采用 24V 以上的安全电压时，需要采取防止直接接触带电体的措施，其电路必须与大地绝缘。

2. 触电方式

（1）单相触电

单相触电是由人接触电气设备带电的任何一相所引起，其危险程度根据电压的高低、绝缘情况、电网的中性点是否接地和每相对地电容的大小等来决定。

在 1000V 以下，中性点不接地的电网中，单相触电时电流是经人体和其他两相对地的分布电容而形成通路。通过人体的电流既取决于人体的电阻，又取决于线路的分布电容。当电压比较高，线路比较长时（1～2km 以上），由于线路对地的电容相当大，即使线路的对地绝缘电阻非常大，也可能发生触电伤害事故。

在中性点接地的电网中，如果人去接触它的任何一根相线，或接触连在电网中的电气设备的任何一根带电导线，那么流经人体的电流是经过人体、大地和中性点接地电阻而形成通路。由于接地电阻一般为 4 Ω，它与人体电阻相比小得很多，因此施加于人体的电压接近于相电压 220V，就有可能发生严重的触电事故。

（2）两相触电

两相触电是指人同时接触了带电的任何两相，不管电网中性点是不是接地，人体是处在线电压 380V 之下，这是最危险的触电方式，但是这种触电方式一般发生得较少。如图 12-1 所示。

（3）跨步电压触电

触电事故也可能由于在电流入地的地点附近受到所谓"跨步电压"所引起,这样的触电事故叫跨步电压触电。跨步电压是由于绝缘损坏而从电气设备流入地中的入地电流所形成;也有因电网的一相导线折断碰地,有电流入地所造成。如果人的双脚分开站立,两脚的电位是不同的,这个电位差就叫做跨步电压。人双脚所站两点间的电位差随离开电流入地处的距离的增加而减少,在离入地处 2m 以外实际上已接近于零。如图 12-2 所示。

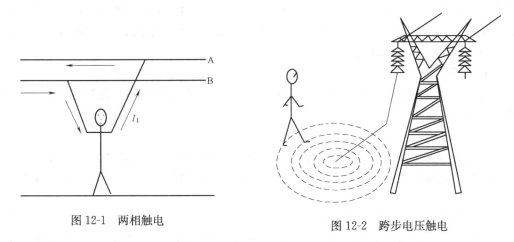

图 12-1 两相触电　　　　　　图 12-2 跨步电压触电

当触电者受到较高一些的跨步电压时,双脚就会发生抽筋,立即倒在地上。这不仅使作用于身体上的电压增加,也使电流经过人体的路径有可能改变到经过人体重要器官的路径,如从头或手到脚。经验证明:人倒地后,即使跨步电压持续的时间仅有 2s,也会遭受较严重的电击。因此,有关电业安全工作规程中规定人们不得走近离断线入地地点的 8~10m 地段,以保障人身安全。

3. 防触电措施

确保用电安全,除需要建立完善的安全管理制度,还需在电气设计和施工中采取有效的防护措施,这些措施包括接地保护与漏电保护。

(1)防止直接触电的措施

根据工作环境不同,采取超低压供电,一般要求相间电压小于或等于 50V。如在有触电危险的场所使用手持式电动工具,采用 50V 以下的电源供电;在矿井或多粉尘场所使用的行灯,采用 36V 电源;对使用中有可能偶然接触裸露带电体的设备,采用 12V 电源;用于水下或金属炉膛内的电动工具及照明设备,则采用 12V 电源。

(2)加强电气隔离与绝缘的措施

1)接地保护与接零保护系统。采取适当的接地或接零保护措施,可防止各类故障情况下出现的人员伤亡或设备损坏。

2)设置漏电保护装置。选择适当型号和参数的漏电保护器与低压配电系统的接地或接零保护相配合使用,将使得低压配电系统更加安全可靠。

二、接地与接零的概念

1. 工作接地

为了保证配电系统的正常运行,或为了实现电气装置的固有功能,提高系统工作可靠性而进行的接地,称为工作接地。如三相电力变压器的低压侧中性点的接地即属于工作接地。我国规定，低压配电系统的工作接地极接地电阻不大于 4Ω。

2. 保护接地

为了防止在配电系统或用电设备出现故障时发生人身安全事故而进行的接地，称为保护接地。如用电设备在正常情况下其金属外壳不带电，由于内部绝缘损坏则可能带电，从而对人身安全构成威胁，因此，需将用电设备的金属外壳进行接地；为防止出现过电压而对用电设备和人身安全带来的危险，需对用电设备和配电线路进行防雷接地；为消除生产过程中产生的静电对安全生产带来的危险而进行的防静电接地等都属于保护接地。我国规定，低压用电设备的接地电阻不大于 4Ω。

3. 接零

为防止触电，保证安全，将电气设备正常运行时不带电的金属外壳与零线相连接，称为接零或保护接零。

4. 重复接地

在中性点直接接地的低压系统中，当采用保护接零时，为了确保接零保护系统的安全可靠，除在电源中性点进行工作接地外，还必须在零线的其他地点再进行必要的接地，称为重复接地。

三、低压配电系统的接地形式

IEC 标准中，根据系统接地形式，将低压配电系统分为 IT 系统、TT 系统和 TN 系统三种，其中 TN 系统又分为 TN-C 系统、TN-S 系统和 TN-C-S 系统。表示系统形式符号的含义解释如下：

第一个字母表示电源端的接地状态：

T——直接接地；

I——不直接接地，即对地绝缘或经 1kΩ 以上的高阻抗接地。

第二个字母表示负载端接地状态：

T——电气设备金属外壳的接地与电源端接地相互独立；

N——负载侧接地与电源端工作接地作直接电气连续。

第三、四个字母表示中性线与保护线是否合用：

C——中性线（N）与保护线（PE）合用为一根导线（PEN）；

S——中性线（N）与保护线（PE）分开设置，为不同的导线。

1. IT 系统

IT 系统中，电源端不接地或通过阻抗接地，电气设备的金属外壳直接接地，如图 12-3 所示。由于电源侧接地阻抗大，当某相线与外露可导电部分短路时，一般短路电流不超过 70mA。这种保护接地方式特别适用于环境特别恶劣的场所（如井下、化工厂、纺织厂等）和对不间断供电要求较高的电气设备的供电。IT 系统中一般不设置中性线。

2. TT 系统

TT 系统的电源端中性点直接接地，用电设备的金属外壳的接地与电源端的接地相互独立，如图 12-4 所示。故障电压不互串，电气装置正常工作时外露导电部分为接地电压，比较安全；但其相线与外露可导电部分短路时，仍有触电的可能，须与漏电保护开关合用。

TT 系统一般作为城市公共低压电网向用户供电的接地系统，即通常所说的三相四线供电系统。

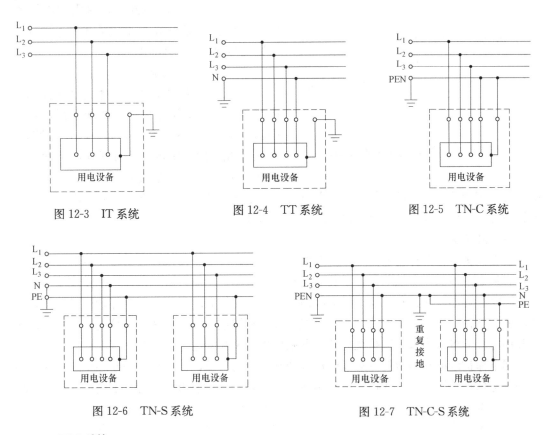

图 12-3　IT 系统　　　　图 12-4　TT 系统　　　　图 12-5　TN-C 系统

图 12-6　TN-S 系统　　　　　　　图 12-7　TN-C-S 系统

3. TN 系统

TN 电力系统有一点直接接地，装置的外露可导电部分用保护线与该点连接。按照中性线与保护线的组合情况，公认的 TN 系统有以下三种形式：TN-C 方式、TN-S 方式、TN-C-S 方式。

（1）TN-C 系统

TN-C 系统中，电源端中性点直接接地，中性线与保护线合为一根导线 PEN，用电设备的中性线和外露导电部分都接在 PEN 线上，如图 12-5 所示。

TN-C 系统，俗称三相四线方式。由于中性线与保护线合为 PEN 线，因而具有简单、经济的优点，但 PEN 线上除了有正常的负荷电流通过外，有时还有高次谐波电流通过。正常运行情况下，PEN 线上也将呈现出一定的电压，其大小取决于 PEN 线上不平衡电流和线路阻抗。因此，TN-C 系统主要适用于三相负荷基本平衡的工业企业建筑，在一般住宅和其他民用建筑内，不应采用 TN-C 系统。

（2）TN-S 系统

TN-S 系统，俗称三相五线方式。电源中性点直接接地，中性线与保护线分别设置，用电设备的金属外壳与保护线 PE 相连接。系统正常工作时，工作零线 N 上有不平衡电流通过，而保护线 PE 上没有电流通过，因而，保护线和用电设备金属外壳对地没有电压，安全性最好，可用于一般民用建筑以及施工现场的供电。如图 12-6 所示。

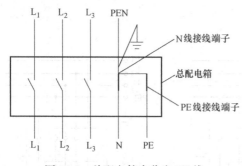

图 12-8　总配电箱内分出 PE 线

在 TN-S 系统中，应注意以下几点：保护线应连接可靠，不能断开，否则用电设备将失去保护；保护线不得进入漏电保护器，否则漏电保护器将不起作用。

（3）TN-C-S 系统

TN-C-S 系统中，电源中性点直接接地，中性线与保护线部分合用，部分分开，系统中的一部分为 TN-C 系统，另一部分为 TN-S 系统，如图 12-7 所示。此方式在经济性、安全性上介于 TN-S 方式和 TN-C 方式之间。

电源在建筑物的进户点做重复接地，并分出工作零线 N 和保护线 PE，或在室内总低压配电箱内分出工作零线 N 和保护线 PE，如图 12-8 所示。

四、漏电保护

漏电保护器，简称漏电开关，又叫漏电断路器，主要是用来在设备发生漏电故障时以及对有致命危险的人身触电保护，具有过载和短路保护功能，可用来保护线路或电动机的过载和短路，亦可在正常情况下作为线路的不频繁转换启动之用。漏电保护器可以按其保护功能、结构特征、安装方式、运行方式、极数和线数、动作灵敏度等分类，按其保护功能和用途一般可分为漏电保护继电器、漏电保护开关和漏电保护插座三种。

漏电保护继电器是指具有对漏电流检测和判断的功能，而不具有切断和接通主回路功能的漏电保护装置。漏电保护继电器由零序互感器、脱扣器和输出信号的辅助接点组成。它可与大电流的自动开关配合，作为低压电网的总保护或主干路的漏电、接地或绝缘监视保护。当主回路有漏电流时，由于辅助接点和主回路开关的分离脱扣器串联成一回路，因此辅助接点接通分离脱扣器而断开空气开关、交流接触器等，使其掉闸，切断主回路。辅助接点也可以接通声、光信号装置，发出漏电报警信号，反映线路的绝缘状况。

漏电保护开关不仅与其断路器一样可将主电路接通或断开，而且具有对漏电流检测和判断的功能，当主回路中发生漏电或绝缘破坏时，漏电保护开关可根据判断结果将主电路接通或断开。它与熔断器、热继电器配合可构成功能完善的低压开关元件。

漏电保护插座是指具有对漏电电流检测和判断并能切断回路的电源插座。其额定电流一般为 20A 以下，漏电动作电流 6～30mA，灵敏度较高，常用于手持式电动工具和移动式电气设备的保护及家庭、学校等民用场所。

五、等电位连接

将建筑物内可导电部分进行相互连接的措施，称为等电位连接。等电位连接包括总等电位连接和辅助等电位连接，如图 12-9 所示。

等电位连接是接地故障保护的一项重要安全措施。实施等电位连接可以大大降低在接地故障情况下电气设备金属外壳上预期的接触电压，其在保证人身安全和防止电气火灾方面的重要意义，已经逐步为广大工程技术人员所认识和接受，并在工程实践中得到了广泛的应用。

当电气设备或设备的某一部分接地故障保护的条件不能满足要求时，应在局部范围内做辅助等电位连接。辅助等电位连接中应包括局部范围内所有人体能同时触及的用电设备

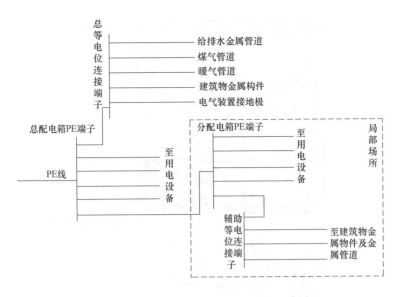

图 12-9　等电位连接示意

的外露可导电部分，条件许可时，还应包括钢筋混凝土结构柱、梁或板内的主钢筋。

建筑物内的特殊场所需做好用电安全防护，例如卫生间、电话和网络机房、电梯和消防控制设施等。

民用建筑装饰工程中最常接触的是装有浴缸或淋浴盆的卫生间等潮湿场所，为保证在卫生间的用电安全，电气设备应符合下列要求：

（1）卫生间内选用的电气装置，不论标称电压如何，必须能防止手指触及电气装置带电部分或运动部件；

（2）在卫生间的浴缸或淋浴盆周围 0.6m 范围内的配线，应仅限于该区的用电设备必需的配线，并应将电气线路敷设在卫生间外。同时，卫生间内的电气配线应成为线路架设的末端；

（3）卫生间内宜选用额定电压不低于 0.45/0.75kV 的电线；

（4）任何开关和插座距成套淋浴间门口不得小于 0.6m，并应有防水、防潮措施；

（5）应采用漏电保护器用于自动切断供电，并对卫生间内所有装置可导电部分与位于这些区域的所有外露可导电部分的保护线进行等电位连接，如图 12-10 所示。卫生间不应采用非导电场所或不接地的等电位连接的间接接触保护措施。

依据《建筑电气工程施工质量验收规范》GB 50303—2015 规定，等电位联结应符合下列规定：

（1）对于总等电位联结，应先检查确认总等电位联结端子的接地导体位置，再安装总等电位联结端子板，然后按设计要求作总等电位联结；

（2）对于局部等电位联结，应先检查确认连接端子位置及连接端子板的截面积，再安装局部等电位联结端子板，然后按设计要求作局部等电位联结；

（3）对特殊要求的建筑金属屏蔽网箱，应先完成网箱施工，经检查确认后，再与 PE 连接。

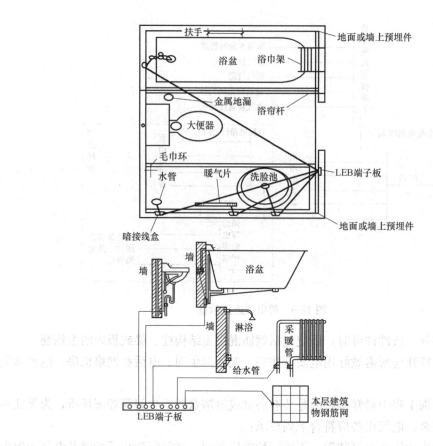

图 12-10　浴室局部等电位连接示意

12.2　建筑防雷

雷电是一种常见的自然现象，一般在每年的春季开始，到夏季最为频繁剧烈，到秋季则逐渐减少、削弱，以至消失。

雷雨云在形成过程中，它的一部分会积聚正电荷，另一部分则积聚起负电荷。随着电荷的不断增加，不同极性云块之间的电场强度不断加大，当某处的电场强度超过空气可能承受的击穿强度时，就产生放电现象，这种放电现象有些是在云层之间进行的，有些是在云层与大地之间进行的，后一种放电现象即通常所说的雷击，放电形成的电流称为雷电流。雷电流持续时间一般只有几十微秒，但电流强度可达几万安培，甚至十几万安培。

雷电按危害的方式分为直接雷、感应雷和雷电波三类。

一、雷击的危害形式

雷电灾害是最严重的自然灾害之一，全世界每年因雷电灾害造成的人员伤亡、财产损失不计其数。随着电子、微电子集成化设备的大量应用，雷电过电压和雷击电磁脉冲所造成的系统和设备的损坏越来越多。因此，尽快解决建筑物和电子信息系统雷电灾害防护问题显得十分重要。

1. 直击雷

直击雷就是雷云直接通过建筑物或地面设备对地放电的过程。强大的雷电流通过建筑物产生大量的热，使建筑物产生劈裂等破坏作用，还能产生过电压破坏绝缘、产生火花、引起燃烧和爆炸等。其危害程度在三种方式中最大。

2. 雷电感应

雷电感应是附近有雷云或落雷所引起的电磁作用的结果，分为静电感应和电磁感应两种。静电感应是由于雷云靠近建筑物，使建筑物顶部由于静电感应积聚起极性相反的电荷，雷云对地放电后，这些电荷来不及流散入地，因而形成很高的对地电位，能在建筑物内部引起火花；电磁感应是当雷电流通过金属导体入地时，形成迅速变化的强大磁场，能在附近的金属导体内感应出电势，而在导体回路的缺口处引起火花，引发火灾。

3. 雷电波侵入

架空线路在直接受到雷击或因附近落雷而感应出过电压时，如果在中途不能使大量电荷入地，就会侵入建筑物内，破坏建筑物和电气设备。

二、建筑外部避雷装置

建筑外部避雷装置的作用是将雷云电荷或建筑物感应电荷迅速引导入地，以保护建筑物、电气设备及人身不受损害。它主要由接闪器、引下线和接地装置等组成。如图 12-11 所示。

接闪杆、接闪线、接闪网、接闪带、电涌保护器都是为防止雷击而采用的防雷装置。上述针、线、网、带都是接闪器，而电涌保护器是一种专门的防雷设备。接闪杆是防止直接雷击的有效方法，它既可以用来保护露天变配电装置和电力线路，也可用来保护建筑物和构筑物。接闪杆利用其高耸空中的有利地位，把雷电引向自身来承受雷击，并把雷电流引入大地，从而保护其他设备不受雷击。

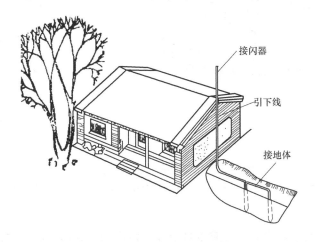

图 12-11　建筑物的防雷装置

1. 接闪器

《建筑电气工程施工质量验收规范》GB 50303—2015 规定，接闪器是由接闪杆、接闪带、接闪网及金属屋面、金属构件等组成的，用于拦截雷电闪击的装置。

（1）接闪杆

接闪杆是安装在建筑物突出部位或独立装设的针形导体。接闪杆对建筑物的保护有一定的范围。

（2）接闪带

接闪带和接闪网一般采用镀锌圆钢或镀锌扁钢，适用于宽大的建筑，通常在建筑顶部及其边缘处明装，主要是为了保护建筑物的表层不被击坏。接闪带是沿建筑物易受雷击的部位（如屋脊、屋角等）装设的带形导体。接闪带在建筑上的做法如图 12-12（a）、（b）、（c）所示。

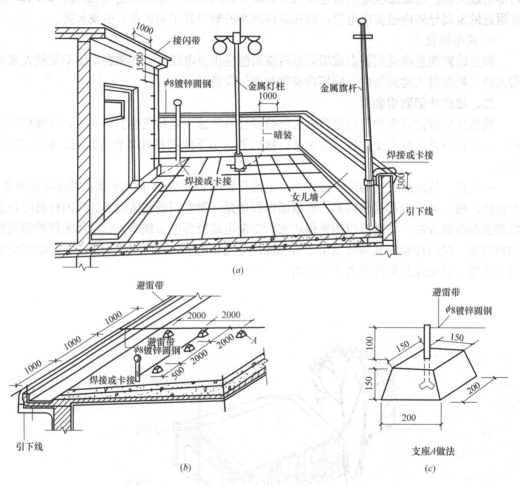

图 12-12　建筑物的接闪带（避雷带）

（a）屋面接闪带布置；（b）有女儿墙平屋顶的接闪带；（c）无女儿墙平屋顶的接闪带

（3）接闪网

接闪网是在屋面上纵横敷设的避雷带组成网格形状的导体。高层建筑常把建筑物内的钢筋连接成笼式避雷网，如图 12-13 所示。

接闪网和接闪带主要用于工业和民用建筑物对直击雷的防护，也作为防止静电感应的安全措施。对于工业建筑物，根据防雷的重要性，可采用 6m×6m、6m×10m 的网格或

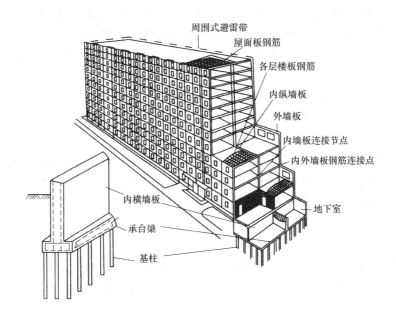

图 12-13　高层建筑的笼式接闪网

适当距离的接闪带。对于民用建筑物，可采用 6m×10m 的网格。应该注意，不论是什么建筑物，对其屋角、屋脊、檐角和屋檐等易受雷击的突出部位，均应设有适当的接闪器加以防护。

　　沿建筑物和构筑物屋面装设的接闪网、接闪带或金属屋面除可用作对直击雷的接闪器外，还可作为防止静电感应的安全措施。当然也应该每 18～30m 有一处接地，且不得少于两处。为了防止静电感应，建筑物内的主要金属物，如构架、设备、管道等，特别是突出屋面的金属物都应当接地。

　　为了防止电磁感应，平行管道相距不到 100mm 时，每 20～30m 须用金属线跨接；交叉管道相距不到 100mm 时，也要跨接；其他金属物间距小于 100mm 时，也应跨接。其接地装置也可以与电器设备的接地装置共用，接地电阻也不应大于 5～10Ω。

　　这里所讲的防止雷电感应的措施主要是针对有爆炸危险的建筑物和构筑物，其他建筑物和构筑物一般不考虑防止雷电感应的措施。

　　(4) 电涌保护器（SPD）

　　电涌保护器用来防护雷电沿线路侵入建筑物内，以免电气设备损坏。常用避雷器的型式有阀式避雷器、管式避雷器等。主要用来保护电力设备，也用作防止高电压侵入室内的安全措施。电涌保护器装设在被保护物的引入端，其上端接在线路上，下端接地。正常时，电涌保护器的间隙保持绝缘状态，不影响系统的运行；当因雷击，有高压波沿线路袭来时，电涌保护器间隙击穿而接地，从而强行切断冲击波；当雷电流通过以后，避雷器间隙又恢复绝缘状态，以便系统正常运行。

　　2. 引下线

　　引下线是把雷电流由接闪器引到接地装置的金属导体。一般敷设在外墙面或暗敷于水泥柱子内，引下线可采用镀锌圆钢或镀锌扁钢，焊接处应涂防腐漆。建筑艺术水准较高的建筑物可采用暗敷，但截面要适当加大。引下线也可利用建筑物或构筑物钢筋混凝土柱中的主钢筋作为防雷引下线。引下线主筋从上到下通长焊接，其上部（屋顶上）应与接闪器焊接，下部与基础焊接，并分别与各层板筋、梁筋及钢筋笼纵筋、螺旋箍筋、地梁面筋焊接通，构成一个完整的电气通路。

利用建筑物钢筋作为引下线在施工时，应配合土建施工按设计要求找出全部钢筋位置，用油漆做好标记，保证每层钢筋上、下进行贯通性连接，随着钢筋逐层串联焊接至顶层。

由于利用建筑物钢筋作引下线，是从上而下连接一体，因此可不设置断接卡子测试接地电阻，需在柱内作为引下线的钢筋上，距室外护坡 0.5m 处的柱子外侧，另焊一根圆钢（$\phi \geqslant 10mm$）引至柱外侧的墙体上，作为防雷测试点。每根引下线处的冲击接地电阻不宜大于 5Ω。

3. 接地装置

接地装置是埋设在地下的接地导体和垂直打入地内的接地体的总称，其作用是把雷电流疏散到大地中去。利用建筑物的基础作接地装置，具有经济、美观和有利于雷电流场流散以及不必维护和寿命长等优点。

接地装置由配电系统中的接地端子、接地线和埋入地下的接地体所组成。如图 12-14 所示为接地装置示意。

（1）接地端子

接地端子一般设置在电源进线处或总配电箱内，用于连接接地线、保护线和等电位连接干线等。

（2）接地线

接地线将接地端子与室外的接地极相连接，线通常采用扁钢或圆钢，接点应采用焊接。接地母线是用来连接引下线和接地体的金属线，常用截面不小于 25mm×4mm 的扁钢。如图 12-15 所示为接地装置示意。其中接地线分接地干线和接地支线，电气设备接地的部分就近通过接地支线与接地网的接地干线相连接。接地装置的导体截面，应符合热稳定和机械强度的要求。

（3）接地体

接地体是埋入地下与大地紧紧接触的一个或一组导电体。接地体可分为自然接地体和人工接地体。

1）自然接地体

自然接地体是利用与大地有可靠连接的金属管道和建筑物的金属结构等作为接地体。自然接地体是利用基础内的钢筋焊接而成，也可以是埋入地下的金属管道。

利用柱基础作接地体时，对建筑物地梁的处理是很重要的一个环节。地梁内的主筋要和柱基础主筋连接起来，并要把各段地梁的钢筋连成一个环路，这样才能将各个基础连成一个联合接地体，而且地梁的钢筋形成一个很好的水平地环，综合成一个完整的接地系统，其接地电阻不宜大于 4Ω。

2）人工接地体

人工接地体一般采用角钢或钢管，接地线采用扁钢或圆钢，由于接地体埋入地下会锈蚀而影响机械强度，人工接地体的材料规格应按表 12-1 选择。

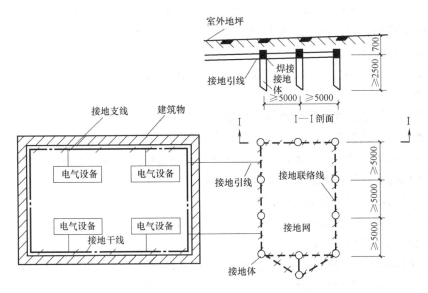

图 12-14 接地装置示意

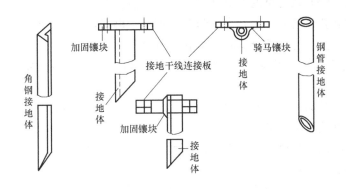

图 12-15 接地装置示意

人工接地体的材料规格　　　　　　　　　　　　　　表 12-1

材料类别	最小尺寸(mm)	材料类别	最小尺寸(mm)
角钢(厚度)	4	钢管(管壁厚度)	3.5
圆钢(直径)	8	扁钢(厚度、截面)	4、48(mm²)

人工接地体是人工专门制作的，又分为水平和垂直接地体两种。水平接地体是指接地体与地面水平，而垂直接地体是指接地体与地面垂直。人工接地体水平敷设时一般用扁钢或圆钢，垂直敷设时一般用角钢或钢管。

为减少相邻接地体的屏蔽作用，垂直接地体的间距不宜小于其长度的2倍，水平接地体的相互间距可根据具体情况确定，但不宜小于5m。垂直接地体长度一般不小于2.5m，埋深不应小于0.6 m，距建筑物出入口或人行道或外墙不应小于3m。

电气保护接地与防雷接地体共用一套装置，即用基础钢筋作接地装置。基础内的钢筋必须联结成通路，形成闭合环，闭合环距地面不小于0.8m。应在与防雷引下线相对应的室外埋深 0.8～1m 处由被利用作为引下线的钢筋上焊出一根 40mm×4mm 的镀锌导体，此导体伸向室外距外墙皮的距离不小于 1m，当自然接地体接地电阻不能满足要求时，利用其增大人工接地极。

4. 依据《建筑电气工程施工质量验收规范》GB 50303—2015 规定，接地装置安装应符合下列规定：

（1）对于利用建筑物基础接地的接地体，应先完成底板钢筋敷设，然后按设计要求进行接地装置施工，经检查确认后，再支模或浇捣混凝土；

（2）对于人工接地的接地体，应按设计要求利用基础沟槽或开挖沟槽，然后经检查确认，再埋入或打入接地极和敷设地下接地干线；

（3）降低接地电阻的施工应符合下列规定：

1）采用接地模块降低接地电阻的施工，应先按设计位置开挖模块坑，并将地下接地干线引到模块上，经检查确认，再相互焊接；

2）采用添加降阻剂降低接地电阻的施工，应先按设计要求开挖沟槽或钻孔垂直埋管，再将沟槽清理干净，检查接地体埋入位置后，再灌注降阻剂；

3）采用换土降低接地电阻的施工，应先按设计要求开挖沟槽，并将沟槽清理干净，再在沟槽底部铺设经确认合格的低电阻率土壤，经检查铺设厚度达到设计要求后，再安装接地装置；接地装置连接完好，并完成防腐处理后，再覆盖上一层低电阻率土壤。

（4）隐蔽装置前，应先检查验收合格后，再覆土回填。

5. 依据《建筑电气工程施工质量验收规范》GB 50303—2015 规定，防雷引下线安装应符合下列规定：

（1）当利用建筑物柱内主筋作引下线时，应在柱内主筋绑扎或连接后，按设计要求进行施工，经检查确认，再支模；

（2）对于直接从基础接地体或人工接地体暗敷埋入粉刷层内的引下线，应先检查确认不外露后，再贴面砖或刷涂料等；

（3）对于直接从基础接地体或人工接地体引出明敷的引下线，应先埋设或安装支架，并经检查确认后，再敷设引下线。

6. 接闪器安装前，应先完成接地装置和引下线的施工，接闪器安装后应及时与引下线连接。

7. 防雷接地系统测试前，接地装置应完成施工且测试合格；防雷接闪器应完成安装，整个防雷接地系统应连成回路。

8. 依据《建筑电气工程施工质量验收规范》GB 50303—2015 规定，柜、箱、盘内电涌保护器（SPD）安装应符合下列规定：

（1）SPD 的型号规格及安装布置应符合设计要求；

（2）SPD 的接线形式应符合设计要求，接地导线的位置不宜靠近出线位置；

（3）SPD 的连接导线应平直、足够短，且不宜大于 0.5m。

思　考　题

1. 如何划分建筑物的防雷等级？各类不同的建筑物应采取哪些防雷措施？

2. 建筑物的防雷保护有哪些具体措施？

3. 同一配电系统中，能否一部分设备采用保护接地，而另一部分设备采用保护接零?为什么?

4. 简述重复接地的作用。

5. 试比较 TN-S 供电系统与 TN-C-S 供电系统的区别。

6. TN-S 供电系统若保护线（PE）或零线（N）断线，会产生什么后果?

7. 防雷装置是怎样组成的?

第 13 章 建筑弱电工程

13.1 建筑弱电工程基础知识

一、建筑弱电工程的概念

在建筑电气技术领域中，通常可以把电分为强电和弱电两部分。强电主要包括建筑物的电力、照明用的电能，强电系统可以把电能引入建筑物，经过用电设备转换成机械能、热能和光能等；弱电是指传播信号、进行信息交换的电能，弱电系统完成建筑物内部或内部与外部间的信息传递与交换。强电和弱电两者既有联系，又相互区别，其特点主要有以下几点：

1. 强电的处理对象是能源，其特点是电压高、电流大、频率低，主要考虑的问题是减少损耗、提高效率；

2. 弱电处理的对象主要是信息，即信息的传送与控制，其特点主要有电压低、电流小、功率小、频率高，主要考虑的问题是信息传送的效果。由于信息是现代建筑不可缺少的内容，因此以处理信息为主的建筑弱电设计是建筑电气设计的重要组成部分；

3. 与强电相比，建筑弱电是一门综合性的技术，它涉及的学科十分广泛，并朝着综合化、智能化的方向发展。由于弱电系统的引入，使建筑物的服务功能大大扩展，增加了建筑物与外界的信息交换能力；

4. 弱电工程是由多种技术集成的、较为复杂的系统工程。弱电工程被广泛应用于建筑、楼宇、小区、社区、广场、校园等建筑智能化工程中。

二、建筑弱电工程分类及内容

弱电工程主要有以下几种：防雷与接地系统；广播音响系统；电视监控系统；防盗报警系统；出入口控制系统；楼宇对讲系统；电子巡更系统；电话通信系统；全球定位系统；火灾自动报警与消防联动控制系统；有线电视和卫星接收系统；视频会议系统；综合布线系统；计算机网络系统；楼宇自控系统；一卡通系统；停车场系统；图像信息管理系统；内装修设计；多媒体教学系统；LED 大屏幕显示系统；UPS 系统；机房工程以及舞台机械灯光系统。

1. 防雷与接地系统

防雷与接地分为两个概念：一是防雷，是指防止因雷击而造成损害；二是静电接地，是指防止静电产生危害。防雷与接地是信息传输质量、系统工作稳定性、设备和人员安全的保证。

弱电系统的接地可分为分开单独接地和共同接地两种方式。电子设备的接地可以采用串联式一点接地、并联式一点接地、多点接地以及混合式接地。计算机房的接地可采用交流工作接地、安全保护接地、直流工作接地以及防雷接地四种方式。

建筑物防雷的要素主要包括：接穴功能、分流影响、均衡电位、屏蔽作用、接地效果以及合理布线。在建筑物内部，总体的防雷措施可分为以下两种：

（1）安全隔离距离

这类安全距离指在需要防雷的空间内，两导体之间不会发生危险火花放电的最小距离。

（2）等电位连接

等电位连接的目的是使内部防雷装置所防护的各部分减小或消除雷电流引起的电位差，包括靠近用户点的外来导体上也不产生电位差。

2. 广播音响系统

广播音响系统的分类见表13-1。

广播音响系统的分类表　　　　　　　　　　　　表 13-1

类　型	内　容
公共广播系统	公共广播系统属有线广播系统，包括背景音乐和紧急广播功能。公共广播系统的报务区域广、距离远，为了减小传输线路引起的损耗，系统的输出功率馈送方式采用高压传输方式，由于传输电流小，故对传输线要求不高。例如旅馆客户的服务性广播线路宜采用铜芯多芯电缆或铜芯塑料绞合线；其他广播线路采用铜芯塑料绞合线；各种节目线应采用屏蔽线；火灾紧急广播应采用阻燃型铜芯电线和电缆或耐火型铜芯电线和电缆。 公共广播系统可分为面向公众区和面向宾馆客房两类系统。面向公众区的公共广播系统主要用于语言广播，这种系统平时进行背景音乐广播，出现紧急情况时，可切换成紧急广播。面向宾馆客房的广播音响系统包括收音机的调幅和调频，在紧急情况下，客房广播自动中断
厅堂扩声系统	厅堂扩声系统一般采用定阻抗输出方式，传输线要求为截面面积粗的多股线，一般为塑料绝缘双芯多股铜芯导线；同声传译扩声系统一般采用塑料绝缘三芯多股铜芯导线；这两种扩声系统的传输导线都要穿钢管敷设或线槽敷设，不得将缆线与照明、电力线同槽敷设；若不得已同槽，也要以中间隔离板分开。 厅堂扩声系统使用专业音响设备，并要求有大功率的扬声器系统和功放，它的用途主要有面向体育馆、剧场为代表的厅堂扩声系统，面向歌舞厅、宴会厅、卡拉OK厅的音响系统
会议系统	会议系统包括会议讨论系统、表决系统和同声传译系统。这类系统也设置为公共广播提供的背景音乐和紧急广播两用的系统

对于屏蔽电缆电线，与设备、插头连接时应注意屏蔽层的连接，连接时应采用焊接，严禁采用扭接和绕接。

对于非屏蔽电缆电线，在箱、盒内的连接，可使这种线路两端插接在接线端子上，用接线端子排上的螺栓加以固定，压接应牢固可靠，并对每根导线两端进行编号。

厅堂、同声传译扩声控制室的扩音设备应设保护接地和工作接地。同声传译系统使用的屏蔽线的屏蔽层应接地，整个系统应构成一点式接地方式，以免产生干扰。

3. 电视监控系统

电视监控系统是安全技术防范体系中的一个重要组成部分，是一种先进的、防范能力极强的综合系统。电视监控系统的主要功能是通过遥控摄像机及其辅助设备来监视被控场所，并把监测到的图像、声音内容传递到监控中心。

电视监控系统除了正常的监视外，还可实时录像。先进数字视频报警系统还把防盗报警与监控技术结合起来，直接完成探测任务。

电视监控系统主要是由以下几个方面组成的：

（1）前端　前端主要用于获取被监控区域的图像；

（2）传输部分　传输部分的主要作用是将摄像机输出的视频（有时包括音频）信号馈送到中心机房或其他监视点；

（3）终端　终端主要用于显示和记录、视频处理、输出控制信号、接收前端传来的信号。

4. 防盗报警系统

防盗报警系统是用探测器装置对建筑物内外重要地点和区域进行布防。防盗报警系统主要是由探测器、信号传输信息以及控制器组成。防盗报警系统经历了下列三次发展：

（1）第一代安全防盗报警器是开关式报警器，它防止破门而入的盗窃行为；

（2）第二代安全防盗报警器是安装在室内的玻璃破碎报警器和振动式报警器；

（3）第三代安全防盗报警器是空间移动报警器。防盗报警系统的设备多种多样，应用较多的探测器类型有主动与被动红外报警器、微波报警器以及被动红外—微波双鉴报警器等。

5. 出入口控制系统

出入口控制系统是指利用自定义符识别或/和模式识别技术对出入口目标进行识别并控制出入口执行机构启闭的电子系统或网络。

出入口控制系统主要由识读部分、传输部分、管理/控制部分和执行部分以及相应的系统软件组成。

出入口控制系统的功能是控制人员的出入，还能控制人员在楼内及其相关区域的行动。

电子出入口控制装置需要识别相应的各类卡片或密码，才能通过。各种卡片识别技术发展很快，生物识别技术不断涌现。这类系统装置及识别技术比较先进，并且安装施工也比较简单方便。

6. 楼宇对讲系统

楼宇对讲系统，亦称访客对讲系统。楼宇对讲系统是指为来访客人与住户之间提供双向通话或可视电话，并由住户遥控防盗门的开关、向保安管理中心进行紧急报警的一种安全防范系统。楼宇对讲系统分为单对讲型、可视对讲型两类系统。单对讲型价格低廉，应用普遍；可视对讲型价格较高，但随着技术的发展将逐渐推广起来。

7. 电子巡更系统

电子巡更系统是保安人员在规定的巡逻路线上，在指定的时间和地点向中央控制站发回信号，控制中心通过电子巡更信号箱上的指示灯了解巡更路线的情况。它是管理者考察巡更者是否在指定时间按巡更路线到达指定地点的一种手段。巡更系统帮助管理者了解巡更人员的表现，而且管理人员可通过软件随时更改巡逻路线，以配合不同场合的需要。

电子巡更系统主要可以分为以下两种：

（1）有线巡更系统

有线巡更系统由计算机、网络收发器、前端控制器、巡更点等设备组成。

（2）无线巡更系统

无线巡更系统由计算机、传递单元、手持读取器、编码片等设备组成。

8. 电话通信系统

电话通信系统是各类建筑必备的主要系统。电话通信设施的种类很多。传输系统按传输媒介分为有线传输和无线传输。从建筑弱电工程出发，主要采用布线传输方式。有线传输按传输信息工作方式又分为模拟传输和数字传输两种。模拟传输将信息转换成电流模拟量进行传输，例如普通电话就是采用模拟语言信息传输。数字传输则是将信息按数字编码（PCM）方式转换成数字信号进行传输，例如程控电话交换就是采用数字传输各种信息。

电话通信系统主要由电话交换设备、传输系统以及用户终端设备组成。建筑弱电工程中的通信系统安装施工主要是按规定在楼外预埋地下通信配线管道，敷设配线电缆，并在楼内预留电话交接间、暗管和暗管配线系统。

通信设备安装的内容主要有：电话交接间、交接箱、壁龛（嵌入式电缆交接箱、分线箱及过路箱）、分线盒以及电话出线盒。分线箱既可以明装在竖井内，也可以暗装在竖井外墙上。

9. 全球定位系统

全球定位系统（GPS、BDS等）是利用导航卫星进行测距、测速和定位，能够连续、实时、全天候地为全球范围内各个用户提供高精度的三维位置、速度和时间信息的空间无线电导航系统。

全球定位系统（以 GPS 为例）的组成见表 13-2。

全球定位系统的组成表　　　　　　　　　　　　　　表 13-2

组成部分	内　容
空间部分	GPS 的空间部分由 24 颗飞行在 20183km 高空的 GPS 工作卫星组成。其中 21 颗为可用于导航的卫星，另外 3 颗为活动的备用卫星。每颗 GPS 工作卫星都发出用于导航定位的信号，GPS 用户利用这些信号来进行工作
地面控制部分	GPS 的地面控制部分由分布在全球的若干个跟踪站组成。根据 GPS 作用的不同，跟踪站分为主控站、监控站、注入站。主控站的作用是根据各监控站对 GPS 的观测数据，计算出卫星时钟的改正参数，并将这些数据通过注入站注入卫星。监控站的作用是接收卫星信号、监测卫星的工作状态。注入站的作用是将主控站计算出的卫星星历和卫星时钟的改正参数等注入卫星

10. 火灾自动报警与消防联动控制系统

火灾自动报警系统是由触发装置、火灾报警装置、火灾警报装置以及其他辅助功能装置组成的，它具有能在火灾初期将燃烧产生的烟雾、热量、火焰等物理量，通过火灾探测器变成电信号，传输到火灾报警控制器，并同时显示出火灾发生的部位、时间等，使人们能够及时发现火灾，并采取有效措施扑灭初期火灾，最大限度地减少因火灾造成的生命和财产损失，是人们同火灾作斗争的有力工具。

消防联动控制系统是指当确认火灾发生后，联动启动各种消防设备以达到报警及扑灭火灾作用的控制系统。

国内自动报警设备可分为区域报警控制器和集中报警控制器；国外部分产品仅有通用报警控制器系列，采用主机、从机报警方式，以通信总线连接成网，组网灵活性大，规模从小型到大型皆有。按照产品的不同，通信线可连成主干型或环型。

11. 有线电视和卫星接收系统

有线电视和卫星接收系统的应用和推广，解决了城市高层建筑或电视信号覆盖区外的边远地区因电视信号反射和屏蔽严重影响电视信号接收的问题。有线电视网可分为大、中、小型，中小型通常采用电缆传输方式，而大型有线电视网已从电缆向光缆干线与电缆网络相结合的形式过渡。

电视系统的分配方式，一种是适用于有天线电视系统的串接单元的分配方式；另一种是供付费收看的有线电视适用的分配方式。若采用串接单元方式安装时，一种配管方法是用一根配管从顶层的分配器箱内一直穿通每层用户盒，此管内的同轴电缆是共用的；另一种配管方法是从顶层的分配器箱内配出一根管，一直穿通设在单元每个梯间的分支器盒内，同轴电缆由分配器箱至梯间分支器盒内为共用一根电缆，再由梯间分支器盒内引出配管至用户盒。

卫星电视接收系统要使用同步卫星，同步卫星通常分为通信卫星和广播卫星。通信卫星主要用于通信目的，在传送电话、传真的同时传送电视广播信号。广播卫星主要用于电视广播。卫星电视接收天线架安装前选择架设位置要慎重，先进行环境调查，必须避开微波干扰，接收卫星电视的方位角应保证接收天线仰角大于等于天际线仰角 5°。

电缆电视系统的天线一般都安装在建筑物的最高处，因此天线避雷至关重要。当建筑物有避雷带时，可用扁钢或圆钢将天线杆、基座与其避雷带焊接为一体，并将器件金属部件屏蔽接地，所有金属屏蔽层、电线（缆）屏蔽层及器件金属外壳（座）应全部连通。

12. 综合布线系统

建筑物综合布线系统（PDS）是计算机和通信技术、社会信息化和经济国际化的需要，也是办公自动化进一步发展的结果。它是跨学科、跨行业的系统工程，作为一种信息产业，它包含这几个方面：楼宇自动化系统（BA）、通信自动化系统（CA）、办公自动化系统（OA）以及计算机网络系统（CN）。

综合布线系统所包含的子系统见表 13-3。

综合布线系统所包含的子系统表　　　　　　　　表 13-3

子系统	内　　容
工作区子系统	工作区子系统是由 RJ45 跳线信息插座与所连接的设备组成。它所使用的连接器是具有国际 ISDN 标准的 8 位接口，它能接收低压信号以及高速数据网络信息和数码音频信号
水平干线子系统	水平干线子系统是整个布线系统最重要的部分，它是从工作区的信息插座开始到管理间子系统的配线架
管理间子系统	管理间子系统由交连、互连和 I/O 组成。它是连接垂直干线子系统和水平干线子系统的设备，其主要设备是配线架、集线器、机框和电源
垂直干线子系统	垂直干线子系统提供建筑物的干线电缆，负责连接管理间子系统和设备间子系统，通常使用光缆或选用大对数的非屏蔽双绞线
楼宇子系统	楼宇子系统是将一个建筑物中的电缆延伸到另一个建筑物的通信设备和装置，通常由光缆和相应设备组成
设备间子系统	设备间子系统由电缆、连接器和相关支撑硬件组成。它把各种公共系统设备的多种不同设备互连起来，其中包括邮电部门的光缆、同轴电缆和程控交换机等

13. 计算机网络系统

计算机网络就是指利用通信线路将具有独立功能的计算机连接起来而形成的集合，计算机之间使用相同的通信规则，借助通信线路来交换信息，共享软件、硬件和数据等资源。网络中计算机在交换信息的过程中共同遵循的通信规则就是网络协议。网络协议对于保证网络中计算机有条不紊地工作非常重要。

组建计算机网络的目的是为了计算机之间的资源共享。因此，网络能提供资源的多少决定了一个网络的存在价值。计算机网络的规模有大有小，大的可以覆盖全球，小的可以仅由两台或几台计算机构成。通常，网络规模越大，包含的计算机越多，它所提供的网络资源就越丰富，其价值也就越高。

13.2　建筑弱电工程施工时应注意的问题

由于建筑物的性质、功能以及规模不同，弱电工程的安装与施工也各不相同。信息点多的高楼大厦，弱电系统工程是在室内进行安装与施工的，相应的管线敷设简单；如果是工业建筑，则既有室内又有室外作业，管线敷设比较复杂。施工时要充分考虑建筑物的现状，与土建、设备、管道、电力、采暖和空调等专业密切配合，按照设计要求进行施工，并要解决好弱电工程综合管线与土建工程的施工配合、弱电工程与装修工程的施工配合问题。

弱电施工，目前主要以手工操作加电动工具和液压工具配合施工，施工要求按照有关弱电工程安装施工及验收规范进行。可靠性、工程质量是整个弱电系统施工质量的核心。弱电系统安装施工的特点主要有：

（1）系统多而且复杂，技术先进；

（2）施工周期较长，作业空间大，使用设备和材料品多，有些设备不但很精密，价格也十分昂贵；

（3）在系统中涉及计算机、通信、无线电、传感器等多方面的专业，增加了调试工作的复杂性。

弱电系统施工过程中要把握住 3 个环节，6 个阶段。

一、弱电系统施工过程中应把握的 3 个环节

1. 弱电集成系统施工图的会审

图纸会审是一项极其严肃和重要的技术工作。认真做好图纸会审工作，对于减少施工图中的差错，保证和提高工程质量有重要作用。在图纸会审前，施工单位必须向建设单位索取施工图，负责施工的专业 人员应首先认真阅读施工图，熟悉图纸的内容和要求，把疑难问题整理出来，在设计交底和图纸会审时解决。

图纸会审应由弱电工程总包方组织和领导，分别由建设单位、各子系统设备供应商、系统安装承包商参加，有步骤地进行，并按照工程性质、图纸内容等分别组织会审工作。会审结果应形成纪要，由设计、建设、施工三方共同签字，并分发下去，作为施工图的补充技术文件。

2. 弱电集成系统施工工期的时间表

确定施工工期的时间表是施工进度管理、人员组织和确保工程按时竣工的主要措施，因此，工程合约 一旦签订，应立即由建设方组织智能弱电集成系统各子系统设备供应商、机电设备供应商、工程安装承包商进行工程施工界面的协调和确认，从而形成弱电工程施工工期时间表。该时间表的主要时间段内容包括：系统设计、设备生产与购买、管线施工、设备验收、系统调试、培训和系统验收等，同时工程施工界面的协调和确认应形成纪要或界面协调文件。

3. 弱电集成系统工程施工技术交底

技术交底包括智能弱电集成系统设计单位（通常是系统总承包商）与工程安装承包商、各分系统承包商和机电设备供应商内部负责施工专业的工程师与工程项目技术主管（工程项目工程师）的技术交底工作。

（1）弱电集成系统设计单位与工程安装承包商之间的技术交底工作的目的通常有以下两个方面：

1）为了明确所承担施工任务的特点、技术质量要求、系统的划分、施工工艺、施工要点和注意事项等，做到心中有数，以利于有计划、有组织地、多快好省地完成任务，工程项目经理可以进一步帮助工人理解消化图纸；

2）对工程技术的具体要求、安全措施、施工程序、配制的工具等作详细地说明，使责任明确，各负其责。

（2）技术交底的主要内容包括：

1）施工中采用的新技术、新工艺、新设备、新材料的性能和操作使用方法；

2）预埋部件注意事项；

3）技术交底应做好相应的记录。

二、弱电系统施工过程中应注意的 6 个阶段

1. 弱电集成系统预留孔洞和预埋线管与土建工程的配合

通常在建筑物土建初期的地下层工程中，牵涉到弱电集成系统线槽孔洞的预留和消防、保安系统线管的预埋，因此在建筑物地下部分的"挖坑"阶段，弱电集成系统承包商就应该配合建筑设计院完成该建筑物地下层、裙楼部分的孔洞预留和线管预埋的施工图设计，以确保土建工程如期进行。

2. 线槽架的施工与土建工程的配合

弱电集成系统线槽架的安装施工，应在土建工程基本结束以后，并与其他管道（风管、给水排水管）的安装同步，也可稍迟于管道安装一段时间（约 15 个工作日），但必须在设计上解决好弱电线槽与管道在空间位置上的合理安置和配合问题。

3. 弱电集成系统布线和中控室布置与土建和装饰工程的配合

弱电集成系统布线和穿线工作，在土建完全结束以后，与装饰工程同步进行，同时中央监控室的装饰也应与整体的装饰工程同步，在中央监控室基本装饰完毕前，应将中控台、电视墙、显示屏定位。

4. 弱电集成系统的定位、安装、接线端连线

弱电集成系统设备的定位、安装、接线端连线，应在装饰工程基本结束时开始，当相应的监控机电设备安装完毕以后，弱电系统集成设备的定位、安装和连线的步骤应该为：

（1）中控设备；（2）现场控制器；（3）报警探头；（4）传感器；（5）摄像机；（6）读

卡器；（7）计算机网络设备

5. 弱电集成系统调试

弱电集成系统的调试，基本上在中控设备安装完毕后即可进行，调试的步骤是：

（1）中控设备；（2）现场控制器；（3）分区域端接好的终端设备；（4）程序演示；（5）部分开通；（6）全部开通。

弱电集成系统的调试周期大约需要 30～45d。

6. 弱电集成系统验收

由业主组织系统承包商、施工单位进行系统的竣工验收是对弱电系统的设计、功能和施工质量的全面检查。在整个集成系统验收前，分别进行集成系统中的各子系统工程验收。为了做好系统的工程验收，要进行以下几方面的准备工作：

（1）系统验收文件

在施工图的基础上，将系统的最终设备，终端器件的型号、名称、安装位置，线路连线正确地标注在楼层监控及信息点分布平面图上，同时要向业主提供完整的"监控点参数设定表"、"系统框图"、"系统试运行日登记表"等技术资料，以便业主以后对系统提升和扩展，为系统的维护和维修提供一个有据可查的文字档案。

（2）系统培训

弱电系统承包商要向业主提供不少于一周的系统培训课程，该培训课程需在工程现场进行。培训课程的主要内容是系统的操作、系统的参数设定和修改、系统的维修三个方面，同时要进行必要的上机考核。业主方参加系统培训的人员，必须是具有一定专业技术的工程技术人员或实际的值班操作人员。

13.3　建筑物弱电防雷与接地系统

一、易受雷击的建筑物及部位

1. 易遭受雷击的建（构）筑物

（1）高耸突出的建筑物，如水塔、电视塔、高楼等；

（2）排出导电尘埃、废气热气柱的厂房、管道等；

（3）内部有大量金属设备的厂房；

（4）地下水位高或有金属矿床等地区的建（构）筑物；

（5）孤立、突出在旷野的建（构）筑物。

2. 建筑物易受雷击的部位

（1）平屋面或坡度不大于 1/10 的屋面——檐角、女儿墙、屋檐，如图 13-1（a）、（b）所示；

（2）坡度大于 1/10 且小于 1/2 的屋面——屋角、屋脊、檐角、屋檐，如图 13-1（c）所示；

（3）坡度不小于 1/2 的屋面——屋角、屋脊、檐角，如图 13-1（d）所示；

（4）对图 13-1（c）、（d），在屋脊有避雷带的情况下，当屋檐处于屋脊避雷带的保护范围内时屋檐上可不设避雷带。

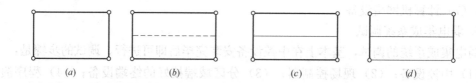

图 13-1　不同屋面坡度建筑物的易受雷击部位图

(*a*) 平屋面；(*b*) 坡度不大于 1/10 的屋面；(*c*) 坡度大于 1/10 且小于 1/2 的屋面；(*d*) 坡度不小于 1/2 的屋面

○——雷击率最高部位；——易受雷击部位；- - - -——不易受雷击的屋脊或屋檐

二、建筑物接地系统的组成

接地就是将地面上的金属物体或电路中的某结点用导线与大地可靠地连接起来，使该物体或结点与大地保持同电位。接地系统是将电气装置的外露导电部分通过导电体与大地相连接的系统，由大地、接地体（接地电极）、接地引入线、接地汇集线、接地线等组成。接地系统的作用主要是防止人身遭受电击、设备和线路遭受损坏、预防火灾和防止雷击、防止静电损害和保障通信系统正常运行。

组成接地系统的各部分的功能如下：

（1）大地

接地系统中所指的地即为一般的土地，不过它有导电的特性，并且有无限大的容量，可以作为良好的参考电位。

（2）接地体（接地电极）

接地体是使各地线电流汇入大地扩散和均衡电位而设置的与土地物理结合形成电气接触的金属部件。

（3）接地引入线

接地体与贯穿建筑各楼层的接地总汇集线之间相连的连接线称为接地引入线。

（4）接地汇集线

接地汇集线是指建筑物内分布设置并可与各接地线相连的一组接地干线的总称。

根据等电位原理，为提高接地有效性和减少接地线上杂散电流回窜，接地汇集线分为垂直接地总汇集线和水平接地分汇集线两部分，其中垂直接地总汇集线是一条主干线，其一端与接地引入线连通，另一端与建筑物各楼层的钢筋和各楼层的水平接地分汇集线相连，形成辐射状结构。

为了防雷电电磁干扰，垂直接地总汇集线宜安装在建筑物中央部位；也可在建筑物底层安装环形汇集线，并垂直引到各机房的水平接地分汇集线上。

（5）接地线

建筑内各类需要接地的设备与水平接地分汇集线之间的连线，其截面积应根据可能通过的最大负载电流确定，不准使用裸导线布放。

三、建筑物接地系统的种类

根据建筑和通信工程需要，交、直流电源系统和建筑物防雷系统等都要求接地，各种接地的分类一般可分为功能性接地、保护性接地。

1. 功能性接地

功能性接地是指用于保证设备（系统）的正常运行，或使设备（系统）可靠而正确地实现其功能的接地方式。

（1）工作接地

工作接地是为电路正常工作而提供的一个基准电位。该基准电位可以设为电路系统中的某一点、某一段或某一块等。当该基准电位不与大地连接时，视为相对的零电位。这种相对的零电位会随着外界电磁场的变化而变化，从而导致电路系统工作的不稳定。当该基准电位与大地连接时，基准电位视为大地的零电位，而不会随着外界电磁场的变化而变化。但是不正确的工作接地反而会增加干扰，比如共地线干扰，地环路干扰等。为防止各种电路在工作中产生互相干扰，使之能相互兼容地工作，根据电路的性质，将工作接地分为不同的种类，比如直流地、交流地、数字地、模拟地、信号地、功率地、电源地等。上述不同的接地应当分别设置。

1）信号地

信号地是各种物理量的传感器和信号源零电位的公共基准地线。由于信号一般都较弱，易受干扰，因此对信号地的要求较高。

2）模拟地

模拟地是模拟电路零电位的公共基准地线。由于模拟电路既承担小信号的放大，又承担大信号的功率放大，既有低频放大，又有高频放大，因此模拟电路既易接受干扰，又可能产生干扰。所以对模拟地的接地点选择和接地线的敷设更要充分考虑。

3）数字地

数字地是数字电路零电位的公共基准地线。由于数字电路工作在脉冲状态，特别是脉冲的前后沿较陡或频率较高时，易对模拟电路产生干扰。所以对数字地的接地点选择和接地线的敷设也要充分考虑。

4）电源地

电源地是电源零电位的公共基准地线。由于电源往往同时供电给系统中的各个单元，而各个单元要求的供电性质和参数可能有很大差别，因此既要保证电源稳定可靠地工作，又要保证其他单元稳定可靠地工作。

5）功率地

功率地是负载电路或功率驱动电路零电位的公共基准地线。由于负载电路或功率驱动电路的电流较强、电压较高，所以功率地线上的干扰较大。因此功率地必须与其他弱电地分别设置，以保证整个系统稳定可靠地工作。

（2）屏蔽接地

屏蔽与接地应当配合使用，才能起到屏蔽的效果，比如静电屏蔽。当用完整的金属屏蔽体将带正电的导体包围起来，在屏蔽体的内侧将感应出与带电导体等量的负电荷，外侧将出现与带电导体等量的正电荷，因此外侧仍有电场存在。如果将金属屏蔽体接地，外侧的正电荷将流入大地，外侧将不会有电场存在，即带正电导体的电场被屏蔽在金属屏蔽体内。

再如交变电场屏蔽。为降低交变电场对敏感电路的耦合干扰电压，可以在干扰源和敏感电路之间设置导电性好的金属屏蔽体，并将金属屏蔽体接地。只要设法使金属屏蔽体良好接地，就能使交变电场对敏感电路的耦合干扰电压变得很小。

（3）逻辑接地

为了确保参考电位的稳定，将电子设备中的适当金属件作为"逻辑地"，一般采用金属地板作逻辑地。

（4）测量接地

在通信电源的接地系统中，专门用来检查、测试通信设备的工作接地而埋设的辅助接地，称为测量接地。平时接在直流工作地线盒中的地线排上，与直流工作接地装置并联使用，当需要测量工作地线接地电阻时，将其引线与地线盒中的接地铜排脱离，此时测量接地代替直流工作地线运行。

2. 保护性接地

保护性接地即以人身和设备的安全为目的的接地。

（1）保护接地

在通信电源设备中，将设备在正常情况下与带电部分绝缘的金属外壳与接地体之间做良好的金属连接，可以防止设备因绝缘损坏而使人员遭受触电的危险，这种保护工作人员安全的接地措施，称为保护接地（或叫安全接地）。

（2）防雷接地

当电力电子设备遇雷击时，不论是直接雷击还是感应雷击，电力电子设备都将受到极大伤害。为防止雷击而设置避雷针，以防雷击时危及设备和人身安全的措施称为防雷接地。

上述两种接地主要为安全考虑，均要直接接在大地上。

（3）防静电接地

将静电荷引入大地，防止由于静电积聚对人体和设备造成的危害。

（4）防电蚀接地

在地下埋设金属体作为牺牲阳极或阴极，防止电缆、金属管道等受到电蚀。

四、建筑物的接地方式

工作接地按工作频率而采用以下几种接地方式：

1. 单点接地

工作频率低（<1MHz）的采用单点接地方式（即把整个电路系统中的一个结构点看作接地参考点，所有对地连接都接到这一点上，并设置一个安全接地螺栓），以防两点接地产生共地阻抗的电路性耦合。多个电路的单点接地方式又分为串联和并联两种，由于串联接地产生共地阻抗的电路性耦合，所以低频电路最好采用并联的单点接地方式。

为防止工频和其他杂散电流在信号地线上产生干扰，信号地线应与功率地线和机壳地线绝缘，且只在功率地、机壳地和接大地的接地线的安全接地螺栓上相连。

2. 多点接地

工作频率高（>30MHz）的采用多点接地方式（即在该电路系统中，用一块接地平板代替电路中每部分各自的地回路）。因为接地引线的感抗与频率和长度成正比，工作频率高时将增加共地阻抗，从而将增大共地阻抗产生的电磁干扰，所以要求地线长度尽量短。采用多点接地时尽量找最接近的低阻值接地面接地。

3. 混合接地

工作频率介于 1～30MHz 的电路采用混合接地方式。当接地线的长度小于工作信号波长的 1/20 时，采用单点接地方式，否则采用多点接地方式。

4. 浮地

浮地方式即该电路的地与大地无导体连接。其优点是该电路不受大地电性能的影响；其缺点是该电路易受寄生电容的影响，而使该电路的地电位变动和增加了对模拟电路的感应干扰。由于该电路的地与大地无导体连接，易产生静电积累而导致静电放电，可能造成静电击穿或强烈的干扰。因此，浮地的效果不仅取决于浮地的绝缘电阻的大小，而且取决于浮地的寄生电容的大小和信号的频率。

13.4 等电位连接安装

一、等电位连接的概念

等电位是采用连接导线或过电压保护器，将处在需要防雷空间的防雷装置和建筑物的金属构架、金属装置、外来导线、电气装置、电信装置等连接起来，形成一个等电位连接网络，以实现均压等电位。

等电位连接是使各个外露可导电部分，即在正常情况下不带电，但在故障情况下可能带电的电气设备的外露可导电体，以及装置的外导电部分（不属于电气装置一部分的可导电部分，但可能引入地电位）做实质上的相等电位连接。等电位连接将整个建筑物的金属管道、金属构件、金属线槽、铠装电缆、金属网架等全部焊接成一个整体后，可以保证建筑物内部不会产生危险的接触电压、跨步电压。而且建筑物的地面、墙体、金属管线、线路处于同一电位，也有利于防止雷电波的干扰。

二、等电位连接的分类

1. 总等电位连接（MEB）

总等电位连接的作用在于降低建筑物内间接接触电击的接触电压和不同金属部件间的电位差，并消除自建筑物外经电气线路和各种金属管道引入的危险故障电压的危害，它应通过进线配电柜、箱近旁的总等电位连接端子板（接地母排）将下列导电部分互相连通：

（1）进线配电箱的 PE（PEN）端子板（母排）；

（2）建筑物内的金属管道；

（3）建筑物金属结构；

（4）人工接地体（极）引线；

（5）建筑物每一电源进线都应做总等电位连接，各个总等电位连接端子板应互相连通。

2. 辅助等电位连接（SEB）

将两导电部分用导线直接做等电位连接，使故障接触电压降至接触电压限值以下，称作辅助等电位连接。下列情况下需做辅助等电位连接：

（1）电源网络阻抗过大使自动切断电源时间过长不能满足防电击要求时；

（2）自 TN 系统同一配电柜、箱供给固定式和移动式两种电气设备。而固定式设备保护电器切断电源时间不能满足移动式设备防电击要求时；

（3）为满足浴室、游泳池、医院手术室及潮湿场所对防电击的特殊要求时。

3. 局部等电位连接（LEB）

当需在一局部场所范围内做多个辅助等电位连接时，可通过局部等电位连接端子板将下列部分互相连通，以简便地实现该范围内的多个辅助等电位连接，被称作局部等电位连接。

(1) PE 母线或 PE 干线；

(2) 建筑物内的金属管道；

(3) 建筑物金属结构；

(4) 等电位连接线和等电位连接端子板应采用铜质材料。

三、等电位连接的要求

1. 连接材料和截面要求，下列情况下应做等电位连接：

(1) 所有进出建筑物的金属装置、外来导电物、电力线路、通信线路及其他电缆均应与总汇流排做好等电位金属连接。计算机机房应敷设等电位均压网，并应与大楼的接地系统相连接。

(2) 穿越各防雷区交界处的金属物和系统，以及防雷区内部的金属物和系统都应在防雷区交界处做等电位连接。

(3) 等电位网宜采用 M 型网络，各设备的直流接地应以最短距离与等电位网连接。

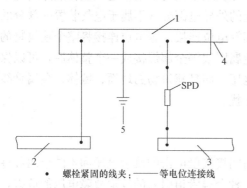

图 13-2　导电物体或电气系统等电位连接示意
1—等电位连接带；2—要求直接做等电位连接的物体或系统；
3—要求用 SPD 做等电位连接的系统；4—PE 线；5—接地装置

●—螺栓紧固的线夹；——等电位连接线

(4) 如因条件需要，建筑物应采用电涌保护器（SPD）做等电位连接，如图 13-2 所示。

(5) 实行等电位连接的主体应为：

1) 设备所在建筑物的主要金属构件和进入建筑物的金属管道；

2) 供电线路含外露可导电部分；

3) 防雷装置；

4) 由电子设备构成的信息系统。

(6) 有条件的计算机机房六面应敷设金属屏蔽网，屏蔽网应与机房内环形接地母线均匀多点相连，机房内的电力电缆（线）应尽可能采用屏蔽电缆。

(7) 架空电力线由终端杆引下后应更换为屏蔽电缆，进入大楼前应水平直埋 50m 以上，埋地深度应大于 0.6m，屏蔽层两端接地，非屏蔽电缆应穿镀锌管并水平直埋 50m 以上，管两端接地。

(8) 无论是等电位连接还是局部等电位连接，每一电气装置可只连接一次，并未规定必须做多次连接。

(9) 等电位连接只限于大型金属部件，孤立的接触面积小的金属部件不必连接，因其不足以引起电击事故。但以手握持的金属部件，由于电击危险大，必须纳入等电位连接。

(10) 离地面 2.5m 的金属部件，因位于伸臂范围以外不需要做连接。

2. 等电位连接的要求

等电位连接线和连接端子板宜采用铜质材料，等电位连接端子板截面不得小于等电位连接线的截面，连接所用的螺栓、垫圈、螺母等均应作镀锌处理。在土壤中，应避免使用铜线或带铜皮的钢线作连接线，若使用铜线作连接线，则应用放电间隙与管道钢容器或基础钢筋相连接。与基础钢筋连接时，建议连接线选用钢材，并且这种钢材最好也用混凝土保护。确保其与基础钢筋电位基本一致，不会形成电化学腐蚀。在与土壤中钢管连接时，应采取防腐措施，如选用塑料电线或铅包电线（缆）。

等电位连接线应满足表 13-4 的要求。

等电位连接线截面要求

表 13-4

	总等电位连接线	局部等电位连接线	辅助等电位连接线	
一般值	不小于 0.5×进线 PE (PEN)线截面	不小于 0.5×进线 PE 线截面	两电气设备外露导电部分间	1×较小 PE 线截面
			电气设备与装置可导电部分间	0.5×PE 线截面
最小值	6mm² 铜线或相同电导值的导线 热镀锌圆钢 φ10mm 或扁钢 25mm×4mm	同右	有机械保护	2.5mm² 铜线或 4mm² 铝线
			无机械保护	4mm² 铜线
			热镀锌圆钢♯8 或扁钢 20mm×4mm	
最大值	25mm² 铜线或相同电导值的导线	同左		

注：1. 局部场所内最大 PE 截面；2. 不允许采用无机械保护的铝线。

四、等电位连接施工

1. 等电位连接安装工序

在建筑物入户处的总等电位连接，应对入户金属管线和总等电位连接板的位置检查确认后再设置与接地装置连接的总等电位连接板，并应按设计要求做等电位连接。

在后续防雷区交界处，应对供连接用的等电位连接板和需要连接的金属物体的位置检查确认并记录后再设置与建筑物主筋连接的等电位连接板，并应按设计要求做等电位连接。

在确认网形结构等电位连接网与建筑物内钢筋或钢构件连接点的位置、信息技术设备的位置后，应按设计要求施工。网形结构等电位连接网的周边宜每隔 5m 与建筑物内的钢筋或钢结构连接一次。电子系统模拟线路工作频率小于 300kHz 时，可在选择与接地系统最接近的位置设置接地基准点后，再按星形结构等电位连接网设计要求施工。

2. 防雷等电位连接

穿过各防雷区交界处的金属部件和系统，以及在同一防雷区内部的金属部件和系统，都应在防雷区交界处做等电位连接。需要时还应采取避雷器做暂态等电位连接。

在防雷交界处的等电位连接还应考虑建筑物内的信息系统，在那些对雷电电磁脉冲效应要求最小的地方，等电位连接带最好采用金属板，并多次连接在钢筋或其他屏蔽物件上。对信息系统的外露导电物应建立等电位连接网。原则上，电位连接网不需要直接与大地相连，但实际上所有等电位连接网都有通向大地的连接。图 13-3 给出了几种系统等电位连接的示例。

五、等电位连接质量验收标准

等电位连接质量验收标准见表 13-5。

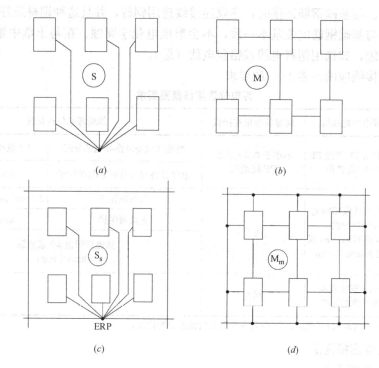

图 13-3　信息系统等电位连接基本方法

(a) S 结构基本等电位连接网；(b) M 结构基本等电位连接网；

(c) S 结构接至共用地的等电位连接；(d) M 结构接至共用地的等电位连接

等电位连接质量验收标准　　　　　　　　　　　　　　表 13-5

项　目	内　　容
主控项目	建筑物等电位连接干线应从与接地装置有不少于 2 处直接连接的接地干线或总等电位箱引出，等电位连接干线或局部等电位箱间的连接线形成环形网路，环形网路应就近与等电位连接干线或局部等电位箱连接。支线间不应串联连接
	等电位连接的线路最小允许截面应符合表 13-6 的规定
一般项目	等电位连接的可接近裸露导体或其他金属部件、构件与支线连接应可靠，熔焊、钎焊或机械紧固应导通正常
	需等电位连接的高级装修金属部件或零件，应有专用接线螺栓与等电位连接支线连接，且有标识；连接处螺母紧固、防松零件齐全

线路最小允许截面　　　　　　　　　　　　　　　　表 13-6

材料	截面/mm²	
	干线	支线
铜	16	6
钢	50	16

13.5　火灾自动报警系统

一、火灾自动报警系统的组成

火灾自动报警系统是由触发器件、火灾报警装置、火灾警报装置以及具有其他辅助功能的装置组成，对于复杂系统还包括消防控制设备，如图 13-4 所示。其组成部件及特点见表 13-7。

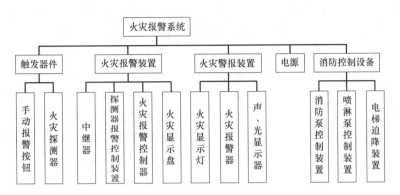

图 13-4　火灾自动报警系统的基本组成

火灾自动报警系统组成部件及特点　　　　　　　　　表 13-7

组成部件	特　　点
触发器件	自动或手动发出火灾报警信号的器件称为触发器件，主要包括火灾探测器和手动火灾报警按钮。 （1）火灾探测器是能对火灾参数（如烟、温度、火焰辐射、气体浓度等）响应，并自动产生火灾报警信号的器件； （2）手动火灾报警按钮是火灾自动报警系统中不可缺少的组成部分之一，是依靠手动方式产生火灾报警信号、启动火灾自动报警系统的器件
火灾报警装置	用来接收、显示和传递火灾报警信号，并能发出控制信号和具有其他辅助功能的控制指示设备称为火灾报警装置。火灾报警控制器是最基本的一种，它担负着为火灾探测器提供稳定的工作电源，监视探测器及系统自身的工作状态，接收、转换、处理火灾探测器输出的报警信号，进行声光报警，指示报警的具体部位及时间，同时执行相应辅助控制等诸多任务，是火灾报警系统中的核心组成部分。 在火灾报警装置中，还有一些如中断器、区域显示器、火灾显示盘等功能不完整的报警装置，它们可视为火灾报警控制器的演变或补充，在特定条件下应用，与火灾报警控制器同属火灾报警装置
火灾警报装置	用以发出区别于环境声、光的火灾警报信号的装置称为火灾警报装置。它以声、光、音响方式向报警区域发出火灾警报信号，以警示人们采取安全疏散、灭火救灾等措施
电源	火灾自动报警系统属于消防用电设备，其主电源应当采用消防电源，备用电源采用蓄电池。系统电源除为火灾报警控制器供电外，还与系统相关的消防控制设备等供电
消防控制设备	当接收到火灾报警后，能自动或手动启动相关消防设备并显示其状态的设备，称为消防控制设备。主要包括火灾报警控制器，自动灭火系统的控制装置，室内消火栓系统的控制装置，防烟排烟系统及空调通风系统的控制装置，常开防火门、防火卷帘的控制装置，电梯回降控制装置，以及火灾应急广播、火灾警报装置、消防通信设备、火灾应急照明与疏散指示标志的控制装置等控制装置中的部分或全部。 消防控制设备一般设置在消防控制中心，以便于实行集中统一控制。有的消防控制设备设置在被控消防设备所在现场，但其动作信号必须返回消防控制室，实行集中与分散相结合的控制方式

二、火灾自动报警系统的形式

火灾报警与消防联动控制系统的设计应根据保护对象的分级规定、功能要求和消防管理体制等因素综合考虑确定。火灾自动报警系统的基本形式有：区域报警系统、集中报警系统和控制中心报警系统三种。

1. 区域报警系统

区域火灾报警系统通常由区域火灾报警控制器、火灾探测器、手动火灾报警按钮、火灾警报装置及电源等组成，其系统结构和形式如图 13-5 所示，一般适用于二级保护对象。

该系统功能简单，适用于较小范围的保护，可单独用在工矿企业的计算机机房等重要部位和民用建筑的塔楼公寓、写字楼等处，也可作为集中报警系统和控制中心系统中最基本的组成设备。采用区域报警系统时，其区域报警控制器不应超过两台，因为未设集中报警控制器，当火灾报警区域过多而又分散时就不便于集中监控与管理。

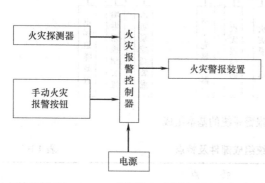

图 13-5 区域报警系统结构和形式图

2. 集中报警系统

集中火灾报警系统通常由集中火灾报警控制器、至少两台区域火灾报警控制器（或区域显示器）、火灾探测器、手动火灾报警按钮、火灾警报装置及电源等组成，其系统结构、形式如图 13-6 所示，一般适用于一、二级保护对象。

该系统功能较复杂，适用于较大范围内多个区域的保护。集中火灾报警系统应设置在由专人值班的房间或消防值班室内，若集中报警系统不设在消防控制室内，则应将它的输出信号引至消防控制室。

3. 控制中心报警系统

控制中心报警系统通常由至少一台集中火灾报警控制器、一台消防联动控制设备、至少两台区域火灾报警控制器（或区域显示器）、火灾探测器、手动火灾报警按钮、火灾报警装置、火警电话、火灾应急照明、火灾应急广播、联动装置及电源等组成，其系统结构、形式如图 13-7 所示，一般适用于特级、一级保护对象。

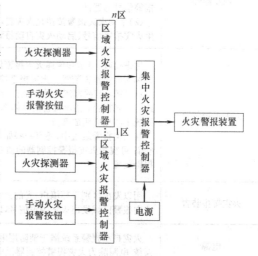

图 13-6 集中报警系统结构和形式图

该系统的容量较大，消防设施控制功能较全，适用于大型建筑的保护，主要用于大型宾馆、饭店、商场、办公室等。

三、火灾探测器的类型

火灾探测器在火灾报警系统中的地位非常重要，它是整个系统中最早发现火情的设备。火灾探测器通常由敏感元件（传感器）、探测信号处理单元和判断、指示电路等组成。其可以从结构造型、火灾参数、使用环境、动作时刻、安装方式等几个方面进行分类。

1. 按结构造型分类

（1）线型探测器

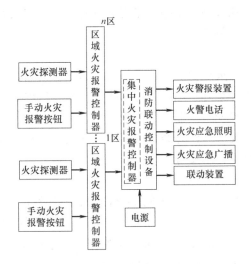

图 13-7 控制中心报警系统结构和形式图

是一种响应连续线路周围的火灾参数的探测器。"连续线路"可以是"硬"线路，也可以是"软"线路。所谓硬线路是由一条细长的铜管或不锈钢管做成，如差动气管式感温探测器和热敏电缆感温探测器等。软线路是由发送和接收的红外线光束形成的，如投射光束的感烟探测器等。这种探测器当通向受光器的光路被烟遮蔽或干扰时产生报警信号。因此在光路上要时刻保持无挡光的障碍物存在。

（2）点型探测器

是探测元件集中在一个特定位置上，探测该位置周围火灾情况的装置，或者说是一种响应某点周围火灾参数的装置。点型探测器是一种广泛应用于住宅、办公楼、旅馆等建筑的探测器。

2. 按火灾参数分类

（1）感烟探测器

用于探测物质初期燃烧所产生的气溶胶或烟粒子浓度。可分为点型探测器和线型探测器 2 种。

1）点型感烟探测器可分为离子感烟探测器、光电感烟探测器、电容式感烟探测器与半导体式感烟探测器，民用建筑中大多数场所采用点型感烟探测器。

2）线型探测器包括红外光束感烟探测器和激光型感烟探测器。线型感烟探测器由发光器和接收器两部分组成，中间为光束区。当有烟雾进入光束区时，探测器接收的光束衰减，从而发出报警信号，主要用于无遮挡大空间或有特殊要求的场所。

（2）感温探测器

对异常温度、温升速率和温差等火灾信号作出响应，可分为点型和线型两类。

1）点型感温探测器又称为定点型探测器，其外形与感烟式探测器类似，它有定温、差温和差定温复合式 3 种；按其构造又可分为机械定温、机械差温、机械差定温、电子定温、电子差温及电子差定温等。

2）缆式线型定温探测器适用于电缆隧道、电缆竖井、电缆夹层、电缆桥架、配电装置、开关设备、变压器、各种皮带输送装置、控制室和计算机室的闷顶内、地板下及重要设施的隐蔽处等。空气管式线型差温探测器用于可能产生油类火灾且环境恶劣的场所，不宜安装点型探测器的夹层、闷顶。

（3）感光火灾探测器

感光火灾探测器又称为火焰探测器，主要对火焰辐射出的红外、紫外、可见光作出响应，常用的有红外火焰型和紫外火焰型两种。按火灾的发生规律，发光是在烟的生成及高温之后，因而它属于火灾晚期探测器，但对于易燃、易爆物有特殊的作用。紫外线探测器对火焰发出的紫外光产生反应，红外线探测器对火焰发出的红外光产生反应，而对灯光、太阳光、闪电、烟雾和热量均不反应。

（4）可燃气体探测器

可燃气体探测器利用对可燃气体敏感的元件来探测可燃气体浓度，当可燃气体浓度达到危险值（超过限度）时报警，主要用于易燃、易爆场所中探测可燃气体（粉尘）的浓度，一般整定在爆炸浓度下限的 1/6～1/4 时动作报警。适用于宾馆厨房或燃料气储备间、汽车库、压气机站、过滤车间、溶剂库、燃油电厂等有可燃气体的场所。

（5）复合火灾探测器

复合火灾探测器可以响应两种或两种以上火灾参数，主要有感温感烟型、感光感烟型和感光感温型等。

3. 按使用环境分类

按使用场所、环境的不同，火灾探测器可分为陆用型（无腐蚀性气体，温度在 $-10\sim$ $+50℃$，相对湿度 85％ 以下）、船用型（高温，50℃ 以上；高湿，90％～100％相对湿度）、耐寒型（40℃ 以下的场所，或平均气温低于 $-10℃$ 的地区）、耐酸碱型、耐爆型等。

4. 按安装方式分类

有外露型和埋入型（隐蔽型）两种探测器，后者用于特殊装饰的建筑中。

5. 按动作时刻分类

有延时与非延时动作的两种探测器，延时动作便于人员疏散。

6. 按操作后能否复位分类

（1）可复位火灾探测器

在产生火灾报警信号的条件不再存在的情况下，不需更换组件即可从报警状态恢复到监视状态。

（2）不可复位火灾探测器

在产生火灾报警信号的条件不再存在的情况下，需更换组件才能从报警状态恢复到监视状态。

13.6　综合布线系统

综合布线系统（GCS）是随着智能建筑的迅猛发展而形成的一个新型布线系统，是独立于具体应用系统之外的介质传输系统，是建筑物或建筑群内的传输网络。综合布线系统能使建筑物或建筑群内部的语音、数据通信设备、信息交换设备、建筑物物业管理以及建筑物自动化管理设备等彼此相连，将建筑物内所有的电话、数据、图文、图像以及多媒体设备的布线综合在一套标准的布线系统上，实现多种信息系统的兼容、公用以及互换、互调的性能。

综合布线技术是智能建筑弱电技术中的重要技术之一，它包含建筑物内部和外部线路（网络线路、电话局线路）间的民用电缆及相关的设备连接措施。

一、布线系统部件

综合布线系统的结构是开放式的，它是由各个相对独立的部件组成，如图 13-8 所示。改变、增加或重组其中一个布线部件并不会影响其他子系统。

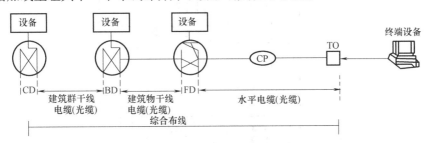

图 13-8　综合布线系统结构图

1. 综合布线采用的布线部件主要有以下几种：

（1）建筑群配线架（CD）；（2）建筑群干线电缆、建筑群干线光缆；（3）建筑物配线架（BD）；（4）建筑物干线电缆、建筑物干线光缆；（5）楼层配线架（FD）；（6）水平电缆、水平光缆；（7）集合点（CP）（选用）；（8）信息插座（TO）。

2. 综合布线系统主要是由以下几个方面组成：

（1）主配线架　主配线架放在设备间；

（2）分配线架　分配线架放在楼层电信间；

（3）信息插座　信息插座安装在工作区。

规模比较大的建筑物，在分配线架与信息插座之间也可设置中间交叉配线架。中间交叉配线架安装在二级交换间。连接主配线架和分配线架的缆线称为干线，连接中间交叉配线架和信息插座的缆线称为水平线。

集合点是楼层配线架与信息插座之间水平缆线路由器的连接点，配线子系统中可以设置集合点，也可以不设置集合点。

二、综合布线的拓扑结构

综合布线是一种分层星型拓扑结构。对一个具体的综合布线，其子系统的种类和数量由建筑群或建筑物的相对位置、区域大小及信息插座的密度而定。例如，一个综合布线区域只含一座建筑物，其主配线点就在建筑物配线架上，这时就不需要建筑群干线子系统。反之，一座大型建筑物可能被看做是一个建筑群，可以具有一个建筑群干线子系统和多个建筑物干线子系统。电缆、光缆安装在两个相邻层次的配线架间，组成如图13-9所示的分层星型拓扑结构。这种拓扑结构具有很高的灵活性，能适应多种

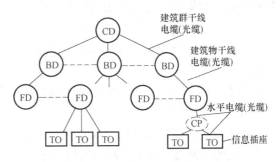

图 13-9　综合布线分层星型拓扑结构图

应用系统的要求。

综合布线的物理结构通常采用模块化设计和分层星型拓扑结构，其主要包括以下几个子系统，具体结构如图 13-10 所示。

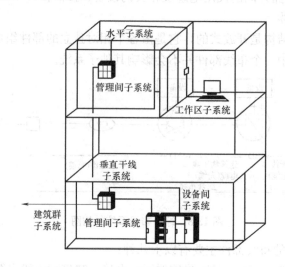

图 13-10 综合布线系统结构图

1. 工作区子系统

工作区子系统是放置应用系统终端设备的地方，其主要是由终端设备连接到信息插座的连线（或接插线）组成。工作区子系统采用接插线在终端设备和信息插座之间搭接，相当于电话系统中的连接电话机的用户线及电话机终端部分。其主要包括信息插座、信息模块、网卡以及连接所需的跳线，通常信息插座采用标准的 RJ45 头，按照 T568B 标准连接。

在进行终端设备和信息插座连接时，可能需要某种电气转换装置。然而该装置按国际布线标准规定并不是工作区子系统的一部分。

2. 水平子系统

水平子系统是整个布线系统最重要的一部分，是从工作区的信息插座开始到管理间子系统的配线架，将干线子系统经楼层配线间的管理区连接并延伸到用户工作区的信息插座，通常为星型结构。

水平子系统与干线子系统的区别在于：水平子系统通常处在同一楼层上，缆线一端接在配线间的配线架上，另一端接在信息插座上。在建筑物内，干线子系统通常位于垂直的弱电间，并采用大对数双绞电缆或者光缆，而水平子系统多为 4 对双绞电缆，这些双绞电缆能支持大多数终端设备。在需要较高带宽应用时，水平子系统也可以采用"光纤到桌面"的方案。

当水平工作面积较大时，在这个区域可以设置二级交换间，这时干线缆线、水平缆线的连接方式有所变化。

（1）干线缆线端接在楼层配线间的配线架上，水平缆线一端接在楼层配线间的配线架上，另一端还要通过二级交换间的配线架连接后，再端接到信息插座上。

（2）干线缆线直接接到二级交换间的配线架上，这时的水平缆线一端接在二级交换间的配线架上，另一端接在信息插座上。

3. 管理间子系统

管理间子系统由设备间中的电缆、连接器和相关支撑硬件组成，管理间为连接其他子系统提供手段，它是连接垂直干线子系统和水平子系统的设备，其主要设备是配线架、HUB、机柜和电源。管理间为连通各个子系统提供连接手段，它相当于电话系统中每层的配线箱或电话分线盒部分。

4. 垂直干线子系统

垂直干线子系统（也称为骨干子系统）是由导线电缆和光缆以及将此光缆连到其他地方的相关支撑硬件组成。它提供建筑物的干线电缆，缆线通常为大对数双绞电缆或多芯光缆，以满足现在以及将来一定时期通信网络的要求。干线子系统两端分别端接在设备间和楼层配线间的配线架上，负责连接管理间子系统到设备间子系统。

5. 设备间子系统

设备间是在每一幢大楼的适当地点放置综合布线缆线和相关连接硬件及其应用系统的设备，同时进行网络管理以及安排管理人员值班的场所。设备间子系统由综合布线系统的建筑物进线设备、电话、数据、计算机的各种主机设备以及安防配线设备等组成。

为便于设备搬运，节省投资，设备间最好位于每一座大楼的第二层或者第三层。在设备间内，可把公共系统用的各种设备，如电信部门的中继线和公共系统设备互连起来。设备间子系统还包括建筑物入口区的设备或电气保护装置及其连接到符合要求的建筑物的接地装置，它相当于电话系统机房内的配线部分。

6. 建筑群子系统

建筑群由两个或两个以上的建筑物组成，这些建筑物彼此之间要进行信息交流。建筑群子系统是将一幢建筑物中的电缆延伸到另一幢建筑物的通信设备和装置，通常是由电缆和相应设备组成的，它支持楼宇之间通信所需的硬件，相当于电话系统中的电缆保护箱及各建筑物之间的干线电缆。

三、综合布线系统常用材料

综合布线系统中所包含布线材料的种类，主要有传输介质、连接硬件、配线接续设备以及其他部件。

1. 电缆

综合布线使用的电缆主要有两类：同轴电缆和双绞电缆。双绞电缆又分为非屏蔽双绞（UTP）电缆和屏蔽双绞（STP）电缆。

（1）同轴电缆

同轴电缆中心有一根单芯铜导线。铜导线外面是绝缘层，绝缘层的外面有一层导电金属层，金属层可以是密集型的，也可以是网状型的，用来屏蔽电磁干扰和防止辐射。同轴电缆的最外层又包了一层绝缘塑料外皮。

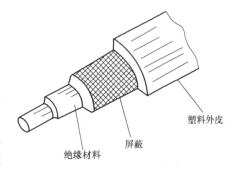

同轴电缆结构示意如图 13-11 所示，由于双绞线电缆传输速率的提高和价格下降，同轴电缆在目前的综合布线工程中已很少使用。

图 13-11 同轴电缆结构示意

（2）双绞电缆

双绞电缆按其包缠是否有金属层主要可以分为以下两大类：

1）非屏蔽双绞（UTP）电缆

非屏蔽双绞电缆（UTP）由多对双绞线外包缠一层绝缘塑料护套构成。4 对非屏蔽双绞缆线如图 13-12（a）所示。

2）屏蔽双绞电缆

屏蔽双绞电缆与非屏蔽双绞电缆一样，电缆芯是铜双绞线，护套层是绝缘塑料橡皮，只不过在护套层内增加了金属层，按增加的金属屏蔽层数量和金属屏蔽层绕包方式，又可分为以下三类：

a. 铝箔屏蔽双绞电缆（FTP）。FTP 是由多对双绞线外纵包铝箔构成，在屏蔽层外是电缆护套层，4 对双绞电缆结构如图 13-12（b）所示。

b. 铝箔/金属网双层屏蔽双绞电缆（SFTP）。SFTP 是由多对双绞线外纵包铝箔后，再加铜编织网构成。4 对双绞电缆结构如图 13-12（c）所示，SFTP 提供了比 FTP 更好的电磁屏蔽特性。

c. 独立双层屏蔽双绞电缆（STP）。STP 是由每对双绞线外纵包铝箔后，再将纵包铝箔的多对双绞线加铜编织网构成，4 对双绞电缆结构如图 13-12（d）所示。根据电磁理论可知，这种结构不仅可以减少电磁干扰，也使线对之间的综合串扰得到有效控制。

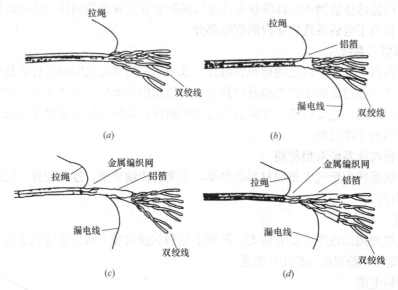

图 13-12　双绞电缆图
(a) UTP；(b) FTP；(c) SFTP；(d) STP

非屏蔽双绞电缆和屏蔽双绞电缆都有一根用来撕开电缆保护套的拉绳。屏蔽双绞电缆在铝箔屏蔽层和内层聚酯包皮之间还有一根漏电线，把它连接到接地装置上，可泄放金属屏蔽层的电荷，解除线对间的干扰。

2. 光缆

光缆传输系统适用于工程范围和建设规模均较大，且房屋建筑分布较广阔的智能化小区。尤其是建筑群体内需要高速率的传输网络系统，采用铜芯双绞线对称电缆不能满足要求或在小区周围环境中有严重的外界电磁干扰源等情况，应选用光缆以满足综合高速传输信息的需要。

光缆由一捆光纤构成。光缆是数据传输中最有效的一种传输介质。光缆传输的优点主要有重量轻、体积小、传输距离远、容量大、信号衰减小以及抗电磁干扰。

光缆按结构分类主要有以下三种形式：

（1）中心束管式　一般 12 芯以下的采用中心束管式，中心束管式工艺简单，成本低（比层绞式光缆的价格便宜 15％左右）；

（2）层绞式　层绞式的最大优点是易于分叉，即光缆部分光纤需分别使用时，不必将整个光缆开断，只需将要分叉的光纤开断即可。层绞式光缆采用中心放置钢绞线或单根钢丝加强，将光纤绞合成缆，成缆纤数可达 144 芯。

（3）带状式　带状式光缆的芯数可以做到上千芯，它将 4~12 芯光纤排列成行，构成带状光纤单元，再将多个带状单元按一定方式排列成缆。

光缆按敷设方式分类有多种形式，即室内光缆、架空光缆、直埋光缆、管道光缆、自承式光缆、水底（海底）光缆和吹光纤等。

3. 双绞电缆连接件

（1）双绞线连接件

双绞电缆连接件主要有配线架和信息插座等，它是用于端接和管理缆线用的连接件。配线架的类型有 110 系列和模块化系列，110 系列又分夹接式（110A）和插接式（110P）。连接件的产品型号很多，并且不断有新产品推出。

（2）信息插座

模块化信息插座分为单孔、双孔和多孔，每孔都有一个 8 位插脚。这种插座的高性能、小尺寸及模块化特性，为设计综合布线提供了灵活性，保证了快速、准确地安装。

4. 光缆连接件

（1）光缆连接器

光缆活动连接器，俗称活接头，通常称为光缆连接器，是用于连接两根光缆或形成连续光通路的、可以重复使用的无源器件，已经广泛用在光缆传输线路、光缆配线架以及光缆测试仪器、仪表中，是目前使用数量最多的光缆器件。

按照不同的分类方法，光缆连接器可以分为不同的种类，其具体分类见表 13-8。

光缆连接器的分类表　　表 13-8

分类依据	分　类
按传输媒介的不同	可分为单模光缆连接器、多模光缆连接器
按结构的不同	可分为 FC、SC、ST、D4、DIN、Biconic、MU、IC、MT 等
按连接器的插针端面不同	可分为 FC、PC(UPC) 和 APC
按光缆芯数	可分为单芯、多芯

在实际应用过程中，通常按照光缆连接器结构的不同来加以区分。多模光缆连接器接头类型有 FC、SC、ST、FDDI、SMA、LC、MT-RJ、MU 及 VF-45 等。单模光缆连接器接头类型有 FC、SC、ST、FDDI、SMA、LC、MT-RJ 等。光缆连接器根据端面接触方式分为 PC、UPC 和 APC 型。

（2）光缆连接件

光纤互连装置（LIU）是综合布线系统中常用的标准光纤交连硬件，用来实现交叉连接和光纤互连，还支持带状光缆和束管式光缆的跨接线。光纤交叉连接方式是利用光纤跳线（两头有端接好的连接器）实现两根光纤的连接来重新安排链路，而不需改动在交叉连接模块上已端接好的永久性光缆（如干线光缆）。光纤互连是直接将来自不同地点的光纤互连起来而不必通过光纤跳线，有时也用于链路的管理。

两种连接方式相比较，交连方式灵活，便于重新安排线路。互连的光能量损耗比交叉连接要小，这是由于在互连中光信号只通过一次连接，而在交叉连接中光信号要通过两次连接。

思　考　题

1. 火灾自动报警系统有哪些基本形式？
2. 现代建筑对火灾自动报警与消防连动控制系统的基本要求是什么？
3. 什么是综合布线？为什么要采用综合布线？
4. 综合布线系统由哪些基本组成部分？各部分的功能是什么？在空间位置上有何不同？

第14章 建筑电气施工图

14.1 电气施工图概述

一、房屋建筑常用的电气设施

房屋建筑常用的电气设施，见表14-1。

房屋建筑常用的电气设施表　　　　　　　　　　　表 14-1

项目	内　　　容
照明设备	照明设备主要指白炽灯、日光灯、高压汞灯等,用于夜间采光照明。为这些照明附带的设施是电门(开关)、插销座、电表、线路等装置。一般灯位的高度、安装方法图样上均有说明
电热设备	电热设备是指电炉(包括工厂大型电热炉)、电烘箱、电熨斗等大小设备。大的电热设备由于用电量大,线路要单独设置,尤其应与照明线分开
动力设备	动力设备是指由电带动的机械设备,如机器上的电动机,高层建筑的电梯、供水的水泵。这些设备用电量大,并采用三相四线供电,设备外壳要有接地、接零装置
弱电设备	一般电话、广播设备均属于弱电设备。学校、办公楼这些装置较多,如专用配线箱、插销座、线路,它们单独设配电系统,与照明线路分开,并有明显的区别标志
防雷设施	高大建筑均设有防雷装置。如水塔、烟囱、高层建筑在顶部装有接闪杆或接闪网,在建筑物四周还有接地装置埋入地下

二、电气施工图的组成

电气施工图的组成，见表14-2。

电气施工图的组成表　　　　　　　　　　　表 14-2

项目	内　　　容
目录	一般与土建施工图同用一张目录表,表上注明电气图的名称、内容、编号顺序,如电$_1$、电$_2$等
电气设计说明	电气设计说明都放在电气施工图之前,说明设计要求。说明主要包括: (1)电源来路,内外线路,强弱电及电气负荷等级; (2)建筑构造要求,结构形式; (3)施工注意事项及要求; (4)线路材料及敷设方式(明、暗线); (5)各种接地方式及接地电阻; (6)需检验的隐蔽工程和电器材料等
电气规格做法表	主要说明该建筑工程的全部用料及规格做法
电气外线总平面图	有时为节省图样,在建筑总平面图上标志配线走向,电杆位置,不单绘电气总平面图。在旧有的建筑群中,若原有电气外线均已具备,一般只在电气平面图上建筑物外界标出引入线位置,可不必单绘外线总平面图。其余大多采用单独绘制

续表

项目	内　　容
电气系统图	主要是标志强电系统和弱电系统连接的示意图，展示建筑物内的配电情况。图上标志配电系统导线型号、截面、采用管径及设备容量等
电气施工平面图	包括动力、照明、弱电、防雷等各类电气平面布置图。表明电源引入线位置，安装高度，电源方向；配电盘、接线盒位置；线路敷设方式、根数；各种设备的平面位置，电器容量、规格、安装方式和高度；开关位置等
电气大样图	凡做法有特殊要求又无标准件的，绘制大样图，注出详细尺寸，以便制作

三、电气工程施工图的内容

1. 系统图

（1）电气系统图应表示系统的主要组成、主要特征、功能信息、位置信息、连接信息等；

（2）电气系统图宜接功能布局、位置布局绘制，连接信息可采用单线表示；

（3）电气系统图可根据系统的功能或结构（规模）的不同层次分别绘制；

（4）电气系统图宜标注电气设备、路由（回路）等的参照代号、编号等，并应采用用于系统的图形符号绘制。

2. 电路图

（1）电路图应便于理解电路的控制原理及其功能，可不受元器件实际物理尺寸和形状的限制；

（2）电路图应表示元器件的图形符号、连接线、参照代号、端子代号、位置信息等；

（3）电路图应绘制主回路系统图，电路图的布局应突出控制过程或信号流的方向，并可增加端子接线图（表）、设备表等内容；

（4）电路图中的元器件可采用单个符号或多个符号组合表示。同一项工程同一张电路图，同一个参照代号不宜表示不同的元器件；

（5）电路图中的元器件可采用集中表示法、分开表示法、重复表示法表示；

（6）电路图中的图形符号、文字符号、参照代号等宜按《建筑电气制图标准》GB/T 50786—2012 的规定执行。

3. 接线图（表）

（1）建筑电气专业的接线图（表）宜包括电气设备单元接线图（表）、互连接线图（表）、端子接线图（表）、电缆图（表）；

（2）接线图（表）应能识别每个连接点上所连接的线缆，并应表示线缆的型号、规格、根数、敷设方式、端子标志，宜表示线缆的编号、参照代号及补充说明；

（3）连接点的标志宜采用参照代号、端子代号、图形符号等表示；

（4）接线图中元器件、单元或组件宜采用正方形、矩形或圆形等简单图形表示，也可采用图形符号表示；

（5）线缆的颜色、标志方法、参照代号、端子代号、线缆采用线束的表示方法等应符合《建筑电气制图标准》GB/T 50786—2012 的规定。

4. 电气平面图

（1）电气平面图应表示建筑物轮廓线、轴线号、房间名称、楼层标高、门、窗、墙体、梁柱、平台和绘图比例等，承重墙体及柱宜涂灰；

（2）电气平面图应绘制安装在本层的电气设备、敷设在本层和连接本层电气设备的线缆、路由等信息。进出建筑物的线缆，其保护管应注明与建筑轴线的定位尺寸、穿建筑外墙的标高和防水形式；

（3）电气平面图应标注电气设备、线缆敷设路由的安装位置、参照代号等，并应采用用于平面图的图形符号绘制；

（4）电气平面图、剖面图中局部部位需另绘制电气详图或电气大样图时，应在局部部位处标注电气详图或电气大样图编号，在电气详图或电气大样图下方标注其编号和比例；

（5）电气设备布置不相同的楼层应分别绘制其电气平面图，电气设备布置相同的楼层可只绘制其中一个楼层的电气平面图；

（6）建筑专业的建筑平面图采用分区绘制时，电气平面图也应分区绘制，分区部位和编号宜与建筑专业一致，并应绘制分区组合示意图，各区电气设备线缆连接处应加标注；

（7）强电和弱电应分别绘制电气平面图；

（8）防雷接地平面图应在建筑物或构筑物建筑专业的顶部平面图上绘制接闪器、引下线、断接卡、连接板、接地装置等的安装位置及电气通路；

（9）电气平面图中电气设备、线缆敷设路由等图形符号和标注方法应符合《建筑电气制图标准》GB/T 50786—2012 的规定。

14.2　电气工程施工图常用图形符号

一、开关、触点、线圈的图形符号

开关、触点、线圈的图形符号见表 14-3。

<table>
<tr><td colspan="4" align="center">开关、触点、线圈的图形符号</td><td align="right">表 14-3</td></tr>
<tr><td align="center">名　称</td><td align="center">图　形</td><td align="center">名　称</td><td align="center">图　形</td></tr>
<tr><td align="center">隔离开关</td><td></td><td align="center">带自动释放功能的隔离开关(具有由内装的测量继电器或脱扣器触发的自动释放功能)</td><td></td></tr>
<tr><td align="center">剩余电流保护开关</td><td align="center">I_Δ</td><td align="center">剩余电流保护开关</td><td></td></tr>
<tr><td align="center">熔断器式开关</td><td></td><td align="center">熔断器式隔离开关</td><td></td></tr>
<tr><td align="center">接触器的主动合触点(在非操作位置上触点断开)</td><td></td><td align="center">接触器的主动断触点(在非操作位置上触点闭合)</td><td></td></tr>
<tr><td align="center">动合(常开)触点,一般符号</td><td></td><td align="center">动断(常闭)触点</td><td></td></tr>
<tr><td align="center">先断后合的转换触点</td><td></td><td align="center">中间断开的转换触点</td><td></td></tr>
</table>

续表

名　称	图形	名　称	图形
先合后断的双向转换触点	形式一　形式二	提前闭合的动合触点（多触点组中此动合触点比其他动合触点提前闭合）	
滞后闭合的动合触点（多触点组中此动合触点比其他动合触点滞后闭合）		滞后断开的动断触点（多触点组中此动断触点比其他动断触点滞后断开）	
提前断开的动断触点（多触点组中此动断触点比其他动断触点提前断开）		延时闭合的动合触点（当带该触点的器件被吸合时，此触点延时闭合）	
延时断开的动合触点（当带该触点的器件被释放时，此触点延时断开）		延时断开的动断触点（当带该触点的器件被吸合时，此触点延时断开）	
延时闭合的动断触点（当带该触点的器件被释放时，此触点延时闭合）		延时动合触点（无论带该触点的器件被吸合还是释放，此触点均延时）	
手动操作开关，一般符号		一个手动三极开关	形式一　形式二　L1 L2 L3
三个手动单极开关	形式一　形式二　L1 L2 L3	多功能开关器件控制和保护开关器件（CPS）；可逆 CPS	
自动复位的手动按钮开关		无自动复位的手动旋转开关	
具有动合触点且自动复位的蘑菇头式的应急按钮开关		静态开关，一般符号	
具有动合触点钥匙操作的按钮开关		带有防止无意操作的手动控制的具有动合触点的按钮开关	
带动合触点的位置开关		带动断触点的位置开关	

续表

名　称	图　形	名　称	图　形
带动合触点的热敏开关		带动断触点的热敏开关	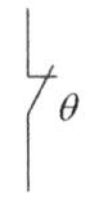
带动断触点的热敏自动开关，双金属片动断触点	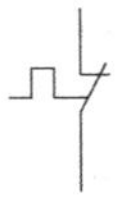	热继电器，动断触点	
液位控制开关，动合触点	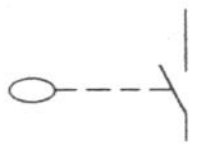	液位控制开关，动断触点	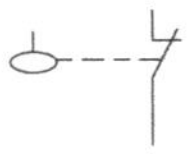
多位开关(示出 6 个位置)	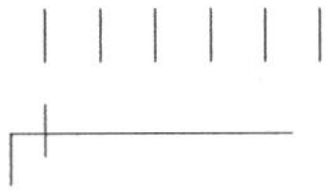	多位开关，最多四位	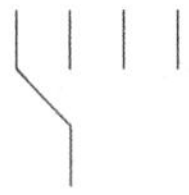
带位置图示的多位开关，最多四位	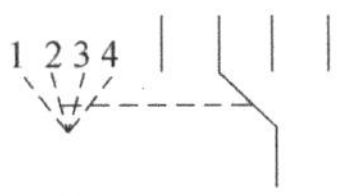 1 2 3 4	接触敏感开关(具有动合触点)	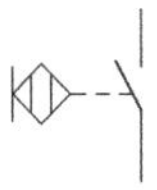
接近开关(示出动合触点)	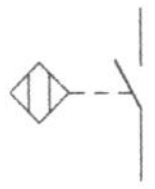	继电器线圈一般符号；驱动器件一般符号(选择器的操作线圈)	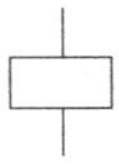

二、插座、照明开关、按钮的图形符号

插座、照明开关、按钮的图形符号见表 14-4。

插座、照明开关、按钮的图形符号　　　　表 14-4

名　称	图　形	名　称	图　形
(电源)插座、插孔，一般符号(用于不带保护极的电源插座)		多个(电源)插座，符号表示三个插座	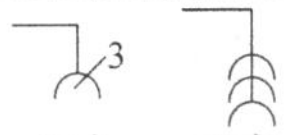 形式一　形式二
带保护极的(电源)插座		单相二、三极电源插座	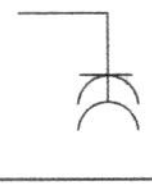
根据需要可在"★"处用下述文字区别不同插座：1P——单相(电源)插座；1EX——单相防爆(电源)插座；3P——三相(电源)插座；3EX——三相防爆(电源)插座；1C——单相暗敷(电源)插座；1EN——单相密闭(电源)插座；3C——三相暗敷(电源)插座；3EN——三相密闭(电源)插座	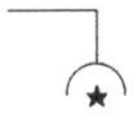 ★ (不带保护极) 　★ (带保护极)	带滑动保护板的(电源)插座	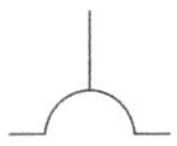

续表

名　称	图　形	名　称	图　形
带单极开关的（电源）插座		带保护极的单极开关的（电源）插座	
带联锁开关的（电源）插座		带隔离变压器的（电源）插座（剃须插座）	
开关，一般符号单联单控开关		根据需要"★"用下述文字标注在图形符号旁边区别不同类型开关：EX——防爆开关；EN——密闭开关；C——暗装开关	
双联单控开关		三联单控开关	
n 联单控开关，n＞3		带指示灯的开关 带指示灯的单联单控开关	
带指示灯双联单控开关		带指示灯的三联单控开关	
带指示灯的 n 联单控开关，n＞3		单极限时开关	
双极开关		多位单极开关	
双控单极开关		中间开关	
调光器		单极拉线开关	
风机盘管三速开关		按钮	

名　称	图形	名　称	图形
根据需要"★"用下述文字标注在图形符号旁边区别不同类型按钮： 2——两个按钮单元组成的按钮盒； 3——三个按钮单元组成的按钮盒； EX——防爆型按钮； EN——密闭型按钮	◎　★	带有指示灯的按钮	⊗
防止无意操作的按钮	◎	定时器(限时设备)	t
定时开关	⊕ ／		

三、灯具的图形符号

灯具的图形符号见表 14-5。

灯具的图形符号　　　　　　　　　　　　　　表 14-5

名　称	图形	名　称	图　形
灯，一般符号 　如需指出灯光源类型，要在符号旁标出代码； 　如需指出灯具种类，则在"★"位置标出数字或下列字母：W——壁灯；C——吸顶灯；ST——备用照明；R——筒灯；EN——密闭灯；SA——安全照明；EX——防爆灯；G——圆球灯；E——应急灯；P——吊灯；L——花灯；LL——局部照明灯	⊗　★	应急疏散指示标志灯	E
应急疏散指示标志灯(向右)	→	应急疏散指示标志灯(向左)	←
应急疏散指示标志灯(向左,向右)	←	专用电路上的应急照明灯	✦
自带电源的应急照明灯	⊠	光源，一般符号荧光灯，一般符号	├─┤
二管荧光灯	├──┤	多管荧光灯,表示三管荧光灯	☰

名　称	图　形	名　称	图　形
多管荧光灯,n>3	n	如需指出灯具种类,在"★"位置标出下列字母:EN——密闭灯;EX——防爆灯	★ ★
投光灯,一般符号	⊗	航空地面灯,白色全向光束,嵌入式(停机坪瞄准点灯)	
聚光灯	⊗→	泛光灯	⊗
障碍灯、危险灯,红色闪光全向光束	●	航空地面灯,立式,一般符号	□
航空地面灯,嵌入式,一般符号	○	风向标灯(停机坪)	◁
着陆方向灯(停机坪)		围界灯(停机坪),绿色全向光束,立式安装	⊙

14.3　电气设备的标注方法和文字符号

一、电气设备常用的标注方法

电气设备的标注方法,见表 14-6。

电气设备的标注方法表 表 14-6

序号	项目种类	标注方法	说明	示例
1	用电设备	$\dfrac{a}{b}$	a——设备编号或设备位号; b——额定功率(kW 或 kV·A)	$\dfrac{M01}{37kW}$ M01 为电动机的设备编号 37kW 为电动机的容量
2	系统图电气箱(柜、屏)	$-a+b/c$	a——设备种类代号; b——设备安装位置的位置代号; c——设备型号	-AP01+B1/XL21-15 表示动力配电箱种类代号为-AP01,位于地下一层 -AL11+F1/LB101 表示照明配电箱的种类代号为-AL11,位于地上一层 注:前缀"-"在不会引起混淆时可取消

续表

序号	项目种类	标注方法	说明	示例
3	平面图电气箱(柜、屏)	$-a$	a——设备种类代号	－AP1 表示动力配电箱种类代号,在不会引起混淆时,可取消前缀"－",即用 AP1 表示 TA1,220/36V,500V·A
4	照明、安全、控制变压器	$a\ b/c\ d$	a——设备种类代号; b/c——一次电压/二次电压; d——额定容量	照明变压器 TA1 变比 220/36V 容量 500V·A
5	照明灯具	$a-b\dfrac{c\times d\times L}{e}f$	a——灯数; b——型号或编号(无则省略); c——每盏照明灯具的灯泡数; d——灯泡安装容量; e——灯泡安装高度(m),"—"表示吸顶安装; f——安装方式; L——光源种类	(1)管型荧光灯的标注方式: $5-FAC41286P\dfrac{2\times36}{3.5}CS$ 5 盏 FAC41286P 型灯具,灯管为双管 36W 荧光灯,灯具链吊安装,安装高度距地 3.5m(管型荧光灯标注中光源种类 L 可以省略) (2)紧凑型荧光灯(节能灯)的标注方式。 $6-YAC70542\dfrac{14\times FL}{-}$ 6 盏 YAC70542 型灯具,灯具为单管 14W 紧凑型荧光灯,灯具吸顶安装(灯具吸顶安装时,安装方式 f 可以省略)
6	电缆桥架	$\dfrac{a\times b}{c}$	a——电缆桥架宽度(mm); b——电缆桥架高度(mm); c——电缆桥架安装高度(m)	$\dfrac{600\times150}{3.5}$ 电缆桥架宽 600mm,电缆桥架高度 150mm,电缆桥架安装高度距地 3.5m
7	线路	$a\ \ b-c$ $(d\times e+f\times g)i-jh$	a——线缆编号; b——型号(不需要可省略); c——线缆根数; d——电缆线芯数; e——线芯截面(mm²); f——PE、N 线芯数; g——线芯截面(mm²); i——线缆敷设方式; j——线缆敷设部位; h——线缆敷设安装高度(m) 上述字母无内容则省略该部分	WP201 YJV－0.6/1kV－2(3×150＋2×70) SC80－WS3.5 WP201 为电缆的编号 YJV－0.6/1kV－2(3×150＋2×70)为电缆的型号、规格,2 根电缆并联连接 SC80 表示电缆穿 $DN80$ 的焊接钢管 WS3.5 表示沿墙面时敷,高度距地 3.5m
8	电缆与其他设施交叉点标注	$\cancel{}\dfrac{a-b-c-d}{e-f}$	a——保护管根数; b——保护管直径(mm); c——保护管长度(m); d——地面标高(m); e——保护管埋设深度(m); f——交叉点坐标	$\dfrac{6-DN100-2.0m-(-0.3m)}{-1.0m-(x=174.235;y=243.621)}$ 电缆与设施交叉,交叉点坐标为 $(x=174.235;y=243.621)$,埋设 6 根长 2.0m$DN100$ 焊接钢管,钢管埋设深度为－1.0m(地面标高为－0.3m) <u>上述字母根据需要可省略</u>
9	电话线路	$a-b(c\times2\times d)e-f$	a——电话线缆编号; b——型号(不需要可省略); c——导线对数; d——线缆直径(mm); e——敷设方式和管径(mm); f——敷设部位	W1－HYV(5×2×0.5)SC15×WS W1 为电话电缆回路编号 HYV(10×2×0.5)为电话电缆的型号、规格 敷设方式为穿 $DN15$ 焊接钢管沿墙明敷 <u>上述字母根据需要可省略</u>

二、安装方式的文字符号

1. 线路敷设方式文字符号

线路敷设方式的文字符号,见表14-7。

线路敷设方式的文字符号表　　　　　　　　　　表14-7

序号	文字符号	名　称	序号	文字符号	名　称
1	SC	穿低压流体输送用焊接钢管敷设	8	M	钢索敷设
2	MT	穿电线管敷设	9	KPC	穿塑料波纹电线管敷设
3	PC	穿硬塑料导管敷设	10	CP	穿可挠金属电线保护套管敷设
4	FPC	穿阻燃半硬塑料导管敷设	11	DB	直埋敷设
5	CT	电缆桥架敷设	12	TC	电缆沟敷设
6	MR	金属线槽敷设	13	CE	混凝土排管敷设
7	PR	塑料线槽敷设			

2. 导线敷设部位文字符号

导线敷设部位文字符号,见表14-8。

导线敷设部位文字符号　　　　　　　　　　表14-8

序号	文字符号	名　称	序号	文字符号	名　称
1	AB	沿或跨梁(屋架)敷设	6	WC	暗敷设在墙内
2	BC	暗敷在梁内	7	CE	沿顶棚或顶板面敷设
3	AC	沿或跨柱敷设	8	CC	暗敷设在屋面或顶板内
4	CLC	暗敷设在柱内	9	SCE	吊顶内敷设
5	WS	沿墙面敷设	10	FC	地板或地面下敷设

3. 灯具安装方式文字符号

灯具安装方式的文字符号,见表14-9。

灯具安装方式文字符号　　　　　　　　　　表14-9

序号	文字符号	名　称	序号	文字符号	名　称
1	SW	线吊式	7	CR	顶棚内安装
2	CS	链吊式	8	WR	墙壁内安装
3	DS	管吊式	9	S	支架上安装
4	W	壁装式	10	CL	柱上安装
5	C	吸顶式	11	HM	座装
6	R	嵌入式			

14.4　照明施工图示例

一、标准层照明平面图

某居民住宅楼标准层电气照明平面布置图,如图14-1所示。

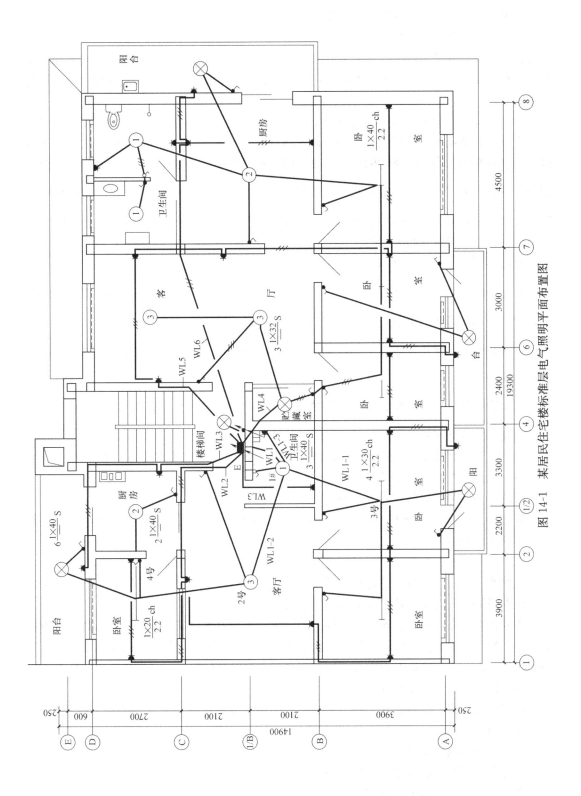

图 14-1 某居民住宅楼标准层电气照明平面布置图

施工图说明：

以图 14-1 中①~④轴号为例说明。

（1）根据设计说明中的要求，图中所有管线均采用焊接钢管或 PVC 阻燃塑料管沿墙或楼板内敷设，管径 15mm，采用塑料绝缘铜线，截面积 2.5mm^2，管内导线根数按图中标注，在黑线（表示管线）上没有标注的均为两根导线，凡用斜线标注的应按斜线标注的根数计。

（2）电源是从楼梯间的照明配电箱 E 引入的，分为左、右两户，共引出 WL1~WL6 六条支路。为避免重复，可从左户的三条支路看起。其中 WL1 是照明支路，共带有 8 盏灯，分别画有①、②、③及⊗的符号，表示四种不同的灯具。每种灯具旁均有标注，分别标出灯具的功率、安装方式等信息。以阳台灯为例，标注为 $6\frac{1\times40}{-}S$，表示此灯为平灯口，吸顶安装，每盏灯泡的功率为 40W，这里的"6"表明共有这种灯 6 盏，分别安装于四个阳台，以及储藏室和楼梯间。

通过读图，还可以知道以下信息：

标为①的灯具安装在卫生间，标注为 $3\frac{1\times40}{-}S$，表明共有这种灯 3 盏，玻璃灯罩，吸顶安装，每盏灯泡的功率为 40W。

标为②的灯具安装在厨房，标注为 $2\frac{1\times40}{-}S$，表明共有这种灯 2 盏，吸顶安装，每盏灯泡的功率为 40W。

标为③的灯具为环形荧光灯，安装在客厅，标注为 $3\frac{1\times32}{-}S$ 表明共有这种灯 3 盏，吸顶安装，每盏灯泡的功率为 32W。

卧室照明的灯具均为单管荧光灯，链吊安装（ch），灯距地的高度为 2.2m，每盏灯的功率各不相同，有 20W、30W、40W 3 种，共 6 盏。

灯的开关均为单联单控翘板开关。

WL2、WL3 支路为插座支路，共有 13 个两用插座，通常安装高度为距地 0.3m，若是空调插座则距地为 1.8 m。

图中标有 1 号、2 号、3 号、4 号处，应注意安装分线盒。图中楼道配电盘 E 旁有立管，里面的电线来自总盘，并送往上面各楼层及为楼梯间各灯送电。WL4、WL5、WL6 是送往右户的三条支路，其中 WL4 是照明支路。

需要注意的是，标注在同一张图样上的管线，凡是照明及其开关的管线均是由照明箱引出后上翻至该层顶板上敷设安装，并由顶板再引下至开关上；而插座的管线均是由照明箱引出后下翻至该层地板上敷设安装，并由地板上翻引至插座上，只有从照明回路引出的插座才从顶板上引下至插座处。

需要说明的是，按照要求，照明和插座平面图应分别绘制，不允许放在一张图样上，真正绘制时需要分开。

二、照明配电系统图

某办公楼照明配电系统图，如图 14-2 所示。施工图说明：

图 14-2 为一至七层照明配电系统示意。

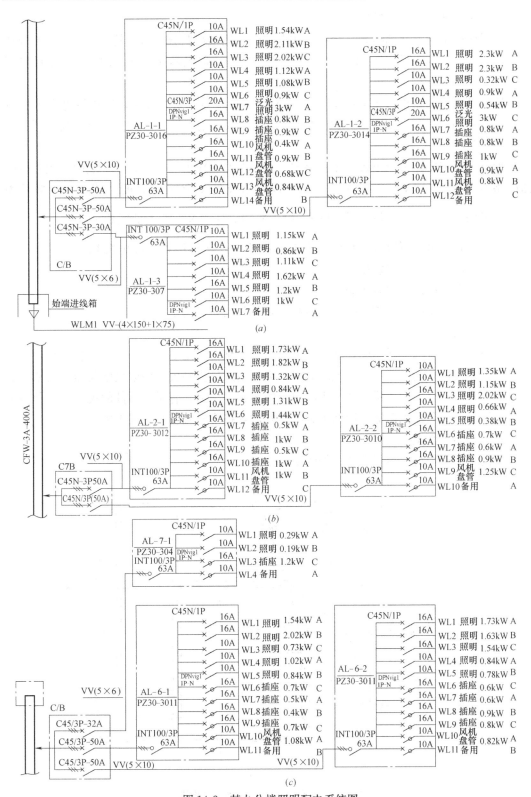

图 14-2 某办公楼照明配电系统图

(*a*) 一层照明配电系统示意；(*b*) 二至五层照明配电系统示意；(*c*) 六层照明配电系统示意

（1）一层照明配电系统图

一层照明电源是经插接箱从插接母线取得的，插接箱共分3路，其中AL—1—1号和AL—1—2号是供一层照明回路的，而AL—1—3号是供地下一层和地下二层照明回路的。

插接箱内的3路均采用C45N/3P—50A低压断路器作为总开关，三相供电引入配电箱，配电箱均为PZ30—30□，方框内数字为回路数，用INT100/3P—63A隔离刀开关为分路总开关。

配电箱照明支路采用单极低压断路器，型号为C45N/1P—10A，泛光照明采用三极低压断路器，型号为C45N/3P—20A，插座及风机盘管支路采用双极报警开关，型号为DPNVigi/lP+N—$\frac{10}{16}$A，备用回路也采用DPNVigi/1P+N—10型低压断路器。

因为三相供电，所以各支路均标出电源的相序，从插接箱到配电箱均采用VV(5×10)五芯铜塑电缆沿桥架敷设。

（2）二至五层照明配电系统。

二至五层照明配电系统与一层基本相同，但每层只有两个回路。

（3）六层照明系统。

六层照明系统与一层相同，插接箱引出3个回路，其中AL—7—1为七层照明回路。

经过识读，我们可以掌握系统的概况，电源引入后直到各个用电设备及器具的来龙去脉，层与层的供电关系，系统各个用电单位的名称、用途、容量、器件的规格型号及整定数值、控制方式及保护功能、回路个数、材料的规格型号及安装方式等内容。

三、动力平面图

某住宅楼锅炉房动力平面图，如图14-3所示。

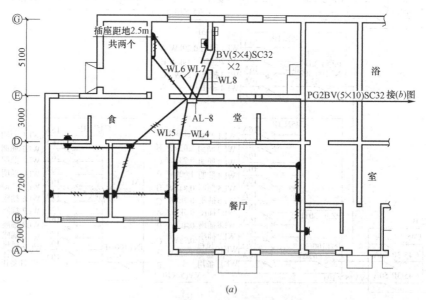

图 14-3　某住宅楼锅炉房动力平面图

(a) 生活区动力

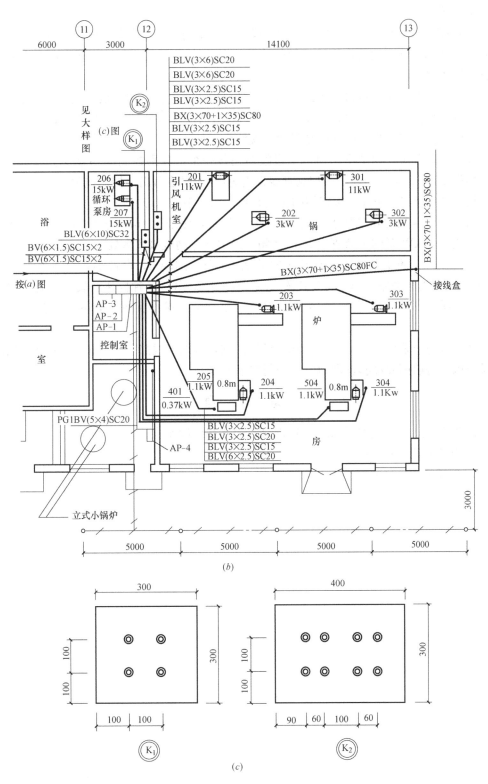

图 14-3 某住宅楼锅炉房动力平面图（续）

(b) 锅炉房动力；(c) 按钮箱门大样图

施工图说明：

(1) AP—1、AP—2、AP—3 三台柜设在控制室内，落地安装，电源 BX(3×70＋1×35) 穿直径 80mm 的钢管，埋地经锅炉房由室外引来，引入 AP—1。同时，在引入点处 ⑬轴设置了接线盒，如图 14-3 (b) 所示。

(2) 两台循环泵、每台锅炉的引风机、鼓风机、除渣机、炉排机、上煤机 5 台电动机的负荷管线均由控制室的 AP—1 埋地引出至电动机接线盒处，导线规格、根数、管径见图中标注，其中有三根管线在⑫轴设置了接线盒，如图 14-3 (b) 所示。

(3) 循环泵房、锅炉房引风机室设按钮箱各一个，分别控制循环泵及引风机、鼓风机，标高 1.2m，墙上明装。其控制管线也由 AP—1 埋地引出，控制线为 1.5mm² 塑料绝缘铜线，穿管直径 15mm。按钮箱的箱门布置，如图 14-3 (c) 所示。

(4) AP—4 动力箱暗装于立式小锅炉房的墙上，距地 1.4m，电源管由 AP—1 埋地引入，立式 0.37kW 泵的负荷管由 AP—4 箱埋地引至电动机接线盒处。

(5) AL—1 照明箱暗装于食堂Ⓔ轴的墙上，距地 1.4m，电源 BV (5×10) 穿直径 32mm钢管埋地经浴室由 AP—1 引来，并且在图中标出了各种插座的安装位置，均为暗装，除注明标高外，均为 0.3m 标高，管路全部埋地上翻至元件处，导线标注如图 14-3 所示。

(6) 接地极采用 φ25mm×2500mm 镀锌圆钢，接地母线采用 40mm×4mm 镀锌扁钢，埋设于锅炉房前侧并经⑫轴埋地引入控制室于柜体上。

思 考 题

1. 照明施工图中包括哪几个组成部分？简述其识读要点。

2. 电气施工图包括哪些内容？

3. 怎样阅读电气施工图？

附录 给水聚丙烯冷水管水力计算表

Q (m³/h)	Q (L/s)	De(mm) 20 V(m/s)	20 i(Pa/m)	25 V(m/s)	25 i(Pa/m)	32 V(m/s)	32 i(Pa/m)	40 V(m/s)	40 i(Pa/m)	50 V(m/s)	50 i(Pa/m)	63 V(m/s)	63 i(Pa/m)	75 V(m/s)	75 i(Pa/m)	90 V(m/s)	90 i(Pa/m)	110 V(m/s)	110 i(Pa/m)
0.216	0.060	0.314	122.81																
0.252	0.070	0.366	161.44																
0.288	0.080	0.419	204.59	0.245	56.84														
0.324	0.090	0.471	252.13	0.275	70.05														
0.360	0.100	0.523	303.95	0.306	84.45														
0.396	0.110	0.576	359.94	0.337	100.01														
0.432	0.120	0.628	420.01	0.367	116.70														
0.468	0.130	0.680	484.10	0.398	134.50														
0.504	0.140	0.732	552.11	0.428	153.40	0.260	46.46												
0.540	0.150	0.785	623.99	0.459	173.37	0.278	52.50												
0.576	0.160	0.837	699.69	0.490	194.41	0.297	58.87												
0.612	0.170	0.889	779.13	0.520	216.48	0.315	65.56												
0.648	0.180	0.942	862.28	0.551	239.58	0.334	72.55												
0.684	0.190	0.994	949.09	0.581	263.70	0.352	79.86	0.222	26.54										
0.720	0.200	1.046	1038.5	0.612	288.82	0.371	87.46	0.234	29.07										
0.792	0.220	1.151	1231.0	0.673	342.02	0.408	103.58	0.257	34.42										
0.864	0.240	1.256	1436.5	0.734	399.11	0.445	120.86	0.281	40.17										
0.936	0.260	1.360	1655.6	0.795	460.00	0.482	139.30	0.304	46.30										

续表

Q m³/h	Q L/s	De20 V(m/s)	De20 i(Pa/m)	De25 V(m/s)	De25 i(Pa/m)	De32 V(m/s)	De32 i(Pa/m)	De40 V(m/s)	De40 i(Pa/m)	De50 V(m/s)	De50 i(Pa/m)	De63 V(m/s)	De63 i(Pa/m)	De75 V(m/s)	De75 i(Pa/m)	De90 V(m/s)	De90 i(Pa/m)	De110 V(m/s)	De110 i(Pa/m)
1.008	0.280	1.465	1888.2	0.857	524.63	0.519	158.88	0.327	52.80										
1.080	0.300	1.570	2134.1	0.918	592.94	0.556	179.56	0.351	59.68	0.223	20.21								
1.152	0.320	1.674	2392.9	0.979	664.87	0.594	201.34	0.374	66.92	0.238	22.66								
1.224	0.340	1.779	2664.6	1.040	740.36	0.631	224.21	0.398	74.51	0.253	25.24								
1.296	0.360	1.883	2949.0	1.101	819.37	0.668	248.13	0.421	82.46	0.267	27.93								
1.368	0.380	1.988	3242.9	1.163	901.85	0.705	273.11	0.444	90.77	0.282	30.74								
1.440	0.400	2.093	3555.1	1.224	987.76	0.742	299.13	0.468	99.41	0.297	33.67								
1.512	0.420	2.197	3876.5	1.285	1077.1	0.779	326.17	0.491	108.40	0.312	36.72								
1.584	0.440	2.302	4210.0	1.346	1169.7	0.816	354.23	0.514	117.73	0.327	39.87								
1.656	0.460	2.407	4555.4	1.407	1265.7	0.853	383.30	0.538	127.39	0.342	43.15								
1.728	0.480	2.511	4912.7	1.469	1365.0	0.890	413.36	0.561	137.38	0.357	46.53								
1.800	0.500	2.616	5281.6	1.530	1467.5	0.927	444.40	0.585	147.69	0.371	50.02								
1.872	0.520	2.721	5662.2	1.591	1573.2	0.965	476.42	0.608	158.34	0.386	53.63								
1.994	0.540	2.825	6054.3	1.652	1682.2	1.002	509.41	0.631	169.30	0.401	57.34								
2.016	0.560	2.930	6457.8	1.713	1794.3	1.039	543.36	0.655	180.58	0.416	61.16								
2.088	0.580	3.035	6872.5	1.775	1909.5	1.076	578.26	0.678	192.18	0.431	65.09								
2.160	0.600			1.836	2027.9	1.113	614.11	0.702	204.09	0.446	69.13	0.280	22.86						
2.340	0.650			1.989	2337.3	1.206	707.80	0.760	235.23	0.483	79.67	0.304	26.35						
2.520	0.700			2.142	2665.6	1.298	807.25	0.818	268.28	0.520	90.87	0.327	30.05						
2.700	0.750			2.295	3012.7	1.391	912.35	0.877	303.21	0.557	102.70	0.350	33.96						
2.880	0.800			2.448	3378.2	1.484	1023.0	0.935	340.00	0.594	115.16	0.373	38.08						
3.060	0.850			2.601	3761.7	1.577	1139.2	0.994	378.60	0.631	128.23	0.397	42.40						
3.240	0.900			2.754	4163.2	1.669	1260.7	1.052	419.00	0.669	141.92	0.421	46.93						
3.420	0.950			2.907	4582.3	1.762	1387.7	1.111	461.18	0.706	156.21	0.444	51.65						
3.600	1.000			3.059	5018.8	1.855	1519.9	1.169	505.11	0.743	171.06	0.467	56.57						

参 考 文 献

[1] 王增长等. 建筑给水排水工程 [M]. 北京：中国建筑工业出版社，1998.

[2] 中国机械工业教育协会组. 建筑设备（第2版）[M]. 北京：机械工业出版社，2001.

[3] 段春丽，黄仕元. 建筑电气 [M]. 北京：机械工业出版社，2006.

[4] 王青山，贺俊杰. 建筑设备 [M]. 北京：机械工业出版社，2003.

[5] 杨光臣. 建筑电气工程图识读与绘制（第二版）[M]. 北京：中国建筑工业出版社，2001.

[6] 马铁椿. 建筑设备（第2版）[M]. 北京：中国建筑工业出版社，2007.

[7] 史新. 建筑弱电工程施工技术详解 [M]. 北京：化学工业出版社，2014.

[8] 景星蓉. 管道工程施工与预算（第二版）[M]. 北京：中国建筑工业出版社，2011.

[9] 吴根树. 建筑装饰设备 [M]. 北京：机械工业出版社，2008.

[10] 彭晓燕，张寅. 建筑装饰设备 [M]. 北京：中国水力水电出版社，2008.

[11] 梁瑶. 建筑电气工程施工图（第二版）[M]. 武汉：华中科技大学出版社，2016.

[12] 夏怡. 建筑设备 [M]. 武汉：武汉理工大学出版社，2012.

[13] 周晓萱，李海琦等. 建筑装饰与设备 [M]. 北京：化学工业出版社，2005.

[14] 徐正廷，凌代俭. 建筑装饰设备 [M]. 北京：中国建筑工业出版社，2000.

[15] 实务手册编写组. 电气工程师（供配电）实务手册 [M]. 北京：机械工业出版社，2006.

[16] 侯志伟. 建筑电气工程识图与施工 [M]. 北京：机械工业出版社，2004.

[17] 韩实彬. 管道工长 [M]. 北京：机械工业出版社，2007.

[18] 上海现代建筑设计（集团）有限公司. GB 50015—2003（2009年版）建筑给水排水设计规范 [S]. 北京：中国计划出版社，2010.

[19] 中华人民共和国住房和城乡建设部. GB 50016—2014 建筑设计防火规范 [S]. 北京：中国计划出版社，2015.

[20] 中华人民共和国住房和城乡建设部，中华人民共和国国家质量监督检验检疫总局. GB/T 50114—2010 暖通空调制图标准 [S]. 北京：中国建筑工业出版社，2011.

[21] 中华人民共和国住房和城乡建设部. GB 50303—2015 建筑电气工程施工质量验收规范 [S]. 北京：中国建筑工业出版社，2016.

[22] 中国建筑标准设计研究院等. GB/T 50786—2012 建筑电气制图标准 [S]. 北京：中国建筑工业出版社，2012.

[23] 中华人民共和国住房和城乡建设部. GB 50057—2010 建筑物防雷设计规范 [S]. 北京：中国计划出版社，2011.

[24] 中国建筑科学研究院. GB 50736—2012 民用建筑供暖通风与空气调节设计规范 [S]. 北京：中国建筑工业出版社，2012.

[25] 中华人民共和国住房和城乡建设部，中华人民共和国国家质量监督检验检疫总局. GB/T 50106—2010 建筑给水排水制图标准 [S]. 北京：中国建筑工业出版社，2011.

[26] 王凤宝. 建筑识图入门300例：建筑给水排水工程施工图（第2版）[M]. 武汉：华中科技大学出版社，2014.

[27] 中国建筑东北设计研究院. JGJ 16—2008 民用建筑电气设计规范 [S]. 北京：中国建筑工业出版社，2015.

[28] 中华人民共和国住房和城乡建设部. 09DX001 建筑电气工程设计常用图形和文字符号 [S]. 北京：中国计划出版社，2009.

[29] 史新. 建筑弱电工程设计与安装手册 [M]. 北京：化学工业出版社，2014.